职业素养课程体系与实践

主 编 巫 云 刘海燕 师文静
副主编 李斌红 刘 猛 莫海菁 吴丽丽

电子工业出版社
Publishing House of Electronics Industry
北京·BEIJING

内 容 简 介

本书分为体系篇、行动篇、思动篇和对接篇四个部分。体系篇介绍了职业素养教育的育人目标，概述了职业院校建设职业素养教育体系的方向、目标与途径。其他3篇详细解读了12个专题的核心内容和授课重点，并对重点教学环节进行了示范。行动篇包括成长的翅膀、个性场合与魅力、时间管理、沟通的艺术、团队合作等专题；思动篇包括创业精神、服务意识、如何销售自己、问题伴我成长、企业生存记等专题；对接篇包括职业规划、成功面试等专题。

本书可作为职业院校教师职业素养通识教育用书，也可供德育教师、班主任等在学生管理工作中借鉴。本书对职业院校的职业素养教育体系建设具有重要的参考价值。

未经许可，不得以任何方式复制或抄袭本书之部分或全部内容。
版权所有，侵权必究。

图书在版编目（CIP）数据

职业素养课程体系与实践 / 巫云等主编. —北京：电子工业出版社，2020.9
ISBN 978-7-121-35583-7

Ⅰ. ①职⋯ Ⅱ. ①巫⋯ Ⅲ. ①职业道德—中等专业学校—教材 Ⅳ. ①B822.9

中国版本图书馆 CIP 数据核字（2020）第 017625 号

责任编辑：关雅莉　　文字编辑：张　萌
印　　刷：涿州市般润文化传播有限公司
装　　订：涿州市般润文化传播有限公司
出版发行：电子工业出版社
　　　　　北京市海淀区万寿路 173 信箱　邮编　100036
开　　本：787×1 092　1/16　印张：14.5　字数：371.2 千字
版　　次：2020 年 9 月第 1 版
印　　次：2023 年 7 月第 4 次印刷
定　　价：36.00 元

凡所购买电子工业出版社图书有缺损问题，请向购书店调换。若书店售缺，请与本社发行部联系，联系及邮购电话：(010) 88254888，88258888。
质量投诉请发邮件至 zlts@phei.com.cn，盗版侵权举报请发邮件至 dbqq@phei.com.cn。
本书咨询联系方式：(010) 88254598，syx@phei.com.cn。

序 言

12年前,当我们开始以"职业素养"这个主题词为统领将学校的课程逐渐演变为包含12个专题的学生职业化内训课程时,绝没有想到其将来会成为热词。

记得那是2008年5月,我校与某企业合作开设专题班时,被其导入的客服课程所吸引。在我们得知该课程源于北京澜海源创管理咨询有限公司(以下简称"北京澜海源创")后,便致电咨询了该公司负责人师文静老师(一直称其为老师,是因为她对人力资源教育有着深层次的理解和实践),在通话过程中与其敲定了价值数十万元的课程开发项目。自此,我们便开启了校企融合探索职业素养教育之路。

记得当初开发这12个专题职业素养课程时,师老师一遍遍地要求项目团队教师在"理解—设计—试讲—评价—修改"中"轮回","折腾"得教师们怨声载道。为安抚教师,我要求师老师设计一个"标准版"给教师直接实施,却遭到反对,理由是只有坚持反复思考和实践才能让教师"立起来"。坚持走最难的路,让我重新认识了良心企业的魅力和力量,也更加确信了要调整与改变一个人的行为不仅需要令其知道标准,还需要让他在正确的指导与引领下经历反复磨炼,才有机会形成自然的行为。也许正是因为秉持了这样的成长理念,东莞最早一批职业素养教育的探索者在自身能力提升过程中都有所突破,如在东莞电子科技学校(东莞市塘厦理工学校)的职业素养课程开发团队的成员中,江学斌、李茂才已成为校级领导,阳海华已成为省级名师,谢道思已成为培训界名师。对此理念有所参悟的先行者们,仍在奋力成长,推动自我完善,为职业教育发展添砖加瓦。

2012年,本人调到东莞理工学校任校长,随即整合之前全市推广的职业素养项目中经过培训的师资资源,成立职业素养研究传播中心,改变了原来固定团队的操作模式,采用"1+N"式的项目制管理,即一个专职人员加N个覆盖全校专业的兼职素养教师的模式,加强培训,迅速开展覆盖全校学生的职业素养课程教学工作。

在接下来的数年时间里,我们与北京澜海源创持续合作开发了基于员工成长规律的"走近企业"和基于服务闭环理论的"服务关键时刻"两门职场情景模拟视频课程,以及基于大数据分析的教育教学质量监测与引导评价体系;与某职教研究所合作开发素养与技术高度融合的技术素养课程,使职业素养教育从通用素养拓展至技术素养;与合作企业开发职业素养实训沙盘,实现软能力实训的突破……

在十多年的职业素养课程体系化开发与实践中,在融合社会资源改革发展职业教育的过程中,我深深体会到以下几点。

意识引导应该成为教育的最高追求。行为大不过意识，特别是在现代信息化社会中，当一般知识不再被个别群体"私藏"，技术更迭日新月异时，知识与技术的学习应该成为意识引导的载体，包括价值观在内的意识层面才是教育的着力点所在。以意识引导为重的职业素养课程无疑是意识引导落地的有效体现。

"概念—能力—状态"应该成为教与学的路径选择。让学生在理解概念的过程中学习知识，在应用知识的过程中提升能力，通过持续地实践这个过程来形成新的稳定状态或习惯，这才是教育的路径和意义所在。

基于大数据结果引导的方式应该成为激励的重要手段。持续、真实的数据能有效提升当事人的内驱力，具有良好的激励效应。

简单管理应该成为制度建设的永恒目标。简单管理是通过抓住关键调控点来实现高效管理目标的一种管理思路，如高速公路收费站通过"不打卡则以最远路程计费"的规定让所有人主动打卡，就充分达到了简单管理的目的。无论是项目管理还是委托式管理，都能有效达成简单管理的目标。

资源融合应该成为职教发展的重要途径。职业教育是尤为需要融合社会资源并与用人单位需求紧密结合的教育类型。在资源融合过程中，建立并形成资源链尤为重要，要形成"研究院—协会和联盟—企业管理咨询公司—专业技术类企业"的资源链，而不仅仅是引进专业技术类企业。只有如此，才能实现大视野、大格局、深细作、立长远的教育目标。

师资培养应该成为学校管理的核心。人才的重要性毋庸赘述，但在许多管理行为无法开展的公办学校里，灵活运用二八定律，一步步将意愿强烈者引入各种项目团队，达到整体突破提升的方法值得尝试。在职业素养课程的开发实践中，既是核心点也是难点的就是师资培养。

十多年的坚守，让职业素养教育体系化，让觉悟者突破，让迷茫者留下发芽的种子。无论是合作企业还是身处其中的开发者和实践者，都常存欣慰，也坚守着一个信念：改革需要坚守，发展需要群策群力。今天，在此抛砖引玉，期望感兴趣者有所感，善用者有所用，足矣。

巫　云

前　　言

职业院校输出什么样的学生，才能更契合职场的需要？

职业院校的学生达到什么样的水平，才能精准把握职场的发展机会？

职业院校的教师需要具备什么样的能力，才可以培养出这样的学生？

职业院校需要配备什么样的硬件设施和配套管理措施，才能有助于教师们培养出这样的学生？

围绕职业院校工作中的这些核心问题，东莞理工学校的管理者们一方面高度关注毕业生的职业发展反馈，把握学生走向社会、进入职场的实际发展动态及企业对人才的需求情况，同时不断加强对合作企业用人需求的梳理，找寻更多企业用人情况的实际数据与案例；另一方面，积极向从事职业化传播的专业组织和机构请教并开展合作，在职校生培养过程中挖掘更为精准的方向与应学、应知、应会的实际内容，长期探索和构建生态化的学习与成长体系，旨在让学生通过 3 年的学习和实践，在毕业时具备一个职业人应有的职业素养基础，以赢得更多的企业的青睐与重用。

自 2010 年开始，本着"深、准、稳、细、精"的原则，乘着国家加速职业教育发展引导与整体布局调整的东风，通过对社会发展趋势和企业用人需求系统的调研、归纳和总结，利用校园现有的和可开发利用的各项资源及社会已有的和可挖掘借鉴的教育资源与企业资源，东莞理工学校启动了职业素养教育体系构建项目。

在东莞理工学校职业素养教育项目组行政领导的引领下，东莞理工学校职业素养研究传播中心牵头，采取校企融合项目式推进的模式，让东莞理工学校职业素养教育项目组的老师们持续参与，由北京澜海源创教育咨询有限公司进行全程引导与辅导，逐步开展职业素养教育体系的构建工作。

通过队伍选拔与培养、课程开发与内化、管理配套与细化、文化营造与升华等一系列突破与改进，历经 10 年，突破原有的校园与职业需求对接的点式探索，最终形成了系列化、多渠道、多途径的职业素养综合引导课程体系与课程管理体系。课程体系的核心内容被提炼为行动篇（成长的翅膀、个性场合与魅力、时间管理、沟通的艺术、团队合作）、思动篇（创业精神、服务意识、如何销售自己、问题伴我成长、企业生存记）和对接篇（职业规划、成功面试）3 篇共 12 个专题的课程。

本书即为指导、落实这 12 个专题教学内容的教学指南，是企业用人需求课程化、实践化之后，前置为职业院校学生职业化素养教育的教师参考用书。

本书以能够让职业院校教师掌握职业素养课程授课内容为目标，以培养学生的职业素养核心能力为出发点，重点助力职业素养讲师系统建设、帮助教师掌握课程核心理念与教学要点，促进课程更好地传播、应用和推广。我们期望本书能为广大师生提供一份高标准化、高稳定性和高传播性的课程教学指导。

本书主要以校园和企业的各种案例、情景演练和主题活动等内容为载体，需要教师通过现场的理论讲解、案例分析、活动组织和分享引导等多种形式来传递课程内涵，这对教师的授课能力、方法应用能力和课堂调度能力等都提出了有别于传统教学的新要求。

持续应用本书可以促使教师将职业素养转化到自己的专业教学中，从而全方位培养和提升职业院校学生的职业素养意识和通识及专业素养能力，进一步促使学生从职业化成长的角度看待学习和成长，有针对性地提高自身的综合能力储备以应对未来职场发展之需。

本书由巫云、刘海燕、师文静担任主编，李斌红、刘猛、莫海菁、吴丽丽担任副主编，梁晓波、林景灼、高兰青、詹璧圭、罗霞荣、苏伟斌等人参与了编写工作，在此一并表示感谢！

本书可作为职业院校教师职业素养通识教育用书，也可供德育老师、班主任等在学生管理工作中借鉴。本书对职业院校职业素养教育体系建设也具有重要的参考价值。更多内容请关注澜海源创教育在线课堂（www.lhycedu.com）。

编 者

目 录

课程单元设计——体系篇

第 1 章 职业素养体系概览 ······2

1.1 把职业素养教育前置于校园是职业院校育人的首选 ······2
    1.1.1 企业招聘广告中 80%的内容涉及对职业素养的诉求 ······2
    1.1.2 企业人才标准就是对职业素养的要求 ······2
    1.1.3 形成稳定的职业素养状态需要在校园里进行更长的时间培养与积累 ······3
1.2 职业素养是企业人才选用育留的决定因素 ······4
    1.2.1 职业学校教师在企业学习中发现企业更期待有职业素养的人才 ······4
    1.2.2 让职业素养教育渗透于校园教育 ······4
    1.2.3 10 年实践形成了一套校园职业素养课程体系 ······5
1.3 让学生具有职业素养的习惯状态是素养教育的目的 ······6
    1.3.1 概念、能力、状态是一个人职业素养培养的三大阶段 ······6
    1.3.2 让学生多想、多说、多做，让校园讲堂变为职业素养的训练场 ······7
1.4 职业素养引导式教学让师生的交流更全息、更有指向性 ······8
    1.4.1 职业素养引导式课堂实现了师生满意的互动画面 ······8
    1.4.2 职业素养课堂形式的更多特点 ······8
1.5 方便易行的素养示例课程教学形式更易于引导学生在实践中成长 ······9
    1.5.1 教室布置示例 ······9
    1.5.2 课程开场时破冰分组活动示例 ······10
    1.5.3 小组成员职责设置活动示例 ······11
    1.5.4 自我介绍示例 ······12
    1.5.5 上台和下台指导细节示例 ······12
    1.5.6 上台发言引导示例 ······13
    1.5.7 小组互评引导示例 ······13
    1.5.8 总结复盘引导示例 ······14
    1.5.9 清理桌面和环境维护示例 ······14

1.6 授课教师自身在职业素养课程中的定位对课程有决定性作用 ·············· 15

职业素养一阶课程——行动篇

第 2 章 成长的翅膀 ·············· 17
2.1 案例导读 ·············· 17
2.2 专题定位与核心理念解读 ·············· 19
2.3 专题目标解读 ·············· 19
2.4 专题内容解读 ·············· 20
　　2.4.1 第一单元　认识自己 ·············· 20
　　2.4.2 第二单元　成长自己 ·············· 22
　　2.4.3 第三单元　实践自己 ·············· 23
2.5 专题核心理论解读 ·············· 24
2.6 经典活动解读 ·············· 26
　　2.6.1 "叠座位名签"活动解读 ·············· 26
　　2.6.2 "30 秒自我介绍"活动解读 ·············· 28
2.7 专题授课中的风险与建议 ·············· 32
2.8 思考题 ·············· 32
2.9 拓展学习资源推荐 ·············· 32

第 3 章 个性场合与魅力 ·············· 34
3.1 案例导读 ·············· 34
3.2 专题定位与核心理念解读 ·············· 35
3.3 专题目标解读 ·············· 36
3.4 专题内容解读 ·············· 36
　　3.4.1 第一单元　如何培养场合意识 ·············· 37
　　3.4.2 第二单元　如何塑造个人形象 ·············· 38
　　3.4.3 第三单元　如何在场合中展现个人魅力 ·············· 39
3.5 专题核心理论解读 ·············· 42
3.6 经典活动解读 ·············· 43
　　3.6.1 "百变星君"活动解读 ·············· 43
　　3.6.2 "校园场景魅力打卡"活动解读 ·············· 47
3.7 专题授课中的风险与建议 ·············· 49
3.8 思考题 ·············· 50
3.9 拓展学习资源推荐 ·············· 50

第 4 章　时间管理 ·· 51

- 4.1 案例导读 ·· 51
- 4.2 专题定位与核心理念解读 ··· 52
- 4.3 专题目标解读 ·· 53
- 4.4 专题内容解读 ·· 53
  - 4.4.1 第一单元　为什么需要时间管理 ·· 54
  - 4.4.2 第二单元　时间的特点与时间管理的本质 ······································ 55
  - 4.4.3 第三单元　时间都去哪儿了 ·· 56
  - 4.4.4 第四单元　如何进行时间管理 ·· 59
- 4.5 专题核心理论解读 ··· 62
- 4.6 经典活动解读 ·· 63
- 4.7 思考题 ·· 66
- 4.8 拓展学习资源推荐 ··· 66

第 5 章　沟通的艺术 ·· 68

- 5.1 案例导读 ·· 68
- 5.2 专题定位与核心理念解读 ··· 69
- 5.3 专题目标解读 ·· 69
- 5.4 专题内容解读 ·· 70
  - 5.4.1 第一单元　认识沟通 ·· 70
  - 5.4.2 第二单元　影响有效沟通的因素 ·· 71
  - 5.4.3 第三单元　学习有效沟通的技巧 ·· 71
- 5.5 专题核心理论解读 ··· 72
- 5.6 经典活动解读 ·· 73
  - 5.6.1 "撕纸游戏"活动解读 ··· 73
  - 5.6.2 "老师说"活动解读 ··· 76
- 5.7 思考题 ·· 78
- 5.8 拓展学习资源推荐 ··· 78

第 6 章　团队合作 ·· 79

- 6.1 案例导读 ·· 79
- 6.2 专题定位与核心理念解读 ··· 80
- 6.3 专题目标解读 ·· 81
- 6.4 专题内容解读 ·· 81
  - 6.4.1 第一单元　团队的认知与理解 ·· 82
  - 6.4.2 第二单元　如何融入团队 ·· 82
  - 6.4.3 第三单元　职场中的团队特质与融入团队能力的建议 ················· 83

6.5 专题核心理论解读 ··· 84
6.6 经典活动解读 ··· 85
 6.6.1 "团队组建与呈现"活动解读 ·············· 85
 6.6.2 "建基站"活动解读 ··························· 88
 6.6.3 "团队角色探寻"活动解读 ··················· 91
6.7 专题授课中的风险与建议 ······························ 92
6.8 思考题 ·· 93
6.9 拓展学习资源推荐 ·· 93

职业素养二阶课程——思动篇

第 7 章 创业精神 ··· 95
7.1 案例导读 ··· 95
7.2 专题定位与核心理念解读 ······························ 96
7.3 专题目标解读 ·· 97
7.4 专题内容解读 ·· 97
 7.4.1 第一单元 创业者如何看待成功 ············ 98
 7.4.2 第二单元 商业活动中的创业精神 ········· 99
 7.4.3 第三单元 从校园开始为创业做准备 ···· 100
7.5 专题核心理论解读 ······································ 101
7.6 经典活动解读 ··· 102
7.7 思考题 ·· 107
7.8 拓展学习资源推荐 ······································ 108

第 8 章 服务意识 ·· 110
8.1 案例导读 ··· 110
8.2 专题定位与核心理念解读 ···························· 111
8.3 专题目标解读 ··· 112
8.4 专题内容解读 ··· 112
 8.4.1 第一单元 服务及服务意识的内容 ······· 113
 8.4.2 第二单元 服务意识的表现与未来职场的意义 ··· 113
 8.4.3 第三单元 建设服务和谐环境的责任与义务 ···· 114
8.5 专题核心理论解读 ······································ 115
8.6 经典活动解读 ··· 118
 8.6.1 锻炼识别需求能力的情景模拟演练活动解读 ··· 118
 8.6.2 "桃花朵朵开"活动解读 ··················· 120
8.7 专题的其他建议与提示 ································ 122

8.8	思考题	122
8.9	拓展学习资源推荐	122

第9章 如何销售自己 ... 124

9.1	案例导读	124
9.2	专题定位与核心理念解读	125
9.3	专题目标解读	126
9.4	专题内容解读	126
	9.4.1 第一单元　如何认知销售与销售行为	127
	9.4.2 第二单元　怎样的行为是被社会接纳的销售行为	128
	9.4.3 第三单元　如何将自己的"卖点"与环境对接	128
	9.4.4 第四单元　如何对接未来职场的销售"卖点"	129
9.5	专题核心理论解读	130
9.6	经典活动解读	131
	9.6.1 "为自己的团队做广告"活动解读	131
	9.6.2 "翘脚"场景演练活动解读	134
	9.6.3 "如果可以重来"活动解读	136
9.7	专题的其他建议与提示	139
9.8	思考题	139
9.9	拓展学习资源推荐	139

第10章 问题伴我成长 ... 141

10.1	案例导读	141
10.2	专题定位与核心理念解读	142
10.3	专题目标解读	143
10.4	专题内容解读	143
	10.4.1 第一单元　问题的重新界定	144
	10.4.2 第二单元　重构学生看待问题的心智模式	144
	10.4.3 第三单元　解决问题的方法论	145
10.5	专题核心理论解读	146
10.6	经典活动解读	148
10.7	思考题	153
10.8	拓展学习资源推荐	153

第11章 企业生存记 ... 155

11.1	案例导读	155
11.2	专题定位与核心理念解读	156
11.3	专题目标解读	157

11.4 专题内容解读 157
 11.4.1 第一单元 模拟公司运营 158
 11.4.2 第二单元 我的体会 159
 11.4.3 第三单元 科学的工作方法 161
11.5 专题核心理论解读 162
11.6 经典活动解读 165
11.7 思考题 171
11.8 拓展学习资源推荐 171

职业素养三阶课程——对接篇

第12章 职业规划 174
12.1 案例导读 174
12.2 专题定位与核心理念解读 175
12.3 专题目标解读 176
12.4 专题内容解读 177
 12.4.1 第一单元 成为怎样的人 177
 12.4.2 第二单元 如何成为这样的人 178
 12.4.3 第三单元 如何面对挑战与变化 180
12.5 专题核心理论解读 181
12.6 经典活动解读 183
 12.6.1 "冥想未来"活动解读 183
 12.6.2 "制订目标"活动解读 185
12.7 思考题 187
12.8 拓展学习资源推荐 187

第13章 成功面试 189
13.1 案例导读 189
13.2 专题定位与核心理念解读 190
13.3 专题目标解读 191
13.4 专题内容解读 191
 13.4.1 第一单元 面试前 191
 13.4.2 第二单元 面试中 193
 13.4.3 第三单元 模拟面试和面试后 194
13.5 专题核心理论解读 194
13.6 经典活动解读 195
 13.6.1 "我心目中的完美班长"活动解读 195

  13.6.2 "自我介绍"活动解读 ································· 197
  13.6.3 "模拟面试"活动解读 ································· 199
13.7 专题授课中的建议 ··· 200
13.8 思考题 ··· 201
13.9 拓展学习资源推荐 ··· 201

<h1 style="text-align:center">附   录</h1>

附录A 东莞理工学校职业素养 研究传播中心简介 ····················· 203

附录B 职业素养教师教育教学感悟 ································· 209

附录C 10年后的素养校园是怎样的 ································· 214

参考文献 ··· 217

课程单元设计
——体系篇

  职业教育是教育体系的设计与实施，是与现代产业发展关联最为密切的教育环节。职业院校为了使培养的学生切实满足社会和企业的人才需求，普遍实施了工学结合、校企合作和顶岗实习等人才培养模式，目的是把职业院校的学生培养成具有综合素养的准职业人。

  我们通过大量的企业调研与合作发现，职业素养是企业人才发展的根本与基础。因此，学校将职业素养教育确立为职业院校育人的核心。职业教育只有在深度理解企业人才需求的根本内涵的前提下，遵循学生的认知规律，将体系化的职业素养课程和活动渗透到校园的每个角落，才能有序地、有层次地、循序渐进地把素养教育真正转化成为职校学生的核心基础能力。

第1章 职业素养体系概览

1.1 把职业素养教育前置于校园是职业院校育人的首选

企业对员工职业素养的关注，贯穿了企业人力资源管理选用育留的各个环节。

1.1.1 企业招聘广告中80%的内容涉及对职业素养的诉求

在企业发布的招聘广告中，我们不仅能看到招聘的岗位名称、职位描述等内容，还能找到对应聘者职业素养的要求。例如：

"具有较强的沟通与理解能力"；
"具有协调组织能力"；
"具有团队合作与配合的意识"；
"踏实、细致、有责任心"；
"有客户服务的意识"；
"抗压能力强"；
"有较强问题解决能力"；
"有足够的耐心与吃苦精神"；
……

除了在招聘广告中对这些素养提出要求，不少企业还会在招聘的过程中，专门设计一些特定环节来验证应聘者的素养水平。

1.1.2 企业人才标准就是对职业素养的要求

在向企业人力资源管理者做了深度调研后发现，企业对人才的选择和评价标准最终都指向职业素养，职业素养也是员工综合能力表现是否到位的重要因素。企业通常把员工划分为三个层级，即合格员工、优秀员工和卓越员工，如图1-1所示。

合格员工的标准（员工承担岗位工作的基础要求）：

（1）会主动学习岗位职责，了解企业产品和制度，熟悉工作流程和工作方法，能够主动承担工作职责；

（2）能严格遵守工作中的规范、规则和职业操守，保持良好的职业形象与状态；

（3）能熟练掌握工作中的操作工具和方法；

（4）能够合理安排好各种事情，按时完成工作任务，并能配合应对突发事件；

合格员工	优秀员工	卓越员工
· 遵守业务规范 · 理解岗位职责 · 胜任岗位工作	· 关注上下游流程 · 跨部门合作 · 发挥示范作用	· 工作有大局观 · 理解当下任务与全局的关联 · 承担领导和组织的职能

图 1-1　企业员工发展层级图

（5）能够与同事合作，准确执行上级指令，跨部门协作时能够做到及时复命，顺畅沟通，完成指标，达成工作目标；

（6）能够尊重与理解客户的需求，服务客户，解决客户所关心的重要问题；

……

优秀员工的标准（在合格员工标准的基础上，达到如下要求）：

（1）能够做到自我管理、主动学习、主动承担，在拓展与发展个人能力时，能够将企业的发展目标和需要与个人发展目标相结合，进行自我管理的学习与成长；

（2）能灵活变通解决本岗位职责内与跨岗位的工作问题，并达成多方平衡与认可；

（3）对同事和客户能够保持服务心态，与人耐心沟通，在部门内起到带头示范作用；

（4）有较强的达成目标的意愿与能力，不会被当下的事情与困难所干扰而忘记最终的目标；

……

卓越员工的标准（在合格员工、优秀员工标准的基础上，达到如下要求）：

（1）具有较强的资源协调和项目组织统筹能力，以及项目计划与管理能力；

（2）具有大局观，在关键时刻能够考虑到企业整体的形象和目标；

（3）具有较强的策划与规划能力，并能组织团队落地执行，达到目标与指标要求；

……

1.1.3　形成稳定的职业素养状态需要在校园里进行更长的时间培养与积累

很多新入职场的人会存在一个误解，认为一个新进企业的员工顺利地度过了 2~3 个月的试用期，或者经历了半年至一年的见习期后，转正了就成为合格员工了。而对照 1.1.2 小节中合格员工的标准就不难理解，要真正达到合格标准，通常需要两年左右的时间，且需要健全的引导与支撑。而这个标准如果让员工通过自我摸索去达成，所需时间往往会更长。

虽然企业对员工的职业素养要求很多，但是某项稳定的职业素养状态的形成，至少要经过 3~5 年的实战训练。由于企业所面临的业务压力、行业竞争、成本核算等种种生存现实，使得目前中国大部分的企业只会把部分的精力、时间和财力投入到员工职业素养的培养上，更多的时候，企业更愿意选择已经具有良好职业素养的员工。这样的选人、育人需求，对职业院校的育人内容和方向就提出了非常明确的要求与指向。

1.2 职业素养是企业人才选用育留的决定因素

1.2.1 职业学校教师在企业学习中发现企业更期待有职业素养的人才

从职业素养教学实践到企业工作场景反思，再到专业教学内容的调整，这个过程让很多教师亲身体验了职业素养的实际应用，也找到了在专业教学中培养学生职业素养的方法和路径。这些体验也使教师们深刻认识到，是时候把职业素养教育落实于职校学生校园学习阶段了。

这是因为很多实习生的指导教师发现一个普遍现象，学生进入企业后，最初的工作内容和他们所学专业的相关性并不大，企业也不会一开始就将重要的工作交给实习生（新员工）去做，分配给他们的都是如取资料、递送东西、分发通知之类的简单工作。即使如此简单的工作，大部分学生也很少能一次性就把事情做到位，总会丢三落四。不仅自己难过，企业也不放心。而这与学生毕业走进企业的状态非常类似。作为实习生自然还有机会修正，但步入职场的新人，每一次职业表现都是现场直播，若有负面效应，其对学生未来职业生涯的影响会很深远。

教师们还发现，当实习生向有经验的师傅们请教时，常常连一句完整的话都说不出来，结结巴巴的现象非常普遍，听着让人十分着急；有的学生思维跳跃度比较大，往往想到哪儿说到哪儿，而且表达得也很模糊，其他岗位的员工对此往往会摇摇头甚至反感……面对这些现象，再回顾在校教学的过程，教师们也慢慢意识到，学校在专业教学中对学生表达能力的训练基本上没有引导，那些喜欢表达的学生甚至还会受到打压。而在能够锻炼学生表达能力的课堂互动环节中，教师们也缺乏引导训练的意识。对于讲完的内容，教师通常会问学生"听懂了吗"，学生一定会回答"听懂了"，这时教师就会切入下一部分内容。学生在和教师沟通时也普遍存在表述不清的现象，对此教师们通常会直接替学生补充："你想问的是这个问题吗？""你想表达的是不是这个意思？"问问题的学生就会很高兴地点头，教师也会很有成就感，而这恰恰就"剥夺"了学生锻炼表达能力的机会。

所以对企业用人需求真正地理解，是职业院校育人工作的"必修课"。从一个人学习、成长的规律来看，素养教育越早培养越好，效果也会越明显。因此，职业院校把职业素养教育转化成一套体系化的课程与活动贯穿于学生在校学习的所有环节中，让学生可以通过3年的时间完成对这些基础素养、职业素养的培养，这不仅能给学生提供一种新的成长方式，也会让学生在进入职场的时候，能够拥有更多的职业范儿，进而能快速融入企业环境，缩短入职的磨合周期。职业院校在学生素养培养方面的新举措，也正是众多企业所期盼的。

1.2.2 让职业素养教育渗透于校园教育

把职业素养教育贯穿于校园教育的做法，是为了实现"让职业教育与社会需求同步"

的总目标，如图 1-2 所示。我们期望，让职业素养教育渗透于校园教育教学管理的方方面面，让学校的每个教育事项都成为职业化事项，让每个教育事项都有职业化的引导点。最终，在职业院校中实现人人职业化、事事职业化、时时职业化的状态，从而促使整个教育生态呈现出一种和谐景象，如图 1-3 所示。

让职业教育与社会需求同步
把职业素养教育前置于校园教育

图 1-2　职业素养项目总目标

图 1-3　和谐的教育生态圈

1.2.3　10 年实践形成了一套校园职业素养课程体系

通过 10 年的实践与摸索，一套适合职校学生发展的职业素养课程体系已经形成并日趋成熟，如图 1-4 所示，这为职校学生的成长创造了更多的可能性。

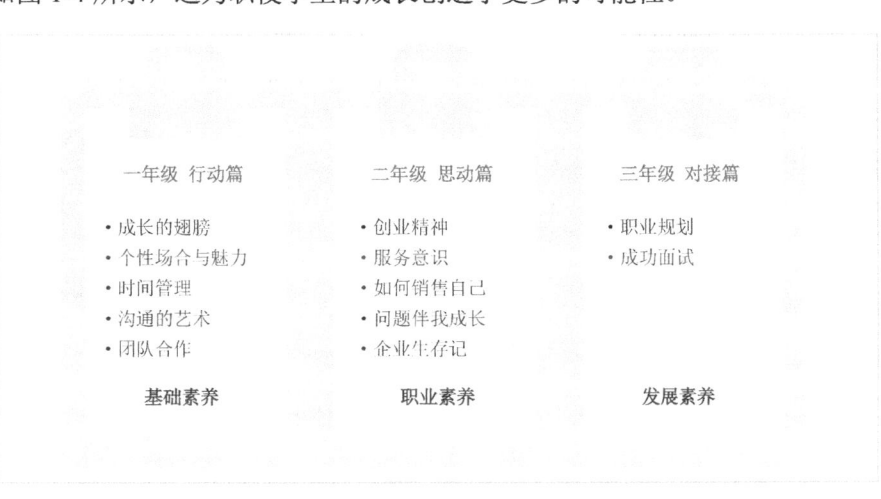

一年级　行动篇	二年级　思动篇	三年级　对接篇
·成长的翅膀	·创业精神	·职业规划
·个性场合与魅力	·服务意识	·成功面试
·时间管理	·如何销售自己	
·沟通的艺术	·问题伴我成长	
·团队合作	·企业生存记	
基础素养	**职业素养**	**发展素养**

图 1-4　职业素养课程体系全景图

学校对学生的教育是方方面面的，而职业素养教育可以与校园教育教学进行多方面的结合。除了开展职业素养课程之外，还可以将其与专业课、课外活动、社团活动、班会活动和社会实践活动等相结合，形成学校各个部门合力进行职业素养教育的局面。配合学校基础课和专业课的安排，把职业素养课程的 12 个专题分为行动篇、思动篇和对接篇，引导学生积极参与和体验；在素养的层面分别对应基础素养、职业素养和发展素养。让学生通过 3 年的职业素养课程体系的学习提升职业意识，为走入社会提前做好准备。

1.3 让学生具有职业素养的习惯状态是素养教育的目的

1.3.1 概念、能力、状态是一个人职业素养培养的三大阶段

在班级中，如果一个学生的成绩忽高忽低、日常表现忽好忽坏，班主任会说他"状态不对"。在企业中，如果一个员工平常开心时工作效率很高，与别人合作得也都很好，而在不开心时工作进度缓慢，变得不爱理睬人，领导也会说他"不在状态"。职业素养教学的目标是培养一个人保持稳定的输出状态，这与课堂教学目标有一定区别。

概念、能力和状态是职业素养的三个进阶层次，如图 1-5 所示。职业素养是从细微之处培养的，而且需要多次重复以加深印象，直到真正理解之后才能不假思索、自然而然地做到、做好。概念属于知识或常识的范畴，能力是行动之后产生的质量上的提升，状态是指行动主体可以不受外界干扰而稳定地输出某种行为。要达到稳定的职业化状态需要先从知道概念开始，即知道要做什么事情和做到什么程度；随后，以获得的知识指导自己的行动，通过持续的行动来培养做事的能力；这样持续地尝试，会在一定的积累下达到另一种能力状态，即不被外界左右而专心做事的状态。对所做之事有清晰的认知并能达到专心致志的状态，是职业素养教育培养人才的目标。

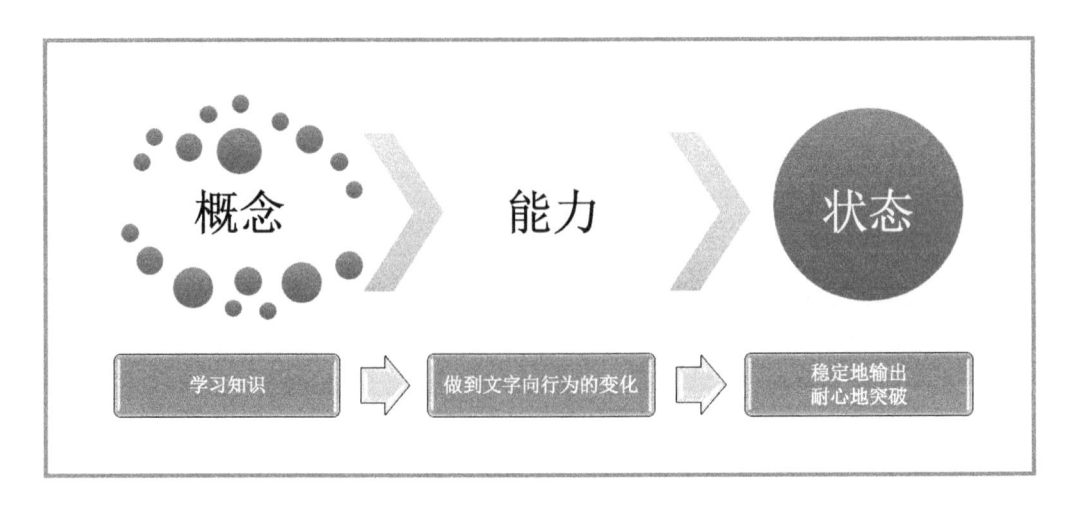

图 1-5 职业人职业素养的三个进阶层次

1.3.2 让学生多想、多说、多做，让校园讲堂变为职业素养的训练场

对教师来说，学生对知识概念的获得需要通过讲解来传授，学生某项能力的养成则需要加入实训环节；而学生某种状态的形成需要引导和持续的积累。要让学生获得状态，就需要教师从"教"到"引导"的转变。

例如在职业素养课程中，会有一个做座位名签的小环节——让学生在一张A4纸上写下自己的名字制作成名签。这便于课程最初时师生之间的了解，如图1-6所示。其实，这个环节就包含了职业素养的很多信息。有的学生写的字很小，有的学生只写了一面，摆放时却把字朝向自己，不方便他人看到……在第一次课程中，可以利用这个环节观察学生，让学生把名签的样子进行展示并加以引导。当然，有的学生会不以为然，认为"不就是一个座位名签吗"。在上第二个专题课程时，教师会再次要求与学生认识，安排制作座位名签的环节，看一下学生的表现，再一次加强理念引导："我们做事不仅要展示自己，还要方便他人。"之后再进行专题授课时，我们会发现，学生会把字写得很大而且两面都写，甚至有的还会画上自己喜欢的图案，摆放的方向更便于他人看到。后续再有做名签的环节，学生也没有了犹豫和抵触，而是在这件小事中，抵达了专心做事的状态。这个过程，就是让学生对"服务""自我管理"等主题从"概念"走向"能力"，再迈向"状态"的基本引导流程。

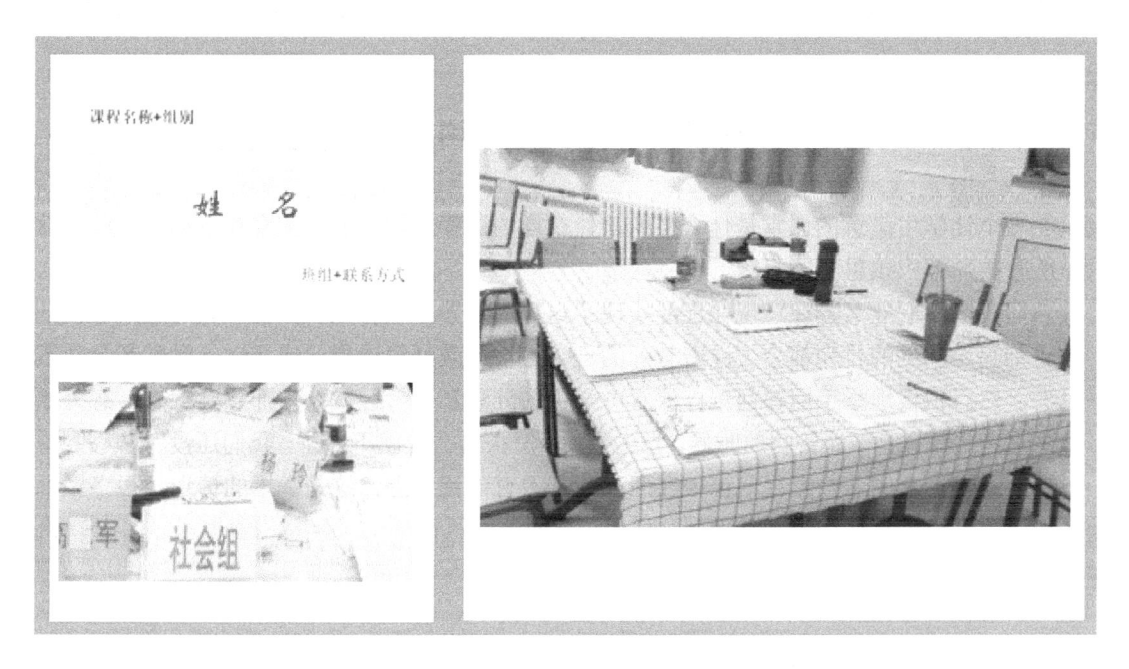

图1-6 座位名签的制作示例

所以，素养教育不是简单的知识传递，无法通过说教的方式实现，更不可能通过书面的问卷验收成果，而是需要身体力行，上手体验。只有让知识成为自己的经验才有机会使之转化为能力，上升为状态。故而整个课程的所有环节都有引导的设计，比如每次活动后都需要各小组收拾一下本组的桌面，做到随时整理，保持小组良好的学习环境；在学生做自我介绍时要对他们有所要求，这样学生才能从初上台时的不知所措和语无伦次，慢慢转变为能在全班同学面前自由地表达自己的观点；在点评别人时，出发点不应该总是去看别人的缺点，而是要定位在自己能从中借鉴些什么，等等。

现在企业里的在岗学习、行动式学习和引导式学习等已经非常普遍，其特点就是员工是学习的主体。职校职业素养课程也在往这个方向引导，教师必须侧重于引导学生进行主动参与，让学生多想、多说、多做，让讲堂变训练场，让学生逐步适应自主探究和相互交流的学习方式，进而激发学生探究问题的兴趣，在学中做、做中学，综合提升学生的整体素质。当这些素质有所提升的时候，学生们对基础课、理论课和专业课等的学习意识、主动参与意识和主动管理意识也同样在提升。

企业的人才需求是职业教育育人的方向，把职业素养课程体系前置于院校教育是育人的方向，而更新教育教学理念，把互动式、引导式的教学方式引入课堂则是育人的途径。职业素养教育丰富了职业教育育人的内涵，职业素养教育的探索也会在职教人才培养质量方面发挥越来越重要的作用。

1.4 职业素养引导式教学让师生的交流更全息、更有指向性

1.4.1 职业素养引导式课堂实现了师生满意的互动画面

一个让学生满意的课堂是什么样的，什么样的课程是学生愿意配合和主动参与的？这是所有教师都应该思考的问题。

而我们的职业素养课程现在已经实现了这样的场景：从上课铃声响，教师进入教室的那一刻起，学生的目光都会关注着教师的一举一动；教师每次提问或互动，学生都会认真思考，然后积极地举手回答问题；课堂中学生的分享和思考经常让教师感到意外，意外于学生思考之深入；下课铃响的时候，学生会说"怎么这么快就下课了，我们还没有聊够呢"；下课后，学生会围着教师提问……在职业素养教育的课堂上，这是基本的情形。很多教师在授课的过程中，都会慢慢享受到这样的课堂氛围。

1.4.2 职业素养课堂形式的更多特点

职业素养教育采用的是引导式教学，与常规的传统教学相比有一些鲜明的特点：

第一，职业素养教学素材更为丰富。传统教学的课堂上，教师选用的学习素材多为

文字或图片，教师以讲为主，学生以听和看为主。而职业素养教学素材非常丰富，除图文外，还有音频、视频、体验活动和模拟扮演。可以调动学生更多的感知，使学习过程更立体。

第二，职业素养教学形式更多元。传统教学的课堂组织形式是排排坐，教师是主要的信息来源，师生交流是主要活动。而职业素养教学则要让学生参与体验，以小组讨论的方式开展学习交流互动，教师来引导，学生参与体验。

第三，职业素养教学目标更深入。传统教学的目的是对知识和概念的学习，采用的是听、说、读、写的方式。而职业素养教学是为了在实际的情景中增加学生的体验，拓展学生的思维，加强学生的互动，进而提升学生处理问题的能力，培养他们分析问题的基础习惯。

通过交叉运用教学资源，教师要完成以教知识和教技能为主向引导和培养学生的态度和习惯转变。通过引导、体验、教练等多种教学途径，促进学生一步步渐进式地成长，即将学生从无目标向有明确目标引导，再将学生从有明确目标向开始有尝试或探索的行动引导，从有实践行动向做得更规范、更好引导，从偶尔能更规范地做好向能持续稳定地长期做到引导。也就是说，职业素养教育是从概念到能力再到状态的逐渐深入的引导，让学生领略一种新的成长状态，呈现持续稳定的状态。

1.5 方便易行的素养示例课程教学形式更易于引导学生在实践中成长

引导式、体验式和教练式的教学形式是职业素养教育目标达成的途径，而在职业素养课堂组织的过程中，每个环节都有具体的实施步骤，同样也蕴含着职业素养的引导点。这里我们概要列举一些在职业素养课堂教学中的实施内容和示例。结合示例及说明，教师们更容易了解和掌握职业素养课堂教学环节的实操步骤。以下为职业素养课堂中最常见的九项教学操作示例。

1.5.1 教室布置示例

如图 1-7 所示，职业素养课堂的教室桌椅摆放布局不同于传统课堂。这样的布局一方面把学习的主动权交给了学生，另一方面在师生互动的基础上，还可以进行学生组内以及组与组之间的交流互动，确保每个学生都有参与和体验的机会，教师也便于检查现场的学习效果。同时，教室中的每件设备都会发挥作用，投影仪、白板及张贴学生学习成果的背景墙，都会成为学生关注的信息源。

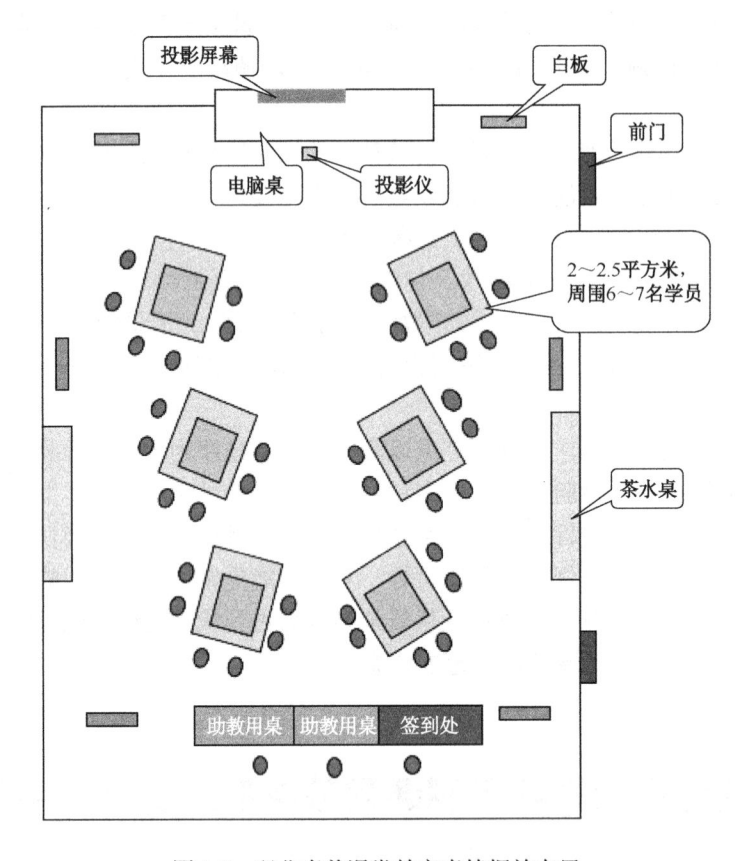

图 1-7　职业素养课堂教室桌椅摆放布局

1.5.2　课程开场时破冰分组活动示例

在一门课刚开始的时候，怎样才能让学生很快地找到互相交流的话题？学生怎样才能快速进入课程活动？在职业素养课堂中，最常见的方法就是开场破冰。

比如，在沟通课程中，教师在教室的四个角落分别贴上不同的主题词：电影、美食、旅游、读书。如图 1-8①所示。

教师发出指令："选择你们喜欢的话题，大家开始聊。"学生们就会聚到不同的主题小组开始聊天，教室里也会很快热闹起来，如图 1-8②所示。

在学生很投入地交流时，教师提出新的要求，让大家换个主题聊。很多学生会交流得意犹未尽，不舍得离开，如图 1-8③所示。

在新的环节中，学生们很快就会在新的主题下开始新一轮的沟通，如图 1-8④所示。

当教师结束破冰活动时，学生们会发现他们彼此有很多共同点，也有了更多的话题，相互之间也更加了解了。

图 1-8 课程破冰分组活动流程

1.5.3 小组成员职责设置活动示例

分组活动是职业素养课程基础的活动，如图 1-9 所示。除了小组要完成人员分工、团队命名、团队口号等任务，还有时间上的要求，例如小组讨论 10~15 分钟。标准越明确，每个小组的分享呈现就会越集中。

图 1-9 分组活动任务清单

与此同时，可以观察小组成员们是如何选老大，如何选助理，以及如何统一不同的想法达成小组一致的。这些都是让学生体验自己、观察他人的机会。

1.5.4　自我介绍示例

"你做完自我介绍后，能不能让别人记住你长达 30 年呢？"在企业经营合作的很多场合，人们都要做自我介绍，那么一个好的自我介绍会成为职场润滑剂，会成为清晰的名片，让人过目不忘。

好的自我介绍是职业人成长的开始，可以仔细理解一下这些规范蕴含的内涵，如图 1-10 所示。

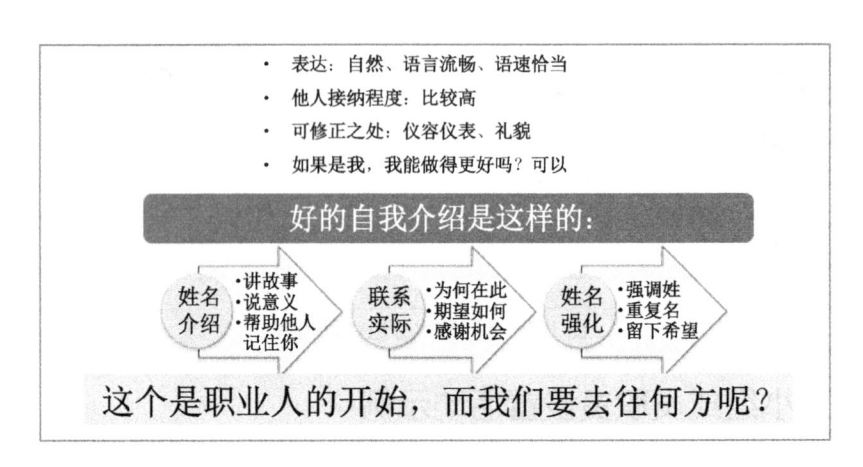

图 1-10　自我介绍的职业化要求

1.5.5　上台和下台指导细节示例

在被邀请上台发言时，很多人难免会紧张、犹豫、慢腾腾的；而在发言结束下台时，很多人会逃跑似的回座位。

在职场中，自然有序、有效地呈现是对职业人的基本要求，如图 1-11 所示。职业素养课堂中，每个人都有很多机会代表小组上台呈现。经过多次的上台练习，按照标准来进行对照和调整，学生们会越来越自如地完成当众讲话的环节，这对学生锻炼表达能力是非常有效的。

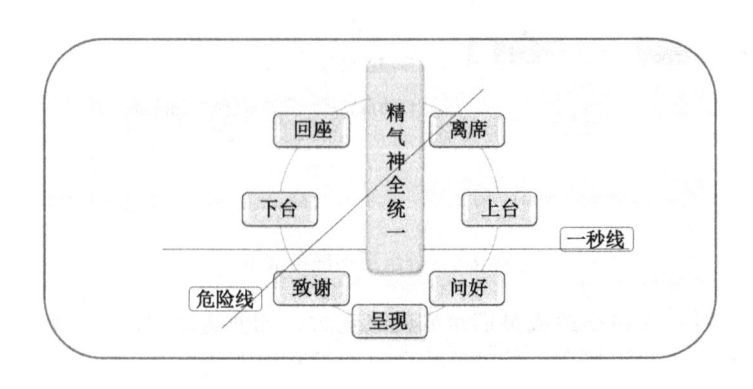

图 1-11　职业化当众呈现七步法

1.5.6 上台发言引导示例

在课堂上，怎么能让学生言之有物，言之有据，言之有故呢？在职业素养课堂中，采用上台发言的标准。一个学生发言完毕，教师可以让他给自己打分："如果满分是 10 分，你给刚才的发言打几分？"同时，要说明得分项和扣分项。这是自评，同时还有他评，也就是请听众做评价。通过两相对比，发言者会很快找到自己需要弥补之处，也会更清楚自己的长处。如图 1-12 所示。

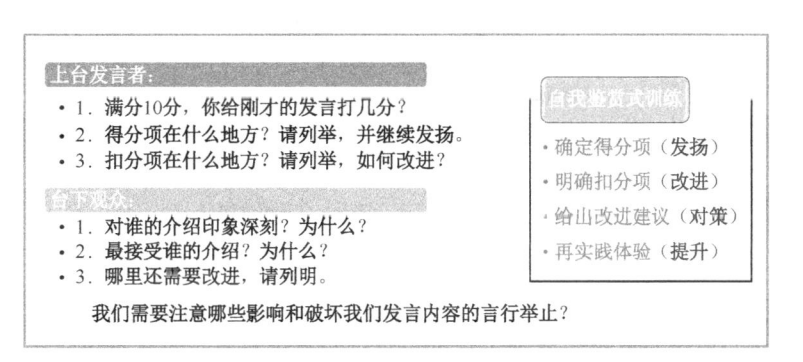

图 1-12 对上台发言者的引导示例

1.5.7 小组互评引导示例

在组与组的互动中，最忌讳让组与组之间进行对比。小组成员们往往为了维护自己的组，会想各种理由把自己的小组形容得无比完美。而这样的做法，并不能让学生找到继续提升的空间。职业素养课程中小组互评的引导重点，是要能客观看待其他组的亮点，这是向别人学习的开始；也要有自己独立的思考和判断，能对其不足提出改善建议。不能仅止步于评价，而是要指向小组间的互相学习和完善，这是小组互评环节的引导方向。如图 1-13 所示。

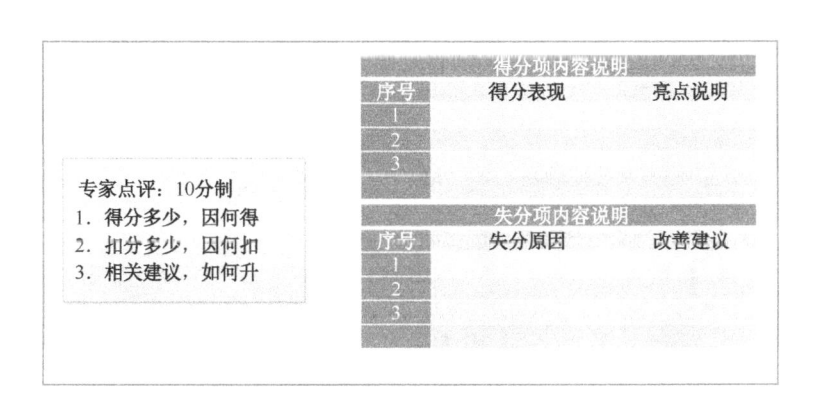

图 1-13 小组间互评引导示例

1.5.8 总结复盘引导示例

在一个小组任务结束后，小组成员的总结有的说得信息不全，有的则仅是事项的罗列，没有对后续的思考。于是，我们提出小组任务——总结复盘流程及要点，即"说"小组表现的真实过程和情况，"说"小组内讨论合作的体验与感受，"说"受到的启发或引起的思考，"说"下一步要采取的行动，如图 1-14 所示。这样的"四说"框架，能够让每组的交流都有基础、有体验、有思考、有方向。

认识的过程——学习、反思与分享

	客观性 Objective	1. 你印象最深的是什么	看到的 听到的
	反应性 Reflective	2. 听完后，你的感受如何	现场心情 直观感受
	诠释性 Interpretation	3. 对你而言有何意义，如何与实践联系	反思与分享
	决定性 Decision	4. 你会由此产生的决定和行动	行为计划

图 1-14 "四说"框架

1.5.9 清理桌面和环境维护示例

小组的桌面相当于未来工作的工作台或本公司。于是，要从每次课间或课程结束后的桌面状况考察小组的整体状态。最初学生没有整理的意识，教师可以展示课间不同小组桌面的状况，如图 1-15 所示。起初学生们会觉得不以为然，但几次之后，他们便渐渐有了主动的行为，甚至出现小组全体成员一齐收拾桌面的场景。对环境随时清理，物品用完后随时归位，这是职业人的基本素养，也是我们引导学生的一个行动点。

图 1-15 职业素养教学环境维护示例

这里简要地列举了部分授课环节和活动的操作示例，可以让教师对职业素养课堂上学生的学习方向有一个基本的理解。这些示例蕴含着共同的育人理念，不是用所谓的标准去衡量学生，而是引导学生掌握提升行为质量的思维方式，自主迈向职业化成长状态。

1.6 授课教师自身在职业素养课程中的定位对课程有决定性作用

提起教师的角色定位，大多数人首先会联想到园丁（灌输者）或慈母（呵护者），当然有的人也许还会联想到警察（监管者），而教师对自身角色如何定位，就会同时给学生一个相应的定位。职业院校的学生要成为自主学习和自主体验的准职业人角色，那么，教师就应该是教学资源的整合者、学生学习的引导者、教学活动的设计者及拓展思维的教练等。

我们建议职业素养教师的角色定位要指向乃至做到"四当四不当"和"八多八少"，如图1-16所示，即教师要退一步，把课堂交给学生，学生是学习的主体，要激发他们的自主体验、自主思考、自主学习与自主行动。相信每个学生都有潜在的学习能力，学生的学习过程就是一个学习知识，熟练技能，调整态度，养成职业行为的过程。不过，在职业素养教学过程中，教师的角色会呈多元化展现，并非一成不变。

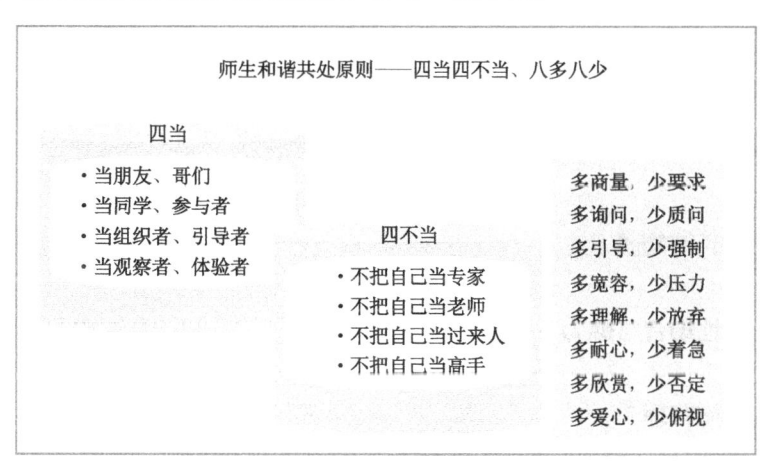

```
师生和谐共处原则——四当四不当、八多八少

四当
· 当朋友、哥们                           多商量，少要求
· 当同学、参与者                         多询问，少质问
· 当组织者、引导者      四不当           多引导，少强制
· 当观察者、体验者     · 不把自己当专家   多宽容，少压力
                      · 不把自己当老师   多理解，少放弃
                      · 不把自己当过来人 多耐心，少着急
                      · 不把自己当高手   多欣赏，少否定
                                         多爱心，少俯视
```

图1-16 教师自我提升的原则

职业素养一阶课程
——行动篇

第 2 章　成长的翅膀

第 3 章　个性场合与魅力

第 4 章　时间管理

第 5 章　沟通的艺术

第 6 章　团队合作

第 2 章　成长的翅膀

2.1 案例导读

大学教授的成长故事

小查是南方某所重点大学中文系的学生。从入校开始，他在完成常规学习任务的基础上，还给自己定下了提升英语的学习任务，每天都多投入 40 分钟学习英语。大学一年级，当其他同学忙于"探亲访友"的时候，他在背单词；大学二年级，当其他同学忙着为通过英语四级考试而挑灯夜战的时候，他在为英语六级考试做准备；大学三年级，许多同学还在为英语四级补考而焦虑的时候，他顺利通过了英语六级考试；大学四年级，当很多同学忙着撰写毕业论文和找工作时，他开始为考取研究生而准备。他喜欢古典文学，也了解过相关教授的招考要求。他的目标是考取杭州大学古典文学专业某教授的研究生。1998 年，他的研究生入学考试成绩为第二名，与成功录取失之交臂。他继续攻读，终于在第二年考试中成绩排名第一，如愿以偿被杭州大学古典文学专业录取为研究生。经过继续学习、深造，他成为一名教授，在上海某高校工作。如今回想自己大学一年级抱着英语书"啃"的时候，很多同学还挺纳闷，不理解他在忙活什么。只有他自己知道，要考取研究生，英语是必须闯过去的公共科目，没有讨价还价的余地。为了节约更多的时间准备专业课，必须提早为攻克"英语关"做好准备。

志锋与小黑

志锋和小黑都是职校学生。志锋在班主任的鼓励下，当了班长。经过校园生活中一系列活动的锻炼，他发现内向的自己竟然也有着可挖掘的人际交往潜能。从班长到学生会体育部部长，志锋越来越活跃，越来越自信。毕业后他成了邮政系统某门店营业大厅的大堂经理。回想职校三年，他清晰地感知到，职校三年学生干部工作的历练，是今日自己胜任本职工作的能力基础，也是自信心得到培养的宝贵过程。

小黑在校期间，是个篮球健将，但不太擅长和同学交往。他自己也不觉得有什么必要一定要跟大家来往。三年下来，只跟自己本宿舍的同学成了好朋友。进入高职院校之后，一位师兄用自己的成长经历开导、鼓励他积极参加社团活动，提升沟通能力。入职后，小黑从基层岗位做起，慢慢成长为东莞地区某电子企业的客服总监。

> 在同学的婚礼上，小黑待人接物的成熟度令他的职校班主任刮目相看。在班主任的追问下，小黑坦言："中职三年对沟通能力重要性的忽视，的确让我在入职之初走了一段弯路；高职期间对沟通能力有意识的锻炼，有效地缩短了我走弯路的时间。如果时光倒流，我一定舍不得浪费职校三年的成长时光与打磨能力的宝贵机会。"

【思考题】

（1）案例中学生规划的成长路径对您有什么启发？

（2）您是否也曾持续关注与追踪过有目标、有行动的学生从入学到毕业、直到就业后的情况呢？您是否系统地思考过学校的教育对学生的未来生活、工作与再学习有哪些影响呢？

（3）案例中无论是小查、志峰还是小黑，他们都是有意识地以未来目标和人生愿景来指导自己当下的学习与行动的。请您仔细想想，在学校的教育过程中，有哪些教育内容是在引导学生树立未来目标的？有哪些教育内容是在引导学生为实现目标而迈开第一步的？有哪些教育内容是对如何迈开第一步、如何行动、如何持续行动、如何精准行动进行指导的？如果有，请您将这些教育内容总结出来，并体会一下其中的引导（教育）步骤、引导（教育）节奏与引导（教育）方式。如果您已经掌握了这种引导式教育的内容与教学方式，那么恭喜您，因为您已经在进行学生的成长教育了。

【课程导语】

在校园教学实践中，发现新生（16～17岁）刚入校时，对校园生活和未来都感到很新奇，也会有很多新的打算与想法。但随着时间的推移，能将自己的打算和想法变成持续性行动的学生并不多见。同时，还有一种现象较为普遍，即很多新生对未来的打算与想法只是停留在自己的情感层面上，或是对外界环境的期待上，而不是真正去调整自己的认知和行动。比如，有些新生希望新环境里的人能对自己更宽容一点，多体谅一些。有些学生甚至期待着自己只需轻松付出，然后满满收获。有着丰富教育经验的教师深知，一旦学生将希望寄托于外部环境，那么这个学生反而会离自己的圈子和集体越来越远，也就更谈不上安心学习、踏实成长了。

其实，学生在新的校园环境中能做的是观察、学习与模仿，要有意识地调整自己的行为，确保先跟上并配合好新环境的节奏与规则，开始明确自己未来要拥有什么样的状态（目标），确定好自己从现在开始需要努力实践什么、努力沉淀什么。就像案例中提及的小查和志峰那样，学会利用在校的三年时间，学习、实践与积累未来发展所需要的知识与素养。

而"成长的翅膀"作为新生首课，就是为了引导新生从入校时就树立从"学生时代"转向"准职业人时代"的成长目标。引导学生利用在校三年时间，参照"准职业人"标准，储备应具备的知识与技能，了解应遵循的规范与规则，实践、提升综合职业素养，逐步进入稳定、持续的状态……

2.2 专题定位与核心理念解读

结合职业教育经验，我们会发现，刚入校的新生（平均年龄在16岁左右）在面对新的职校生活时通常会遇到三个认知上的转折点。

一是对新的学习内容和学习形式的接纳。职业学校（高中）的学习内容、学习形式、学习节奏甚至布置作业的方式都与初中有很大的差异，因此学生首先需要对这些不同之处在心理上逐步适应和接纳。

二是新生要开始独立地学习生活。职校生绝大多数都住校，这意味着他们迈入了准成人的自我管理阶段，也意味着他们的大部分时间都将与同学和老师一起度过，需要真正具备团队合作的意识和能力了。

三是职校生的学习目标已经由通过理论知识考核转向增强综合职业能力了。职业学校学习内容包括了职业素养、职业知识、职业规范、职业技能、职业能力和职业品德等，相比于初中，成长的综合性明显增强。

能否成功跨越以上三方面的认知转折点，关系到职校新生能否安下心真正融入职校生活。本专题旨在引导新生融入新环境，以成长的姿态面向未来启动自己的职业前期准备工作。因此本专题也为该阶段的新生在成长方面给出了切实的指导，帮助学生理解成长的更深一层内涵，引领学生迈向职业化成长之路。

"成长的翅膀"作为职业素养课程体系的第一个专题，具有方向引领性，既需要开宗明义，让新生知道自己将通过三年的学习成长为"准职业人"，同时也要帮助学生调整自己原有的成长认知、方法路径和习惯思维等，引导他们迈向更稳、更成熟的持久恒定职业化状态，为他们解答"如何成长"的话题。

"成长的翅膀"专题的核心理念是"从入校那天开始就为与社会和职场需求对接而持续努力"。本专题从分析"校园常规成长结果"与"社会、企业人才需求"两者间的差距入手，引导学生思考成长的内涵，从未来需要对接的方向反思自身可完善和待完善之处，反推当下应有之举与切头可行的路径，培养定向、有序、持续的成长习惯，指向稳定的自我管理和自我运营的成长状态。

2.3 专题目标解读

（1）明确职校学生的角色认知与定位，即"我"是谁，"我"在哪里，"我"在做什么，"我"应该做什么。

（2）明晰在校时学生的自我管理方向，即如何让自己的未来满意，如何以未来需要的基础逆推自己现在应该储备什么、积累什么，以及如何积累。

（3）形成自我成长的理念，为自己的每一个行为结果负责。

通常校园学习生活由预习、课堂学习、复习、考试、实训等环节组成，其中掌握知识和技能占用了大部分时间，很多学生会误以为只要成绩好就等于自己成长了。为帮助学生跳出成长认知的误区，"成长的翅膀"专题首先对"成长"概念的内涵进行了梳理，即"成长"不只是一个静态的以成绩高低为依据判断出来的结果，也不只是学到了某个知识点或者理解了某个概念。"成长的翅膀"专题所指向的成长是一个将知识概念转化为实际应用，将实际应用积累成实践能力，再将实践能力熟练至稳定状态的动态过程。所以，本专题对学生的成长引导包含三个层次：从对概念的理解和认知到对应用的实践和能力的练就的引导；从掌握能力到练就炉火纯青状态的引导；从偶然为之到持续而为状态的引导。成长的社会化目标则是让学生成长为能够让自己愉快、轻松，且职场欢迎和乐于接受，家人、朋友乐意接近和愿意久处的人，更进一步成长为对所在环境有健康、和谐的影响力和主导力的人。

2.4 专题内容解读

本专题共分三个单元，如图 2-1 所示，每个单元 2 课时，共计 6 课时。

```
第一单元  认识自己
 · 分析现状：我们的定位是什么；我们整体状态的职业化分析

第二单元  成长自己
 · 社会对我们有什么样的期望；我们应该成为什么样的人

第三单元  实践自己
 · 如何用实际行动利用好三年时光；我们怎样成为期望中的自己
```

图 2-1　"成长的翅膀"专题课程内容

课堂上会采用分组讨论、案例分析、模拟演练、教师讲授等多种形式（借鉴自企业岗前培训的课堂形式，目的是增加体验环节，帮助学生加深理解）。在课堂上学生需要配合并主动参与到课程中的各个互动环节，跟随课程内容亲身体验并进行深度思考。

在备课时，教师也需要反复体会一个人成长背后的规律，即成长是一个动态、变化、逐步累积的过程，也是一个养成某种状态的过程。因此，教师们需要通过本专题的教学实践，掌握引导学生成长进阶的方式、节奏和步骤等。成长进阶的次序是从对概念的理解和认知，到能力的实践与练就，再到稳定不受干扰的持续而为的状态。

2.4.1　第一单元　认识自己

第一单元"认识自己"的课程会通过公司组建、团队呈现、姓名牌制作、自我介绍、赞美他人、橱窗分析法体验、视频赏析等环节，为学生创设展示与体验空间，让学生能够跳出"校园视角"，以"企业和社会视角"来观察自己当下的状态，参照"准职业人"的标准，一方面找到成长空间，另一方面掌握缩小差距的路径与方法。

"认识你自己"是刻写在希腊圣城德尔斐神殿上的著名箴言，凸显了"认识自己"本身的重要性。从职业化成长的角度看，客观地认识自己是成长的起点。认识自己的难点在于"客观"，"客观"从哪里来？这也正是本单元期待传递的重点——自我认知的职业化思维方式与操作方法。客观与主观，相对而言，主观从"我"出发，客观从客体出发。在自我认知这件事情上，对自己的自然感知就是从自我出发的，我们称之为主观认知，比如，自我感觉良好，自己觉得自己还行，自己对自己很满意，等等。以赞美他人为例，我们认为自己给对方的赞美是发自内心的，说的也都是我们自己觉得"中听"的话，对方应该很开心吧。那么我们的赞美，满意度应该由谁来评定呢？自然是被赞美的人。只有被赞美的人感觉舒服，我们的赞美才是适当得体的，我们与对方互动的质量才是有水准的。因此，作为成长前提的自我认知，要从主观认知转为客观认知，需要从我们周围所有的"客体"角度来反观自我，这是思维方式的调整，也是观察视角的转换。这个转换是成长意识的调整点之一。如果是学生，则要从师长、同学、学校其他管理人员的角度考虑；如果是新生，则要从毕业生的角度考虑；如果是毕业生，则要从用人单位的角度考虑。学生在校园里，也需要关注校园外团体的视角和社会的视角。换位思考之后，我们再看看自己的表达流利吗？语句通顺吗？书写规范吗？技能扎实吗？特长明显吗？有管理经验吗？有团队组建能力吗？……这些都是自我完善可参考的维度。成长的自我管理，在认识自我的环节，就需要保持这样的思维方式与认知习惯，当这种意识成为本能时，我们的成长就会更主动、更超前、更自如了。

再来看看从客观认识自我的操作方法。

识别"知道与不知道"是职业人自我认知的方法之一，具体操作步骤详见"知道与不知道"模型解读部分。我们通过活动体验、现场演练和视频赏析等手段，为学生提供了日常与职场两种不同情境下的操作方法，拓宽学生视野，使学生能够在转化思维方式的过程中，有方法作为载体，有流程模板用于检验，确保自我管理中职业化地认识自己这一步骤能够落到学生的日常生活中，辅导学生持续实践，形成本能。

认识自我是自我成长的起点，对自我有了相对客观的认识基础，成长的必要性、重要性和紧迫性才会突显出来。例如，在制作姓名牌的环节中如果我们习惯了从职场视角和社会视角思考问题，就会问自己，我的制作流程是否规范、标准，质量、字体和版面如何，对方是否期待看到这种风格的输出，等等。具备了这种自我审视、自我反思和自我优化意识的学生，不正是具有了主动成长意识的"准职业人"吗？

对学生成长方向的引导埋藏在环环相扣的课堂活动与互动中，对学生成长认知的梯次推进也同样隐含于体验、思考、分享、点评、互动中。课堂中的每个环节都会为后面的环节留伏笔与铺垫。对于学生而言，"认识自己"看似简单，实则隐含了对"突破自我"和"超越自我"意识的培养，也是学生扭转思维习惯的关键节点。成长的动力源自哪里？首先源自我们内心中响起的"我需要改变"这一声音。这个声音的出现，才是自主成长的起点。是我们自己要成长，不是别人要我们成长，也不是要为别人成长。这颗意识的种子一旦埋入学生的心田，只要条件成熟，生根发芽就是成长之路上必然的结果了。

在"认识自己"这一单元的讲授中，我们将引领学生抵达这样的思考层面：

（1）是凭自己的感觉来认识自己，还是参照社会的人才需求标准去认识自己；

（2）是固守自己的成长感受，还是去理解职业化成长的内涵。

第一单元始终贯穿两条脉络：一是学生在当下的自我认知状态（自身的标准）；二是职业化成长应该有的思路、方法与标准（社会普遍的标准）。

同时，课程里也隐含着职业化成长的引导过程，例如，课程会通过自我介绍的活动，让学生先体验自然发挥的状态，再引入自我介绍的职业化标准，引导学生重新实践，促使学生在两次实践中体会自己的标准与社会需要的职业化标准的差异，以及自己该从哪些方面入手和调整。

最终，引导学生在该"长"的地方下功夫，在该"长"的方向与标准上下功夫，而不是仅仅依赖自己的感觉和习惯去认识自己、成长自己。这就是第一单元"认识自己"的内涵解读。

2.4.2 第二单元 成长自己

第二单元探讨了确立学生成长的方向后，在学习实践中，学生需要成长的内容究竟是什么，并着重分析了社会到底需要怎样的人才，社会的人才观和校园的人才观有什么差异。通过对"雷人面试"视频、优秀中职生面试失利的案例和企业员工非职业化行为案例进行分析，研究讨论了老板眼里的理想员工应该具备什么特质，剖析了在校生在对接社会和企业的人才需求时的关键差异与标准。

以下是对第二单元重点活动的讲解：

（1）"雷人面试"视频，是通过企业招聘的视角，引导学生观察和分析不同准备状态下的面试者展现出的不同的应聘状态，以及导致不同结果的现实原因是什么。同时会为学生深入分析企业面试的核心关注点及需求内涵。企业面试时貌似非常关注面试者的学校品牌、证书多寡、才艺水平等，这是表象。而实际上，企业面试时更关心的是面试者在学校除了储备这些证书之外，是否还储备了学习转化应用、与人沟通、与人合作、解决问题等方面的能力。成绩、证书、才艺水平都只是一个评价标准和衡量手段，很多学生往往只在这些地方投入精力，却并不清楚企业关注这些信息，究竟在找寻什么。这是我们提示学生思考并探讨的。同时，此环节依然会持续传递一个理念：成长要站在未来看现在！面试环节是结果，若期望结果理想，不是在面试前临阵磨枪，而是现在就要思考未来面试中希望自己是什么样的状态。这里所谓的"雷人"，他们"雷人"的根本并不在于面试这一刻的表现，而在于导致这一结果的原因他们不曾思考，也不曾察觉，更没有觉得自己"雷人"。

（2）优秀中职生面试失利的案例分析，是通过一则真实的职校生面试案例，引导学生换位思考——学生、教师眼中的优秀学生标准与企业眼中优秀人才的标准有哪些根本性差异。案例中提及，这位优秀学生面试失利后，很委屈，向班主任哭诉企业如何不尊重他。班主任也觉得不解，打电话询问企业原因，最终得到企业对学生所应聘岗位要求的解读，这个岗位需要的是有耐心且能主动学习的人，独立做事解决问题的人。企业发现面试的学生只是一味地听话照做，并且只关心自己的奖金福利假期，而无心去了解企业是做什么的，这样的学生在企业看来培养的周期与成本都是很高的。这个案例也真实地展现了校园育人与企业人才需求之间的断档与空白区。因此，无论是学生、教师还是企业，都需要对理想人才的核心要求有一个统一的认知，这样才能让大家的努力是一致的。做事不到位、有疏漏，在教师、学校眼里也许是"以后改了就好"，但到了企业运营中就是"人才培养成本"问题了。企业首先要在市场中求生存下来，必然要考量和核算各种成本。校园对人才培养的"不到位"，到了企业，对应的就是"损耗""赔本"，企业自然是难以承受的。因此，这是校园育人与企业用人之间对接中必须正视的"裂缝"甚至是"鸿沟"。这个环节，我们需要学生理解一个事实：现阶段，校园育人对于这一"裂缝"已经开始关注，教育改革也在逐步进行。学生通过这个案例，需要正视这一"对接真空"区，调整成长意识，主动对接社会、企业人才标准，掌握主动成长的路径与方法。

（3）在"老板谈优秀员工"环节，我们会发现，企业对于"责任心""团队合作""擅长沟通""脚踏实地"等关键词非常重视。透过企业招聘对员工品质方面的"共性需求"，我们不难发现，没有哪个人是可以"只凭技术和纯能力"走天下的。原因很简单，社会发展是立体的且动态变化的。企业员工在完成了岗位任务后，还要与相关部门及人员互动和对接。因此企业对人才的需求是综合性的，而不是单一性的。呼应"雷人面试"视频的解读，企业对人才学校品牌、证书、才艺的"热衷"，是希望透过这些可量化的指标找寻具备指标内涵的优质人才。因此，真正了解企业、社会需要什么样的人，了解企业眼中优秀人才的内涵，我们才能知道究竟哪方面需要成长，以及要成长为什么状态。

第二单元"成长自己"，重点与学生确定一个界线，即惯性地上学与放学，被动地学习与生活，是学生需要警醒的一种非自主状态；在没有外界监督时，依然能够以准职业人的成长标准要求自己，督促自己成长，这是学生应反复巩固的自主成长状态。完成从前一种状态向后一种状态的切换，并稳定地保持住，这是师生共同的成长目标。同时，人才成长的最终标准一定是指向那些可以办好事情的人，并且是可以持续、稳定地把事情办好的人。学生在校园里，学习书本知识是基础，但只学习书本知识是远远不够的，他们还需要各种能够促进立体成长的活动和事务。学生只有在实践中才能打磨解决问题的实际能力，逐步靠近持续、稳定的成长状态。

第二单元的难点是课程很容易滑向对责任心、团队合作精神、沟通意识等具体内容的解读，而忽视更深入地谈及成长认知的调整和对成长惯性的主动管理等内容，这个层面的内容，恰恰是该章节育人内涵的重中之重。

2.4.3 第三单元 实践自己

第三单元"实践自己"重点解读的是职业化成长的具体行动路径。解答"我应该如何成长"的问题，给在校学生提出了"综合成长自己的8条建议"。举例剖析"人才的基础是主业"这一建议，从职业素养培养的角度分析人的综合成长，提醒走在成长路上的同行者，显性与隐性能力的打磨皆不可荒废。

校园生活的无数案例会提示我们，有的学生只重知识和技能的学习，有的学生只重人际沟通与交往能力的培养，各有侧重却也各有缺失。如果没有引导，这两类学生到了职场上，都难以满足企业对人才的综合要求。

而综合能力的培养首先需对人成长的不同阶段与内涵有系统的认知：

（1）成长酝酿阶段：从成长无意识状态走向有意识状态，让成长的主动意识明晰。

（2）成长起步阶段：从成长有意识状态走向意识明确状态，让每个行为指向成长。

（3）成长主动阶段：从"我要成长"走向"有序成长"，让每个行为的成长内涵更清晰。

（4）成长自主阶段：从"有序成长"走向"持续成长"，让每个行为持续、稳定，明确每个行为未来抵达的状态，自己推动自己成长。

教师在"实践自己"单元中需要明确的成长理念是一个人没有意识的行为，只是被动的成长；而当人有意识的行为（对自己的行为有意识），才是主动的成长。只有主动成长，成长的质量才能由我们自己调控，这才是对自己的行为结果负责的起点。因此，实践自我，需要在职业化成长的道路上实践，而不是在自己感觉、经验的惯性中打转。"综合成长自己的8条建议"涉及学生主业基础、兴趣培养、校园体验、干部素养、实践锻炼、人际交流、信息获取、品牌建设八个维度，需要教师借助师哥师姐的案例素材解读，帮助学生品味其中所蕴含的成长机理与素养内涵。

这一单元的内容类似散文，形散而神不散，授课难度比较大。教师需要把握的素养教育内涵是"实践自己"，强调在实务处理中打磨自己的综合能力。

（1）人们都有实践，实践是否能够推进到促进自我成长的分水岭在于行动起点是否聚焦于成长本身，抑或是其他功利性杂念，这将决定实践的持续程度。

（2）行动过程中是否牢牢把握成长方向，将决定实践本身能否动态调整，不偏离提升内涵的基本原则。

（3）行动过程中每个飞跃点往往以瓶颈点的形态出现，了解能力提升的有序性，才能坦然面对突破瓶颈所需要的持续力量，成长进程方能不中断。要做到定向、有序、持续地成长。

必须理解以上三个要素背后所蕴含的成长规律与原理，才能把握"实践自我"这一单元的内涵与原理。

综上所述，"成长的翅膀"，探讨的不是具体的事件与行为，不是某种具体职业能力的培养，而是交流对"成长"本身的认知。三个单元，引领侧重点各有不同：认识自己是职业化成长的起点，"认识自己"是有规范方法与职业视角的；成长自己须明晰成长应抵达的状态，"成长自己"也是有职业标准与内涵的；成长行动本身是不起眼的，只有守住了成长的内涵与方向，尊重成长境地的序次才能持续前行，"实践自己"遵循着事物发展规律。认识成长，需要我们从社会人才需求的高度去把握，才能有持续推进的动力源泉，才会有脚踏实地的安心与沉静。

2.5 专题核心理论解读

1. 自我认知的四种状态模式

第一种状态：不知道自己不知道。

一个人如果已经养成了自己的行为惯性和模式，就如同待在一个盲区里，看不见也听不到，很难走出困境。可能在安静时，或者在特殊的情况下，偶尔会回想起自己与外界互动的模式、思考问题的焦点可能存在不合适。平常时，意识不到自己在做什么。

第二种状态：知道自己不知道。

这种状态的人很清楚自己未知的领域在哪里。比如在学生时代，有人会说，我就是背书不行，每次背书都很紧张。工作之后有人会说，我就是不够细心，从小就马虎惯了，数字统计方面的事我从来不擅长。说这些话时，我们都很清楚自己知道什么或不知道什么，但是如果只是保持在这个状态，就变成成长的阻碍了。应该将关注点调整至如何将不知道的、不擅长的事情转变成自己知道的、能熟练上手的事情，这才是我们成长的出路。

第三种状态：不知道自己知道。

这种状态的人实际经验很多，但是还未能提炼总结成可推广、可借鉴的知识体系，行动上的实操还未推动意识层面的提升。

比如，一位喜欢玩滑板的小伙子，做各种高难度的动作都不在话下，他坦言自己一开始只是从最基本的动作练起，一只脚上板，一只脚做动力辅助，能滑两步就行，关键是要克服恐惧心理等各种杂念。之后则须静下心来，反复练习，体会脚在板的什么位置最合适，体会如何发力更稳，体会转向时脚的变化等。每当学习一个新的滑板技术时，如何分解动作，应该从哪里入手，怎么从不会到会，他都有自己的心得，只是他不知道这些心得可以进一步提炼转化运用到他的学业、工作中去。

所以，处于这种状态的人需要总结沉淀，经常做复盘，并与未来对接，以让自己的状态更稳定，能做到的范围更广。

第四种状态：知道自己知道。

这种状态的人是清醒的行动派，他们知道自己应该做什么，也知道怎么做。只不过要注意不可过分依赖经验，不能用已经拥有的经验，去应对未来生活工作中的所有事情。因为世界上没有两片一模一样的树叶，所有事情都是在发展变化的，处于这类状态的人要保持一颗好奇的心，客观面对每次新事件的发生。

自我认知的四种模式如图 2-2 所示，其实，这四种状态并不是割裂存在的，我们也不会只停留在某一种状态。人们在认识自己的过程中，起点是对自己的觉察。一个人知道自己知道什么，但是一旦心生骄傲之情，就瞬间滑落到不知道自己不知道的境地。所以，时时警觉自己的状态，从我们不理解不知道的地方开始，调整我们的行动，努力达到并保持在"知"的清明状态就是在成长。

知道自己 不知道	
	不知道自己 不知道
知道自己 知道	
	不知道自己 知道

图 2-2　自我认知的四种模式

2. "自我认知三大问"模型解读

校园生活的一切仿佛都是自然发生的。从幼儿园到高中、大学、研究生，这个求学的过程大家都很熟悉。伴随着开学、上学、放假，我们把毕业等同于"人才培养质量达标"，却很少去审视我们对自己的培养，以及学校对学生的培养，是否真正符合和满足了社会对人才的质量标准与实际要求。如果我们不这样问自己，在未来职场上将会面临手忙脚乱，虽然最后还是会逐步适应，但这中间会经历很漫长的消耗与驻留，并非每个人都能够自如前行。"自我认知三大问"模型，实际上给我们提出了几个关键的思考点，如图2-3所示。

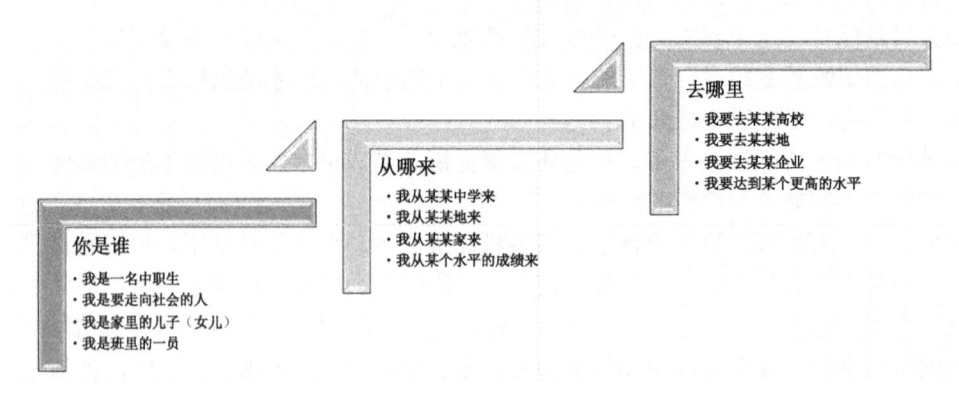

图 2-3　自我认知三大问

我们需要有意识地觉察这三大问背后所指向的思考内容。首先是我们当下所在的坐标。我们是哪个学段的学生，我们将要迈向哪里，我们当下可以有意识地做哪些方面的积累和储备。要回答这些问题，我们需要知道自己未来要去哪里。无论未来进入哪个行业、在哪个岗位，我们都将步入职场。而职场对人才的需求，除了专业能力，还有相对隐性的职业素养。所以，在学校除了学习技能和知识，还要在每天的实践中有意识地进行职业素养的储备；在成长中，要牢牢地把握住未来需要对接的方向，是社会和职场。社会和职场期待的是我们的综合能力和立体能力，是能够自然输出的状态，而非纸上谈兵，想象中的"我很棒"。因此，第一问与第三问是有着内在紧密联系的。而第二问的"从哪里"，可以帮助我们理解自己当下的状态，这与我们过往的学习、积累程度相关。我们今天的状态，是过去成长状态累积的结果，如果我们期待改变未来输出的质量，就需要结合当下的状态去进行能力上的储备。这三大问，提示我们行为上若要有改变，意识上就必须做调整。行动大不过意识，意识引领行动。

2.6　经典活动解读

2.6.1　"叠座位名签"活动解读

1. 活动背景与目标

在课程开启的阶段，学生还不知道如何认识自己的现状，应该有什么样的调整，我们就用这样一个小环节让学生可以清晰观察自己和观察别人。这是个日常习惯的小举动，通过这个小的环节，让学生清晰地体验到，自己是怎么认识自己的，自己是如何与别人互动的。

2. 活动内容与操作步骤

【活动名称】叠座位名签。
【活动目的】用这样一个小环节让学生清晰观察自己和观察别人，体验"觉察"本身。
【活动时间】15 分钟。
【活动道具】A4 纸，笔。
【活动规则】教师引导学生叠纸，让学生进行摆放。
【活动步骤】
步骤一：给每个学生发一张 A4 纸。
步骤二：让他们竖着摆放，上下对折。
步骤三：再沿着纸的下侧三分之一处，向内折起。
步骤四：用笔写上自己的名字。
步骤五：摆放到桌上。
步骤六：提出问题，让他们自己去观察和体会。

3. 活动步骤说明与解读

前一半的步骤是教师做示范，让学生制作一个座位名签的样子；后半部分是让学生写上自己的名字。学生写自己名字的大小、位置，是单面还是双面，摆放的时候是冲着自己还是摆向别人等，这都是学生状态的体现。

这些都是司空见惯的事，要引导学生去观察体验，让他们自己去调整。

4. 活动中的学生表现与教师引导

"叠座位名签"活动重点步骤中的学生表现与教师引导关键词如表 2-1 所示。

表 2-1　"叠座位名签"活动重点步骤中的学生表现与教师引导关键词

活动步骤	活动要求	学生表现	教师引导关键词
步骤三	沿着纸的下侧二分之一处，向内折起	① 有的学生表现得很细致；② 有的就相对大手大脚	叠座位名签需要美观，也需要你细心做每个动作
步骤四	用笔写上自己的名字	① 有的学生写的字很小，有的写的字大；② 有的学生是写单面，有的学生是双面；③ 有的学生还会加上一些图案和装饰	把你的名字在上边写清楚，字的大小以你认为我们互相看到为准
步骤五	摆放到桌子上	① 有的学生摆在自己的面前，单面还冲向自己；② 有的学生则冲向他人摆放	你写座位名签的目的是什么？如果是要互相交流，便于我们互相认识，你觉得还可以怎么摆放？

（续表）

活动步骤	活动要求	学生表现	教师引导关键词
步骤六	提出问题，让他们自己去观察和体会	① 自己做好后，看到别人的作品，赶紧再改； ② 有的学生本来是朝向自己的，听到教师的提示，会把名签向教师展示	你观察一下自己的作品，也看看身边同学的作品，你还有什么要调整的吗？比如，你名字的大小和摆放的方向……

5. 针对学生表现，教师的引导方式

做座位名签的小环节操作起来很简单，就是给学生一张 A4 纸做名签，写上自己的名字，这便于课程最初时师生之间的了解。其实，这个动作也包含着职业素养的很多信息。有的学生写的字很小，有的学生只写了一面，有的学生摆放时是朝向自己摆放整齐，他人却不方便看到……

在第一次课程中，我们会用这个环节观察学生，让学生把名签的样子进行展示和引导。当然有学生会不以为然，认为"不就是一个座位名签吗"。对此，素养教师不用急于评价或者下结论。成长是一种状态，一个动态过程。内在观点、认知状态若没有真正改变，行为上不会有真正的转变，更谈不上持续的推进。关于成长引导，素养教育方式重在辅导学生体会：行为背后的意识状态，帮助学生自己去判断内在认知是否需要调整。而不是教师强制学生接受什么观点，素养引导的作用在于帮助学生一起看清楚自己的成长状态。

在第二次课程时，教师会再次要求与学生认识，安排座位名签的环节，再次观察学生的表现，并再一次地加深理念引导："我们做事要展示自己，还要方便别人。"

再到后边课程专题授课时，我们会发现，学生会把字写得很大而且两面都写，甚至还有的会画上自己喜欢的图案，摆放的方向是便于教师看到。到后续做名签环节，学生没有犹豫和抵触，而是在这件小事中，抵达专心做事的状态。

2.6.2 "30 秒自我介绍"活动解读

1. 活动背景与目标

"30 秒自我介绍"是第一部分"认识自己"的重要活动环节。设置该环节，可以让学生直接观察社会视角中的自己，体验想象中的能力与自己真实能力两者之间的差距，探究其产生的原因，思考提升自己真实能力的路径。

2. 活动内容与操作步骤

【活动名称】 30 秒自我介绍。

【活动目的】 通过 30 秒自我介绍，重新认识自己给社会留下的印象，找寻自我认知的客观角度与路径。

【活动时间】 25 分钟。

【活动道具】 计时器。

【活动规则】

（1）先分组，然后组内每个人用 30 秒进行自我介绍；
（2）每组选出一位同学，在全班同学面前做自我介绍；
（3）限时 30 秒完成；
（4）演讲时间不足 30 秒者，须持续鞠躬至时间结束；演讲时间超出 30 秒者，必须立即中止演讲。

【活动步骤】
步骤一：先在组内自我介绍，优胜者代表小组上台展示；
步骤二：各组代表按照顺序轮流展示；
步骤三：展示完毕后，全体学生投票选出综合表现最佳者；
步骤四：各组代表分享感受；
步骤五：学生点评；
步骤六：教师点评。

3. 活动步骤说明与解读

步骤一：组内发言
① 教师向学生发出限时自我介绍指令，并说明限时 30 秒的要求；
② 教师要说明自我介绍的质量评判标准是"令人 30 年后仍有印象"；
③ 给一分钟的准备时间，然后让学生在组内依次完成自我介绍；
④ 组内选出优胜者作为小组代表；
⑤ 共同感受一下 30 秒的时长。

步骤二：各组代表自我介绍展示环节
① 各组代表逐一当众完成 30 秒限时自我介绍；
② 教师与各组代表逐一握手，请代表留步；
③ 各组代表在台前保持站立姿态，接受众人投票。

步骤三：各组代表进行自评
① 在教师的引导下，先回答"是否紧张"；
② 在教师的引导下，再回答"对自己的表现是否满意"；
③ 在教师的引导下，回答"还有无改进的空间"，并举例说明；
④ 在教师的引导下，思考并回答"日后需要加强哪些方面的锻炼"。

步骤四：台下学生给各组代表投票并点评
① 台下学生投票选出一名综合优胜者；
② 台下学生举手发言，对各组代表的表现进行点评。

步骤五：教师参考以下引导点进行点评
① 作为选手，你对自己的评价与观众对你的评价是否一致？有什么启发？
② 作为选手，你认为观众对你的评价和对其他选手的评价是否客观？有什么启发？
③ 作为选手，台下点评者的点评质量如何？有什么启发？
④ 作为选手，如果大家认可你，你认为自己的表现跟过往哪些经历有关？
⑤ 作为选手，如果大家对你的认可度不高，你认为自己未来需要注意些什么？

4. 活动中的学生表现与教师引导

"30秒自我介绍"活动重点步骤中的学生表现与教师引导关键词如表2-2所示。

表2-2 "30秒自我介绍"活动重点步骤中的学生表现与教师引导关键词

活动步骤	活动要求	学生表现	教师引导关键词
步骤一第②项	自我介绍"令人30年后仍有印象"	学生往往是没有精力顾及自我介绍的质量要求的,几乎没有余力思考如何"令人30年后仍有印象"这一要求	自我介绍看似简单,实则可以展现我们的各种综合职业素养。那些给我们留下深刻印象的人,究竟是什么打动了我们?
步骤二第①项	各组代表发言	有的安静地站着,有的忸怩上台,有的很享受在台上展示的过程,有的非常紧张、局促。自我介绍的大多都是日常生活内容,或涉及兴趣、爱好,提到个人能力的比较少	我们的兴趣、爱好要如何打磨才能提升到能力层面?我们储备能力的时候是否关注到社会的需求?我们如何才能做到在人前表现自然呢?
步骤三第②项	各组代表发言后思考对自己的表现是否满意	多数学生觉得不是很满意,认为"若有机会,还可以表现得更好";个别学生对自己比较满意,别人也对他很满意;还有的学生表示在台上感觉脑子一片空白	如果我们平时就能关注到在台上展现时的这些要求,并且有意识地训练自己,呈现效果是否就会完全不同了?这给我们的成长带来什么启发呢?在与社会对接的过程中,企业会给我们第二次演讲的机会吗?如何行动才可以让我们的遗憾少一点呢?
步骤四第②项	听众对各组代表的发言进行点评	点评的观点一般都比较鲜明,能够对发言者的表现做出中肯评价。而点评者的点评表达本身,也会呈现不同的质量,被点评者对此深有感触	我们对选手进行点评的时候,非常到位,角度也很深刻。同理,社会、企业看我们时是否也如此?如果我们能够经常从观众的角度看台上的自己,那么对于应该锻炼和成长哪些方面你是否有了自己的思路和方法?

5. 针对学生表现,教师的引导方式

步骤一:组内发言

学生表现:组内发言的时候,学生往往是想到什么说什么,也不会有太大压力。一旦上台,压力瞬间倍增,这种压力也会让个体呈现的质量急剧下降。学生往往不会留意到这个变化过程,仅知道变化的原因是压力,却没有思考压力产生的原因。所以组内推选代表的时候,要么是组员们相互推诿,要么是优胜者自信满满地被推举出来。

教师引导:我们平时需要练习和储备什么能力,才会让自己从组内到台前的瞬间不畏惧、不犹豫、不焦虑呢?我们作为小组代表,组员对代表的期待,就类似于社会对我们的期待。社会期待的人才状态,是大方自然的,而不是战战兢兢的。我们体会一下焦虑的一刹那:焦虑什么?是不是觉得自己会讲不好?担心的是组织内容,还是语言表达?是台上风度还是其他?我们体会这份焦虑,往焦虑背后去找一找,梳理一下,是害怕在人前讲话,还是担心演讲能力不足?如果能够找到原因,我们就可以针对具体成长点去学习和锻炼了。

步骤二:各组代表自我介绍展示环节

学生表现:有的人坚持说自己不紧张,而实际却指尖发凉、手心出汗;有的人站到台上的一瞬间,脑袋就一片空白,或者结结巴巴;有的人看似能够侃侃而谈,然而内容分散,

主题不明确。

教师引导：表现自然；观点鲜明、有条理；语言表述简洁有力……这些大家都乐于接受吧，那社会呢？大家只要能够跳出自身来看表现本身，评价标准往往一目了然。我们如果能够掌握换位思考的思维方式，站在听众、企业和社会的角度来分析，是不是能更容易找到自身素养可提升的空间呢？

步骤三：各组代表进行自评

学生表现：优胜者的优点往往是比较突出的，要么神态很自然，要么语言流畅，要么言之有物。

教师提示：我们每个人都可以回想一下，这些优点我们如何保持，不足之处如何补足？是等到上台呈现前临阵磨枪好呢，还是平时逐步积累更好？哪一种准备方式，会让我们显得更自然、更沉稳、更有底气呢？

步骤四：台下学生给各组代表投票并点评

学生表现：点评者因性格和成熟度不同，在语言表述上差距很大。孰优孰劣，这个分辨难度不大，因为选手差距往往比较明显。作为点评者，往往不会考虑到，周围人也在审视点评者的呈现质量。

教师提示：我们无论是作为自我介绍示范者还是点评者，我们都在社会视角的观察范围内。自我介绍有规范要求，点评也有规范要求。对于每个举动、每项行为，如果我们都能够有意识地对接职业规范与社会要求改进，我们的成长与社会的对接度就会越来越高，我们的职业味儿就会逐步散发出来，而不需要临阵一刻才着力思考。请大家思考一下，点评的意义在哪里。作为选手，期望通过大家的点评，了解自己的优缺点。作为听众，期待透过点评，学习关于自我介绍的知识，优化自己的思路。考虑到听众、选手的需求，我们的点评才能有的放矢。

步骤五：教师点评

学生表现：到了这一环节，发言代表往往还沉浸在消化紧张和激动情绪的状态中；作为听众的学生则显得悠闲自得。

教师提示：自我介绍的重点，是让对方认识自己。那么对方想了解我们的哪些信息呢？如果我们考虑到了对方的需求，我们的内容组织才有针对性。这是内容组织的方向。同样是自我介绍，面试时候和认识新同学的时候，两者的侧重点自然不一样吧。面试官招聘员工，更希望了解我们的职业能力和品质特征；新同学希望认识你，自然对你的兴趣、爱好、特长更感兴趣。这样思考的时候，我们是否注意到：即便是自我介绍，如果我们理解了优化的思路，有意识地进行内容调整、组织，也是可以不断改进的。在台上演讲略感紧张，是普遍现象。所谓普遍，是因为太多的人在台下并没有为此专门练习、实践；是因为太多人认为这个事情我是会的。大家试想一下，如果我们日常能够有意识地训练吐字发音，练习口语表达，反复修改自我介绍的文字稿等，我们再到台上来的时候会是什么感觉呢？人们常说的，"台上一分钟，台下十年功"，反映的一个事实就是，长期的打磨才会形成精品。这种主动"打磨"自己，在各个方面持续"打磨"自己的意识就是成长意识，这样的具体行动一直持续进行，就是成长的具体行动。

今天课堂中的自我介绍环节，学习的重点并不是演讲本身。我们期待通过演练环节，让大家去体会一个事实：所有的输出、呈现都是我们长期积累的结果。用逆向思维的方式去审视成长历程，就能更清晰地看到累积的轨迹和可以开始的行动。现场演练可以看到"结果"，而体验的目的是让我们感受"积累""持续积累"的意义和力量。上台来体验的同学，收获往往比没有上台体验的同学要多。大家课后若能抓紧一切机会，如准备自我介绍那样，有意识地进行各种能力的储备，我们才算理解了这个环节的学习重点。

温馨提示：
教师需要引导学生从具体的行为、动作和内容中跳出来，迁移到成长轨迹、成长方向和成长方法等维度上去思考，避免学生的注意力只沉浸在对具体行为本身的优化上。

2.7 专题授课中的风险与建议

课堂上学生分享的时候，素养教师不要急于评价或者下结论。成长是一种状态，一个动态过程。内在观点、认知状态若没有真正改变，行为上不会有真正的转变，更谈不上持续的推进。在成长上的引导，素养教育方式重在辅导学生体会：自己行为背后的意识状态，帮助学生自己去判断内在认知是否需要调整，而不是教师强制学生接受观点。素养引导的作用在于帮助学生一起看清楚自己的成长状态，进而实现成长自主。尊重学生的现状，等待学生自我觉察并实现主动调整，是教育者本应具备的修养。

自我介绍环节，只给学生 30 秒时间。这里需要提醒各位教师，30 秒的演练环节，对于教师而言可能会觉得非常简单。但对于学生而言，情况就因人而异了。每次上课的这个环节，学生内心难免激荡起伏。凡是参与演练的学生，学习体验异常深刻，旁观的学生也会被现场演练环节所吸引，感触良多。所以，每个教学环节，教师切莫带着主观判断去推断学生的反应和反馈，而是需要在教学一线观察学生的真实感受，累积课程开发的真实素材，优化交流质量。

2.8 思考题

（1）每个人身上都有优势与劣势，若想有所改变，你知道着力点的判断标准吗？
（2）校园生活中，有哪些行为特征属于职场上所说的"靠谱"状态？
（3）有的同学担任分会的纪律检查员，整天做同一件事情，会有什么收获呢？社团成员整天忙里忙外的，究竟提升了哪些能力呢？成长的内容具体又是什么呢？

2.9 拓展学习资源推荐

1. 电影：《肖申克的救赎》

该电影于 1994 年 9 月 23 日上映，主要讲述银行家安迪在被冤枉入狱的情况下，发挥专业特长，服务狱友最后完成自我救赎并惩恶扬善的励志故事。

推荐理由：安迪在监狱里，没有忘记自我救赎的初心，没有因环境改变而降低自身的道德水准。在监狱里，安迪凭借自己的业务专长，积极为狱友服务。尽管是蒙冤入狱，但安迪正义、正直的心性并没有被磨损。最终，安迪不仅独善其身，还除暴安良。电影惊心动魄的情节鼓励着所有观众：我们自己应该对自己的每一个选择、每一分努力负责。守住成长的方向，持续努力，总会行进在成长的路上。

2. 电视剧：《我是特种兵》系列

《我是特种兵》，原名《子弹上膛》。本剧是根据知名作家兼导演刘猛的小说《最后一颗子弹留给我》改编而成。该剧全景式表现中国人民解放军陆军最精锐部队——狼牙特种大队，残酷悲壮、铁血精诚的训练和生活的长篇画卷。

《我是特种兵之利刃出鞘》是原南京军区政治部电视艺术中心出品，刘猛执导，吴京、赵荀、徐佳等主演的特种兵题材电视剧军旅偶像剧。与《狙击生死线》《我是特种兵第一部》《我是特种兵之火凤凰》同为一个系列，演员阵容均为同一阵容。（百度百科资料）

推荐理由：结合《我是特种兵》系列，大家会发现军队、部队对人的成长规律、内涵有着非常深的理解。电影中特种兵的成长过程，其实正是遵循着"概念—能力—状态"的成长规律，贴近这个事实。例如下列概念：军队、军人、特种兵、集体、团队、同生共死、忠于人民、忠于祖国、一切为了人民……即便到了状态境地，也是有层级的。人的学习、成长，无论是在哪个领域，最终还是需要抵达状态，然后继续前行的。

3. 书籍：《苹果教我的事》[日] 木村秋则 著　王蕴洁 译

推荐理由：如果我们把学生看成农作物，把教育大环境、社会大环境看成大自然，那么，身为农民的我们，我们应持有怎样的教育观？本书会给我们以启示。"有人说，奇迹是努力的结晶。事情都可以简单办到的话，就不需要吃苦了。每当跨越一个障碍，更上一层楼时，就会出现新的障碍，运用所有的智慧加以克服，这就是人生的意义。""我必须感谢默默撑到那一天的苹果树，感谢扶持苹果树的杂草、泥土，以及周遭的环境。"苹果教给我的事，就是成长的故事。

4. 书籍：《列子》列子及其弟子 著

《列子》又名《冲虚真经》，是战国早期列子、列子弟子以及其后学所著。到了汉代以后便尊之为《冲虚真经》，且封列子为冲虚真人，其学说被古人誉为常胜之道。《列子》是中国古代先秦思想文化史上著名的典籍，属于诸子学派著作，是一部智慧之书。

推荐理由：里面的寓言故事，想象奇特，内涵丰富，会不断突破我们的思维定式。成长本身，是不断突破自身意识边界的过程。书中的寓言故事，内涵丰富，可以使人觉察意识边界无处不在，帮助我们突破意识边界。提示我们，保持鲜活状态，保有成长的敏感，找到持恒动力，持续精进。

第 3 章　个性场合与魅力

3.1　案 例 导 读

小萌主播职场记

小萌上学时就是网红主播,长相可爱、清新,经常以"温柔小萝莉"的形象示人。不过同学们对她的评价是,当主播久了,动作和表情有时比较夸张。小萌毕业后,进了一家知名企业,成了一名行政助理。平时上班,小萌喜欢化萝莉妆。一天小萌跟主管汇报工作,声音很好听,说话嗲嗲的,表情也很可爱。不过唯一的问题是,小萌上报各部门本月费用支出审核项目工作时,东拉西扯说了半天。主管听了云里雾里,忍无可忍,只得明确告诉她:"说工作重点,工作时需要有工作的状态,要能体现个人的专业能力。工作场景和直播不一样,不是赚流量、吸粉丝的时候,不要浪费时间。"小萌从主管的办公室出来,非常委屈……

招聘助理

20多年前,一位知名企业的总经理想要招聘一名助理,应征者云集。经过严格的初试、复试、求职面试,总经理最终选中了一个毫无经验应聘者小张。副总经理对于此有些不理解,于是问总经理:"小张既没有受任何人推荐,而且毫无经验,他胜在哪里呢?"

"小张的确没人推荐,也没有经验,但是他身上有很多可贵的品质。"总经理介绍自己观察到的情况——小张进门的时候在门口蹭掉了脚下带的土,进门后又随手关上了门,这说明他做事小心仔细;当看到那位身体上有残疾的求职面试者时,他立即起身让座,表明他心地善良、体贴别人;进了办公室他先脱去帽子,回答问题时也是干脆果断,证明他既懂礼貌又有教养。总经理顿了顿,接着说:"求职面试之前,我在地板上扔了本书,其他所有人都从书上迈了过去,而小张却把它捡起来了,并放回桌子上。当我和他交谈时,我发现他衣着整洁,头发梳得整整齐齐,指甲修得干干净净。在我看来,这些细节就是最好的介绍信,这些修养就是一个人最重要的品牌形象。"

【思考题】

（1）在第一个案例中，做主播的小萌是很受网友欢迎的，为什么在现实中和工作上，主管会认为她说话有问题？您认为公司主管严厉批评小萌的主要原因是什么？

（2）在第二个案例中，没有什么经验的小张被总经理选中，是因为小张之前做了些什么？招聘公司的管理者关注的是什么？

【课程导语】

进入青春期的学生在校园里开始了独立生活，也更为关注自己的个性。近年来我们发现，学生张扬个性的普遍做法是，乐于展示奇异的发型，佩戴夸张的首饰，化浓妆甚至文身等，貌似是在追赶社会潮流。同时，为了显示自己的个性，他们往往找借口不穿校服，不愿意遵守学校的纪律，不愿意接受教师和家长的建议等。那么，什么样的个性展示才是大家都愿意接受的呢？

通常鲜明的、独特的个性容易给人留下深刻的印象。很多人想方设法地让自己给别人留下印象，却过度关注了知名度而忽略了美誉度。个性是一个人的见识、技能、气质、行为方式等的综合体现，而场合是指很多人在特定的时间和空间共同做一件事的整体环境。个人的行为与场合的要求能够配合，人们就会感到这个人的穿着打扮、行为举止有一种舒服、融洽的感觉。个人也会自然而然地散发出真正的魅力。所以，我们就会理解案例一中小萌惯常的说话方式在网络直播和工作场合得到的不同评价反馈，而小张言行一致的状态却为他争取到了宝贵的职业机会。职业素养课程中"个性场合与魅力"这个专题侧重培养学生的角色与场合意识，帮助学生拥有契合所在场合与角色，塑造个人形象并展现魅力的综合能力，达成与社会、环境和谐互动的目标。

3.2 专题定位与核心理念解读

很多企业会重金聘请知名人士作为公司的形象代言人，而具有职业化状态的员工则是企业形象的真正代言人。个人良好的职业形象是企业员工职场能力的重要体现。很多企业在服装仪表、行为规范、语言话术等很多方面都做了统一要求，让员工们保持一致的职业形象。在注重外在形象的同时，企业还非常注重打造公司文化，着力打造有职业形象塑造意识和专业能力的职业化员工。最终使每一个员工都成为企业形象的示范者和传播者。因此，识形象、明场合、塑形象是每一个现代企业员工必须具备的职场能力。

职校学生处在16~18岁这个年龄段，逐渐走向个性与自主，同时也处于个人自我审美观形成的阶段。这个阶段的学生对自我形象的塑造，大多数以自己的感受和情绪为出发点，以自己的方便和舒服为主导。一些学生会像第一个案例中的小萌一样，审美观被大众潮流所牵引，在学校和职场中没有分寸感，以彰显自己为美。我们期待通过本专题课程引导学生真正地被团队接受，正如第二个案例中的小张一样，以顾全大局、关照场合、有礼有节、做事周全为美。

"个性场合与魅力"专题课程主要通过"如何培养场合意识""如何塑造个人形象""如何在场合中展现个人魅力"三个环节来引导学生思考和践行，从没有场合角色感到逐步调整意识增强角色感，再到培养自己观照不同场合、定位个人角色、塑造个人形象的能力；从不知道如何把握节奏去对接校园、生活和企业中的人、事、物，转向具备分寸感和大局观、做事周全的职业化状态；从没有识形象、明场合、塑形象这样的行为，转向能够在日常生活中有意识地培养、锻炼、实践、复盘，螺旋式上升，自我打造内外一致的职业化形象能力阶段。

本章核心理念是"识形象、明场合，塑造个性魅力非一日之功，要从当下开始培养"。

俗话说，习惯成自然。一个人在自然的状态下才会展现个人魅力，这样的素养需要一个培养过程。对学生来说，自我塑造意识就是从校园的各种场合、各种事件中对着装以及沟通分寸、做事节奏等进行调整，形成习惯，甚至逐渐成为一种下意识动作。这样的呈现才会显得自然真实。所以，我们希望从学校日常生活学习的各种场合，从学生接触的各种人、事、物的处理中，调整学生的这种习惯和意识，锻炼学生可以应场合塑造个性魅力的综合能力。

3.3 专题目标解读

本专题通过团队组建及呈现、视频分析、小组案例讨论、场合形象塑造等教学方式，以及角色扮演活动，引导学生在融入场合、接纳场合和对接场合方面，围绕"个性场合与魅力"主题，实现成长意识关注点的转变。从而促使学生不仅能在日常学习生活中做出符合场合需要的行为，提供符合场合需求的优质服务，还能够做到自己内心的自主、自在、不别扭（顺心舒心）。

有参与、有体验的学习过程才能让学生有更深的领悟和理解。本专题课程安排了很多实践模拟的环节，设计了团队组建及呈现、职业形象塑造、场合角色扮演等活动。通过活动后的深度讨论，让学生有更多认知转变，体验对不同方面的关注程度，让学生在处理事务的具体时刻，保持一种职业习惯——了解自己的角色，了解场合的需要和职业化定位并主动地合于场景所需要的行为进行输出，在每一件事情的处理之中积累自己顾全大局、做事周全的意识和行为。

3.4 专题内容解读

本专题共分三个单元，如图 3-1 所示，每个单元 2 课时，共计 6 课时。

```
第一单元  如何培养场合意识
·场合无处不在，每一个场合是有要求的，让合场成为一种
  习惯

第二单元  如何塑造个人形象
·接纳、融入、对接、展示魅力能力层次（里层、中层、表层）

第三单元  如何在场合中展现个人魅力
·培养场合意识、注意仪容仪表言行举止、树立正确人生观世
  界观、学会换位思考服务别人习惯
```

图 3-1 "个性场合与魅力"课程内容

课堂形式上，通过案例分析、主题讨论和情景演练的方式让学生参与并体验。

3.4.1 第一单元 如何培养场合意识

本单元我们希望让学生理解场合与合场的基本概念，引导学生培养识别不同场合的能力，同时帮助学生理解合场的内涵和意义。场合无处不在，每个场合都是有特定要求的。合场的内涵意义是指尊重场合里的人，我们在合场的全局思维引领下，通过服装、语言、态度、行为、办事节奏、团队融合分寸感、尺度把握等元素应场合练就合场的综合能力。第一单元由三个环节组成。

第一个环节是团队组建和呈现。在职业素养课程中，团队组建与呈现是一门课开场时的常规活动。活动要求各小组组建公司，团队成员组队并相互介绍，选出总经理，确定公司名称、标志、口号，如图 3-2 所示。通过各个团队的组建和呈现，让学生对自己的通常表现状态有一个基本的认识。在"个性场合与魅力"专题中，学生的小组呈现过程就是各小组展示形象的真实版本，便于学生认识和体会生活中容易被忽视的种种细节。

图 3-2 团队组建任务清单

第二个环节是职场形象扮演活动。职场形象扮演活动通过小组集体讨论、设计形象、现场形象展示、拍照留影等方式开展。让学生先感受各组同学在没有"场合/合场思维"状态下的原生态情景，再把现场塑造的形象与职场标准职业形象进行对比，让学生找出差距，如图3-3 所示。

图 3-3　职业素养中心教师职业形象展示

第三个环节是场合/合场的辨析与讨论活动。这个部分通过分别展示学习场合、校园活动场合和职业场合的图片，让学生分析各个场合的特点与要求，理解在各个场合达到合场的行为，如图 3-4 所示。并通过《破坏之王》电影片段，提示学生思考男主角为什么会被老板赶走？引导学生形成"场合无处不在""每个场合都是有要求的""让合场成为一种习惯"等思维观念。

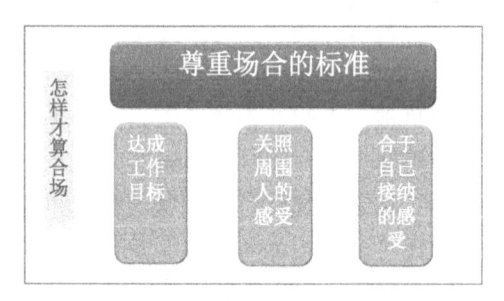

图 3-4　尊重场合的标准

3.4.2　第二单元　如何塑造个人形象

个人形象是什么？如何塑造自己的个人职业形象呢？它并不是简单的相貌、妆容、穿衣打扮等外在因素，与内在积淀密不可分，是一个人综合素质的体现。做事的主动或被动，对外界是挑剔还是接纳，对自己是爱惜还是放任，这些都会通过个人形象传递给外界。这部分课程的目标是要促进学生行动起来，认识到良好个人形象之塑造并非一日之功，塑造从现在就要开始。本单元有两个重要环节。

第一个环节认识形象的内涵。我们对一个人的认识经常会受第一印象的影响。由表及里，由浅入深，这是我们认识一个人的过程。这对部分通过展示生活中常见的职业形象和国家领导人国事访问形象的图片，让学生有一个直观的印象，进而了解职业形象特点，理解"什么是形象""什么是形象的内涵"。对形象内涵理解可以分解为三个层面，如图 3-5 所示。

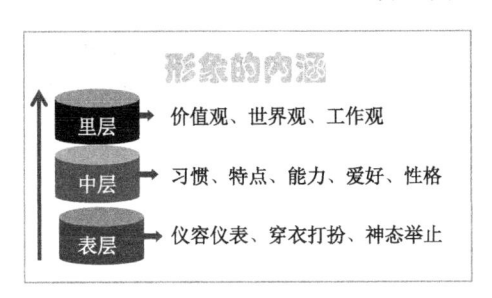

图 3-5 对形象内涵的解读

第二个环节是"百变星君"角色扮演活动。"百变星君"活动是选择几个学生熟悉的角色,让学生扮演并模仿他们在特定场合中的表现,如图 3-6 所示。活动选择的角色有"校长""教师""银行职员""白领员工""蓝领员工"等,场景则例如校长在学生毕业典礼上的讲话。各组学生选取某一个角色与场景进行形象塑造。通过这样的体验活动引导学生思考,不同角色在不同场合中会有怎样的表现,这样的行为表现又需要积累什么样的能力。

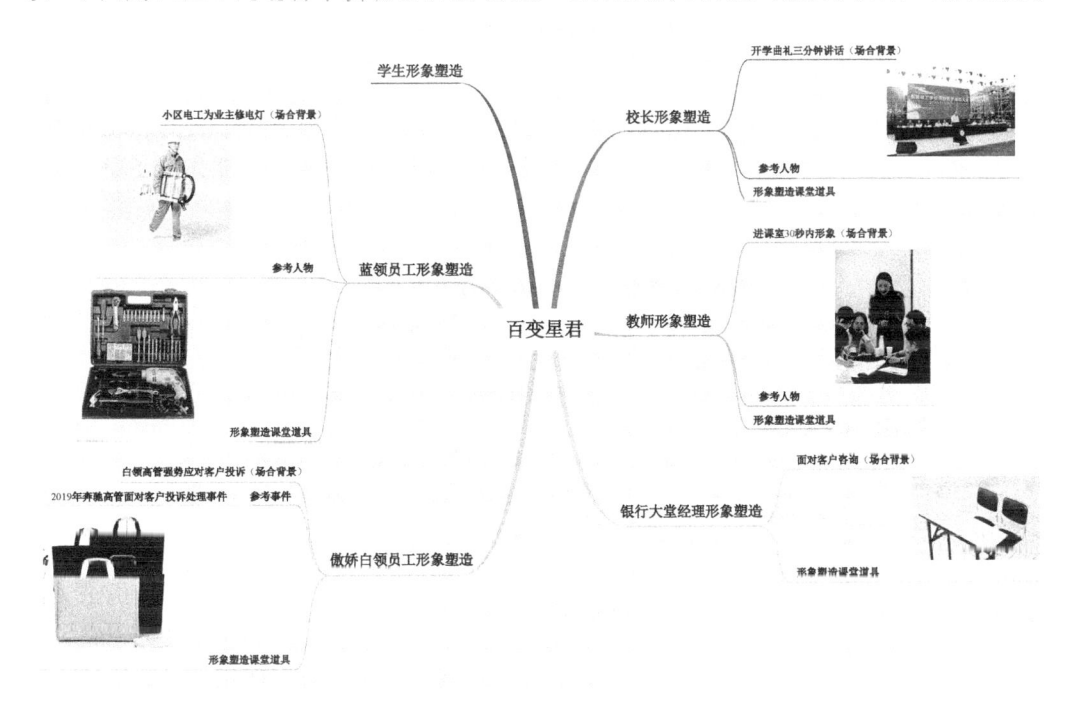

图 3-6 "百变星君"活动内容思维导图

从理性的认识到现实的体验,学生对个人形象及形象的内涵会有一些感性的认识。

3.4.3 第三单元 如何在场合中展现个人魅力

我们都希望展现自己的魅力,但魅力指数会因内涵深度不同而相差甚远,如图 3-7 所示。什么是场合?什么又是合场?"个性场合与魅力"专题引导学生先要了解场合的需要,先理解场合意识的内涵。只有当自己的行为举止与场合需求对接了,才是合场状态的起点。这个部分通过引导学生体会课程中职场、家庭、校园等不同场合角色的体验感受,培养学生的场合意识；让学生通过行业、职场、校园等多维度多视角剖析场合间的差异性，进而辅导学生从合场要求的角度开展形象内涵的探索与职业化设计，实现培养"合场意识"的教学目标。

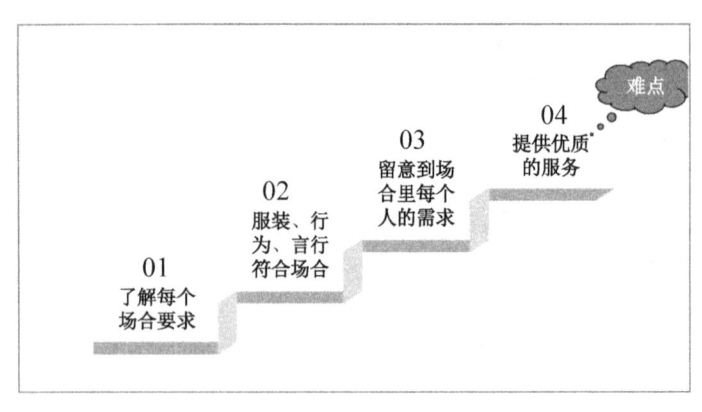

图 3-7　展现魅力能力层次

本部分有三个环节。

第一个环节如图 3-8 所示，结合故事案例让学生了解职业形象和个人的职场发展有重要的关系。一个职场新人有自己以往的穿着习惯，对公司的要求不能完全了解，不能完全地做到。

案例一：穿统一的工装会让我没有个性

某销售公司要求员工穿着正装上班。而职场新人小陈是公司的程序员，他习惯了穿休闲款的红色衣服，觉得穿正装不能体现自己的个性。他还认为，休闲的服装并不影响自己干工作，自己不是一线服务人员，没有必要穿正装。主管和他谈过两次，但都说不过他。后来，同意小陈只在重要活动时必须穿正装。

在一次重要的活动前，小陈没有注意公司关于着装的通知，活动当天没能按要求穿正装。客户和领导前来参观时，小陈的红色T恤衫很扎眼，显得很随意。此后，小陈穿着失误的事被当做反面典型多次提起。这让小陈非常郁闷……

案例思考：
1. 你如何看待小陈用衣着体现自己个性的做法？
2. 你认为，企业要求员工统一着装的原因是什么？
3. 如果你遇到这样的情况，会如何去做？

图 3-8　"职业形象与职场发展的关系"案例一

通过这个案例让学生理解，一个人个性的体现不是靠个人的原则和穿着体现的，个人的舒服与不舒服，要与所处的整体环境融合，才能产生大家都满意的价值。

如图 3-9 所示，这个案例中，小陈与小夏对个性的理解不一样，对公司制度的执行度也不一样。小夏也坦言，当初脱去穿惯了的休闲装，披上直线条的西服和硌脚的皮鞋，真是极不适应。但穿正装更有职业人的感觉，因为自己已经不是学生了。时间一长也就适应了。

通过对这两个案例的讨论，让学生明白，外表装束会给人带来第一印象，这是外在的印象；而一个人的真正的魅力取决于在工作上的投入与付出。两方面结合才会更加完美。

职业素养一阶课程——行动篇 / 41

案例二

小夏与小陈是一起入职的，在小陈强调个人习惯与公司讨价还价的时候，小夏则按照公司的要求认真执行。工作期间，他是全天候西装，即便是夏天也穿衬衫上班。

当然，领导认可他的不仅仅是他的穿着，更看重他在工作中同时表现出了的投入态度和工作状态。后来领导约见客户的时候，也多半会让他陪同。不仅是欣赏他身上有股初生牛犊不怕虎的冲劲，还希望在某些地方磨练他、指点他。小夏因此也有了更多的发展机会。

案例思考：
1. 小夏获得更多的发展机会是仅仅因为他的穿着吗？
2. 一个企业会欢迎什么样的员工？

图 3-9 "职业形象与职场发展的关系"案例二

第二个环节从场合与魅力的角度理解"什么是优质服务"。

这里有一个案例：一次和同事去饺子馆吃饺子，点餐上菜后，才发现唯独我们的桌子上没有摆放醋。于是问服务员："有醋吗？"服务员认真地一指隔壁桌："桌上有。"

这让我们延展认识到有三种服务员：

第一种是有问有答，回答了"有醋"却没有服务的动作；

第二种会回答有，然后从其他地方拿过来就走了；

第三种则是把醋拿过来，还会再问"还有什么可以帮您""您还有什么需要"等。

第三种服务员才是真正的优质服务的状态。因为我要的不是有没有醋这个答案，而是期望能够在我的桌上尝到醋。优质服务是指所提供的服务能够满足并超越了客户的一般需求，并且确保一定的满意度。

第三个环节是"校园场景魅力打卡"活动，如图 3-10 所示。教师给出"家""校""宿舍""运动会"四种场合背景，各小组领取任务。然后请每位同学回忆一下自己曾经在哪个场合的表现让人印象深刻？为场合里的哪些人提供了什么服务？他们满意吗？你开心吗？

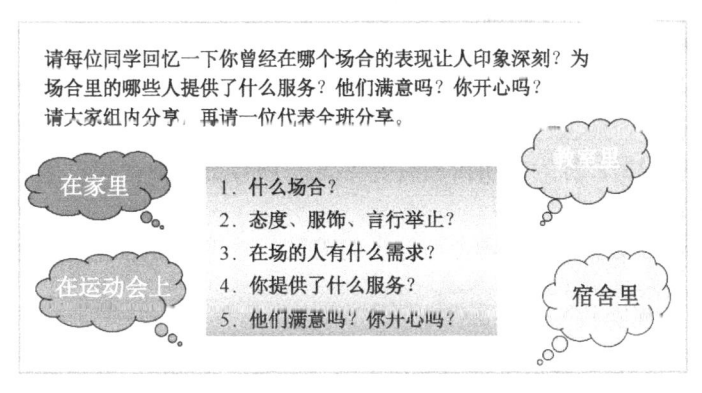

图 3-10 "校园场景魅力打卡"活动示意

请大家先进行组内分享，再请一位代表在全班面前进行场景演绎分享。最后提出培养个人魅力的建议：培养场合意识，了解场合要求，注重仪容仪表，言行举止文明友善、多看书多思考，建立正确的人生观、世界观，学会换位思考，有意识地培养服务他人的习惯。

引导学生体验形象塑造的内涵，帮助学生理解不同场合的对接点与对接面，培养学生结合合场原则优化言行举止的职业素养意识。

3.5　专题核心理论解读

1. "场合与合场"要素解读

如图 3-11 所示，这个模型展示了"场合与合场"的要素，是在"第一单元如何培养场合意识"中使用的。目的是让学生理解场合是对环境的客观认识，合场是自己的言谈举止符合环境职业化认知并有对应的行动。

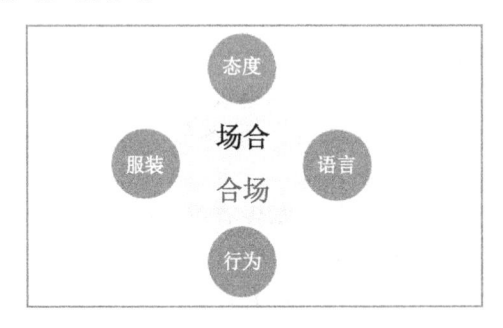

图 3-11　"场合与合场"要素

这个模型的结构中间是场合与合场，对环境和人的关系进行了概括，四周是人要合场的四个方面，包括态度、语言、行为、服装。仪容仪表、穿衣打扮、神态举止等属于服装、语言和态度方面，这是短期可视、可听、可感的内容；待人接物的习惯、特点，以及能力、爱好、性格等属于行为方面，这是需要长期才能感知的内容。

在学习这个模型的过程中，学生通常更关注短期可视、可听、可感的内容，因此教师在讲解时，需要引导学生聚焦于长期的培养和积累，将意识转化为习惯。如果我们做一件事是临时演的，是装出来的，我们自己都会觉得别扭，最终这份别扭就会出卖自己。只有那些自己认同并认可，而且已经习惯成自然的事情，才会做得轻松，自然流露。所以，只有长期关注、持续积累，行为能由内而外自然地与场合进行融合和对接的时候，个人的魅力才会随之展现。

这个模型可以帮助学生领悟场合与合场的关系，并找到让自己的行为合场的方法。

2. 形象的内涵层次

如图 3-12 所示，这个模型在第二单元中对"形象内涵层次"分析探讨时使用。目的是让学生对形象内涵层次关系递进有直观感受，加强理解，加深印象。

这个模型的结构是"表层""中层""里层"逐步递进。

表层：短期可视、可听、可感的内容——仪容仪表、穿衣打扮、神态举止等；

中层：需要长期才能感知的内容——待人接物的习惯、特点，以及能力、爱好、性格等。

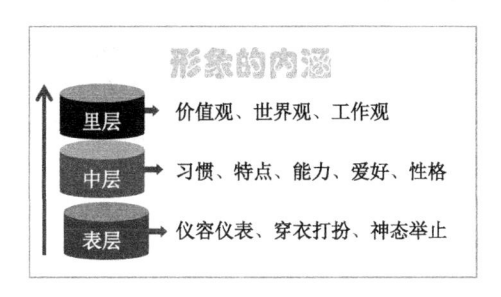

图 3-12 形象内涵层次

里层：意识、观念、思想、理念等抽象内容——一个人外在状态的决定性因素，例如价值观、世界观、工作观等。

这个模型与第一单元的"场合与合场"模型是有关联的，用于第二单元进一步引导学生关注形象内涵的里层。这对学生个人世界观、价值观和工作观的建立与形成有正向的引导。

3. 职场魅力（成熟度）ABC 理论

职场魅力（成熟度）ABC 理论如图 3-13 所示。

成熟度	事件	表现	状态
A版	有醋吗	回答有，站在原地不动	入职3～5个月，有问有答
B版	有醋吗	回答有，匆忙把醋拿过来，转身就走	职场"老人"，把积累的知识、经验形成自己的标准去评价人
C版	有醋吗	回答有，把醋拿过来，停下来问客户还需要什么	职场"老人"，用积累的知识、经验约束自己、调整自己、找到自如生发的通道，创造更好的价值

图 3-13 职场魅力（成熟度）ABC 理论

A 版，职场魅力指数比较低，只能做到有问有答，但所答并没有质量，也不应对他人需求。

B 版，职场魅力指数不高，且多数会表现得不够正向，信服力低。能够理解服务对象的第一层需求，但延展不到第二层、第三层需求。在对接第一层需求时也不是很稳定，要看心情，心情好时对接得多些，周到些；心情不好时对接的态度就会冷漠些。

C 版，职场魅力指数高，是企业重视并愿意培养的人才。不仅能够理解第一层需求，还会挖掘第二层需求，自我管理能力强，会自我设立成长学习目标，能够成为企业良好形象代言者。

3.6　经典活动解读

3.6.1 "百变星君"活动解读

1. 活动背景与目标

现今中职生在关注自己个性时会出现以自我为中心的倾向；认识外界时，也通常是概念化的，仅有表面的认识；对生活、学习、工作中的各种场景了解不深，自己在这些场景中的所作所为也会呈现未融入的状态。为了让学生对"场合与合场"形象塑造能力有更深刻的体验，我们引入"百变星君"活动。通过这个活动引出和学生生活密切相关的五个角色——"校长""教师""银行职员""白领员工""蓝领员工"，并给每一个角色赋予一个场合背景。在活动中，引导学生通过对角色的演绎，体验每个角色在对应场景中的行为、形象、礼仪和行为节奏，理解不同角色匹配的职业场景。提示学生注意：个人形象"纯"塑造和角色模式的输出是有区别的。

2. 活动内容与操作步骤

【活动名称】百变星君。

【活动目的】通过百变星君的体验使学生从能演绎单一角色甚至单一角色都不能胜任的状态调整到能够进行多角色灵活切换，并尽量准确地把握各角色职业化视角下应有的行为、形象、节奏和尺度。

【活动时间】40 分钟。

【活动道具】如图 3-14 所示。

图 3-14 "百变星君"活动道具

【活动规则】

（1）百变星君是一个角色扮演活动，要求每组选派代表参加，不得超过 2 人。

（2）合理使用道具，在规定时间内完成，按照主命题演绎。

（3）每个步骤中都有明确的时间规定，要在规定时间内完成，呈现方案格式要求，如表 3-1 所示。

（4）对各组呈现的评价标准：角色定位是否准确，场合背景是否体现，小组代表演绎呈现和提交方案是否一致。

表 3-1 "百变星君"活动呈现方案

活动呈现方案					
团队名	团队总经理	百变星君任务			
^	^	主命题	道具	演绎代表	设计话术

【活动步骤】

步骤一：各组选派代表抽签，选取职业角色和演练的场景。（1分钟）
步骤二：教师公布抽签结果，并解读角色体验任务。（3分钟）
步骤三：小组内讨论，商量演绎"形象人物"的方案，进行组内排练。（6分钟）
步骤四：各组把演绎方案写在大白纸上。（3分钟）
步骤五：选出演绎代表2人，安排分享顺序；每组选出1名学生做评价者。（1分钟）
步骤六：现场演绎，每个小组的演绎时间不超过3分钟。（18分钟）
步骤七：作为观众的评价者分享活动感受。（6分钟）
步骤八：教师总结与点评。（2分钟）

3. 活动重点步骤引导说明

（1）对步骤二"小组解读角色"的引导。

角色扮演环节学生是很乐于参与的，关于人物形象的塑造，通常学生对人物表情、语言、肢体动作等外部形象元素的设计是有主见的，但对人物形象职业角色和内心状态的揣摩力不从心。为了让学生能在这个方面有体验，教师需要对每个形象给出对应的参照人物。例如，"校长"形象，我们给出电影《奇迹男孩》中的图仕曼校长；"教师"形象我们给出电影《老师·好》中的苗宛秋老师。特别提醒，"学生"的形象塑造需要本色出演，演绎的背景可以由各小组自行设计。

（2）对步骤四"演绎方案"的引导。

学生在讨论时会出现偏离主题或讨论不集中的情况；或者有影响力的学生会执意采用自己的方案。所以，在演绎前务必要求各组通过集体讨论确定方案，必须按照规定格式来呈现演绎方案，团队设计方为完整、有效。

（3）对步骤六"现场演绎"的引导。

现场演绎环节是讨论成果的展现，是活动的核心部分，能让参与设计和演出的学生收获深刻的体验感；观看的学生也能通过观人察己和讨论而有所收获。在现场演绎之前，提示学生保持安静，结合各组设计的场景，仔细辨析哪些是符合职业角色的，哪些是有偏差的。思考给别人提出什么样的建议会帮助对方提升。提示学生带着问题和思考观看，也有助于演绎的学生更投入地呈现和体验。

4. 活动中的学生表现与教师引导

"百变星君"活动重点步骤中的学生表现与教师引导关键词，如表 3-2 所示。

表 3-2 "百变星君"活动重点步骤中的学生表现与教师引导关键词

活动步骤	活动要求	学生表现	教师引导关键词
步骤二	人物形象塑造要与场合背景对接	(1) 有的学生觉得自己所选的角色太好演了，有信心。 (2) 有的学生拿到角色之后，不知道要怎么表现。 (3) 学生侧重于人物形象，而忽略分析场合背景。	提示：形象塑造与场合背景对接
步骤四	确定演绎方案，按呈现要求写	(1) 有学生说，可以不做方案吗，我们表演好不就行了吗！？ (2) 有学生表示，不会做演绎方案。 (3) 有的演绎方案表达混乱，关键信息不到位	提示： 方案很重要，凡事预则立。需要学会规划； 方案规定的表格不是为了约束大家，而是帮大家梳理思路
步骤五	选出演绎代表（不超过 2 人）	(1) 选择代表时，有的学生扭捏、互相推诿，缺乏勇气。 (2) 组员随意指派演绎代表，没有从执行质量来考虑最合适的代表。 (3) 也有的组提前选出代表来，准备很充分。 (4) 有的学生是被大家推选出来的（非个人主动）	提前引导，组长在讨论时就应组织组员选代表，要征求大家的意见，让大家共同推举
步骤六	现场演绎，每组演绎时间不超过 3 分钟	(1) 有的学生故意喧闹，干扰表演者的展示。 (2) 有的组在规定的时间内没能将讨论结果完全呈现。 (3) 有的学生有表演天赋，演绎中代表本色出演	引导学生带着问题和思考去观看表演； 大家公认表演出色的同学，他们抓住了所演绎角色的什么特点

5. 针对学生表现，教师的引导方式

根据一个规定好的内容让学生来演绎，这是有难度的，需要在几个关键环节让学生理解活动的意义。同时，需要引导学生去思考方案设计的思路与核心要素。

第一，团队选定某一个职业角色。学生基于自己的理解塑造形象，往往会出现偏差。这时，教师可以采用下列问题引导，"你看到这个角色之后，想到的三个关键词是什么"，"这个角色典型的职业场景是什么"，"针对这个角色的职业特点，你们认为可以从哪几方面塑造"，"为塑造这样的特点，你认为可以选择什么样的道具"。组织学生讨论这几个问题，帮助学生对所选的角色深入思考。

第二，学生演好角色的前提是对这个角色特点有明确的认识，同时还需要有出色的演绎执行队员。所以，组织讨论演绎方案过程中，还要提醒组员组建好演绎团队。各组做好角色分工，演绎人员做好表演准备，智囊团多出主意想办法，其他同学当好观众，为上台代表助威。如果代表选派有困难，教师可以引导学生调整关注点，即重在参与。演绎重点考察的是每个团队对角色内涵的理解，演绎效果不是评判的唯一标准。

第三，团队演绎若未能将预期方案演绎到位，甚至南辕北辙时，教师可以引导学员：每个人特点不同，也许我们演绎的水平有高下，但我们对某个职业角色可以有自己独到的见解。如果怯场严重无法表演，就让学生说说自己的思路或感想。

3.6.2 "校园场景魅力打卡"活动解读

1. 活动背景与目标

通过本专题的学习,学生会对"场合与合场"有初步的理解。而我们的课程是希望学生学以致用,在校园各种场景中,开展尝试、体验和行动。个人的魅力形成和展现非一日之功,要从当下培养。"校园场景魅力打卡"活动选取学生熟悉的校园场景,让学生结合讨论和演练来思考,如何让自己的行为能够合场,如何让自己在不同场合的展现中能获得他人接纳。

2. 活动内容与操作步骤

【活动名称】校园场景魅力打卡。

【活动目的】通过对接学生当下校园实际生活,选取校园生活场景开展现场演绎。引导学生体会角色感。在活动过程中体验"合场意识"下的个性魅力展现方式。鼓励学生有意识地提升场合意识,锻炼"合场"能力。

【活动时间】40 分钟。

【活动道具】各组根据需要自行准备。

【活动规则】

(1) 校园打卡活动以组为单位,集体讨论、设计场景进行角色演绎;

(2) 各组演绎代表人数不限,以完美呈现设计为原则;

(3) 每个步骤必须在规定时间内完成;

(4) 小组呈现质量评判标准:角色定位是否准确,场合背景是否体现,是否体现服务他人的意识,小组演绎代表演绎呈现和提交方案是否一致等。

(5) 呈现方案格式要求如表 3-3 所示。

表 3-3 "校园场景魅力打卡"活动呈现方案

活动呈现方案								
团队名	团队总经理	校园魅力打卡任务						
^	^	场景	案例设计	演绎代表	道具	设计话术	是否体现服务他人元素

【活动步骤】

步骤一:各组代表抽签,从"打卡设计维度"中选取一个主题,如图 3-15 所示。(1 分钟)

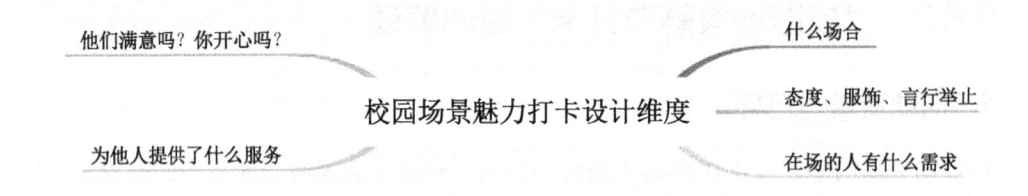

```
        他们满意吗？你开心吗？                    什么场合

                          校园场景魅力打卡设计维度    态度、服饰、言行举止

        为他人提供了什么服务                        在场的人有什么需求
```

图 3-15 "校园场景魅力打卡"活动设计维度

步骤二：宣布小组抽签结果，对场景设计主题进行简要说明。（3 分钟）
步骤三：组内讨论如何演绎"形象人物"，并在小组内试演绎。（6 分钟）
步骤四：各组在讨论的基础上确定演绎方案，并写在大白纸上。（3 分钟）
步骤五：各组根据设计方案选派代表进行分享，教师确定小组分享顺序。（1 分钟）
步骤六：各小组按顺序呈现，演绎时间不超过 3 分钟。（18 分钟）
步骤七：每组非演绎成员代表小组发表感言。（6 分钟）
步骤八：教师总结和点评。（2 分钟）

3. 活动重点引导说明

本活动与"百变星君"的活动较为相似，演练的主题来自校园生活。以"百变星君"活动体验为基础，学生对活动的操作流程相对熟悉。本活动重点引导学生关注以下三个方面：

第一，让学生认识场合无处不在，让他们体验时刻对接，无形切换之感。反复体会接纳场合、对接场合、服务他人、展现个性魅力的"觉察力"与"流畅指数"。

第二，这个活动不限制演绎代表人数，是为了让更多学生有机会参与和体验，但也要提醒各组注意，切勿随意增加人数。

第三，现场中各组"演绎者"重点感受过程，"观赏者"需带着问题观察细节。

4. 活动中的学生表现与教师引导

"校园场景魅力打卡"活动重点步骤中的学生表现与教师引导关键词如表 3-4 所示。

表 3-4 "校园场景魅力打卡"活动重点步骤中的学生表现与教师引导关键词

活动步骤	活动要求	学生表现	教师引导关键词
步骤二	小组规划主题背景案例	（1）设计虽然在校园内，但没有留意到服务元素。 （2）设计天马行空，流于表面。 （3）准备不充分	对五个维度进行逐一的解读，让学生明白设计的要点
步骤四	确定演绎方案，按呈现要求写	（1）不会做演绎方案，不知道该如何填写。 （2）认为方案要求复杂，设计内容多，没有完整地记录下来。 （3）演绎方案表达混乱，关键信息不到位	结合呈现方案的要素说明填写方案的要求

(续表)

活动步骤	活动要求	学生表现	教师引导关键词
步骤五	选出演绎代表	(1) 组长组织全组人员参与，但职责、分工不明确。 (2) 有学生准备方案，普遍缺乏演绎的勇气。 (3) 团队随意指派演绎代表，没有结合演绎质量来考虑最合适的人选	引导组长提前做好组织，能够有序展示
步骤六	现场演绎，每组演绎时间不超过3分钟	(1) 现场观看，学生对表演者喝倒彩。 (2) 演绎时未能将设计方案完全呈现	引导学生注意观察，提示重在思考与总结，争取为下一次的完美呈现找到提升点

5. 针对学生表现，教师的引导方式

校园场景魅力打卡活动是对接学生当下环境来进行设计和体验的活动，这是在第三次课时开展的活动，目的是增加学生体验量。学生对表演活动都很感兴趣，教师需要引导学生关注分享的主题，在活动中有针对性地体验演绎效果，注意提示以下内容。

第一，学生在抽取了场景信息展开设计后，小组讨论热烈，有时候会出现设计方向发散的现象。教师可以通过问题加以引导，如校园中魅力之星的特点是什么？是长得好看、有礼貌、成绩很好还是其他的什么？大家可以看到，校园中魅力之星的共同特点是有换位思考和为他人服务的意识与习惯！

第二，对于个别团队为演绎代表人选争论不休时，教师可以引导学生：争取让更多同学参与到活动体验中来。

第三，观看现场演绎时，学生的关注点往往落在表演者不到位之处，教师应该引导学生：请大家留意表演者呈现的案例是否遵循了设计的五个维度？如果由我们来演绎会突出哪些因素？如果表演者还有一次机会，你会给他们提出什么样的建议？

3.7 专题授课中的风险与建议

教师有为人师表的基本要求，而作为职业素养教师，讲授"个性场合与魅力"专题时，在个人形象方面需要注意下列细节：

忌迟到。在校内给学生上课，需要提前五分钟到位。在校外给企业员工培训或参与主题交流，应至少提早半小时到场。

忌着装休闲。学校对教师服装的基本要求是端庄大方，职业素养教师在着装方面建议选用正装或商务套装。

忌概念化。职业素养授课以引导为主，要注意对接学生的现有水平和认知规律，建议教师以引导者、分享者的角色而不是讲授者的角色组织教学活动，结合活动、讨论、游戏等互动环节引导学生思考和领悟。

3.8 思考题

（1）当发现有学生戴耳环、染头发、文身后，班主任给学生们做思想工作，学生却认为教师思想守旧。有的学生说："这是我的自由，这是我喜欢的形象，再说我的同学们也很羡慕我这么漂亮呢！"教师接下来该怎样引导教育？

（2）班长在管理晚自习时，因为语气太粗暴严厉，被批评的同学受不了，直接和班长起了冲突。如果您是班主任，该怎样处理？

3.9 拓展学习资源推荐

1. 书籍：《你的形象价值百万》[加]英格丽·张

推荐理由：《你的形象价值百万》这本书不是让你吃"快餐"，而是谈人生修炼。书的内容不是指导大家追潮流、赶时髦，而是从人生设计的角度剖析形象所蕴含的价值。形象设计的实质是人生设计。没有完整的人生观依托，没有深邃的精神内涵的形象就仅仅是短期功利主义的盲目表演。

2. 电影：《时尚女魔头》

推荐理由：这部影片讲述一个刚离开校门的女大学生，进入了一家顶级时尚杂志社当主编助理的故事。带着初入职场的迷惑，她从自身出发寻找成长瓶颈的意识根源，最后成为出色的职场达人。主人公从抗拒改变着装习惯到成为职场形象塑造典范，表面上看是自身职业形象塑造的过程，实际上是主人公学习作为职业人如何融入职场环境的成长过程，更是她从职场小白到职场干将的职业发展历程。

3. 电影：《窈窕绅士》

推荐理由：这是一部轻喜剧，通俗易懂，引发深思。电影讲述了这样一个故事：年轻有为、腰缠万贯的男主人公，苦于外表土气又没有内涵，为了赢得心上人的芳心，决定"内外兼修"，重新塑造个人形象，最终变成窈窕绅士。影片突出演绎了男主人公在形象塑造中所走的弯路和意识误区，展现了吸收文化知识、"修炼"内功的细节与过程。表现手法直白，便于学生理解。

第4章 时间管理

4.1 案例导读

忙着完成任务的小明

小明是校青年志愿者的主要成员,也是班里的学习委员。今天 16:15 下课后,需要利用晚自修(19:30)之前的这段时间来制作上周的"青年志愿者活动总结"PPT。明天的志愿者活动总结会要使用该课件。此时班主任刘老师打电话过来,希望他能够在今天晚自修之前把班里的助学金资料整理好,并交给学生处的李教师。他从李教师处回来时,刚做了两页 PPT,就接到快递员的电话。原来给同学买的生日礼物到了。小明取回快递接着做 PPT,可发现上次志愿者活动的照片还没有从手机导入到计算机……结果到了晚自修时间,都没来得及吃晚餐,PPT 也没做完。看来晚自修之后又要加班了,可是好朋友还想在食堂庆祝生日,自己晚自修后锻炼身体的计划也已经很久没有执行了……小明很纠结!

高效完成任务的小华

小华学过一点时间管理,所以分秒必争。16:15 下课后,他来到青年志愿者协会,利用早就准备好的图片和文字资料着手做 PPT。他接到班主任的电话后,决定做完 PPT 再去交助学金资料。他打电话给同桌,让他帮忙把助学金资料拿到青年志愿者协会,并在手机的 App 上记下这件事,继续做 PPT。此时他接到快递员电话。他向快递员了解到,最晚可以 18:00 取件,于是继续做 PPT。将近 18:00 时,PPT 也做得差不多了,小华决定先去食堂吃饭,顺便取快递。18:30 小华用餐完毕,回到协会,将 PPT 做完。并在回班上晚自修的时候,顺路将核对好的助学金资料给了李教师。

晚自修后,小华愉快地参加了朋友的生日庆祝会;锻炼身体的计划今天就暂停一次,明天运动加量。真是完美的一天!

【思考题】

(1)案例中小明和小华的两种生活节奏与安排,你更喜欢哪个呢?

（2）在平时的生活、学习和工作中，有没有更合理的统筹安排的方法呢？

（3）在未来职场中，你同样会遇到很多类似的场景或事情，那应该从什么时候就开始锻炼统筹能力呢？如何锻炼这类能力呢？

【课程导语】

人生最宝贵的资产有两项，一项是智慧，另一项是时间。无论你做什么事情，即使不用智慧，也要花费时间。因此，时间管理水平的高低，会决定你事业水平和生活质量的高低。

每个人每个星期都有 168 个小时，其中 56 个小时在睡眠中度过，21 个小时在吃饭和休息中度过，剩下的 91 个小时则由你来决定做什么，即每天 13 个小时。那么，如何根据自己的价值导向和既定的目标，来管理好自己的时间，就变成每个人极其重要的一种能力了。拥有了这种能力，你就可以善用时间，提升生活和学习质量，朝自己的目标前进，而不至于在忙乱中迷失了方向。

当今时代，中国正处在快速发展时期，社会企业对效率尤为重视。而现实中类似小明这种状态的人，并不在少数。因此，学会管理时间，安排好自己的事情，统筹安排职场中的各种事务，是当今时代比较重要的能力之一。

我们开设"时间管理"专题课程，期望引导学生掌握制订时间表的方法，争取最大限度地利用时间，学会赋予每段时间相应的质量，进而享受内心自由的感觉。

"时间管理"专题课程的实践性很强，需要大家积极参与和实践，并有意识地在生活和学习中持续应用时间管理的具体方法，达到熟练乃至成为习惯的状态。

4.2 专题定位与核心理念解读

学生毕业后，一般都会走向社会，进入企业成为社会人和职业人。这之后，每个人的角色也就更为多元化，待处理的事务也往往并线发生。因此，一个人可用的时间会变得弥足珍贵。在职场中，我们经常会看到这样的现象，很多职业人都在争分夺秒地完成自己手头的工作任务，甚至会加班加点完成，但工作成效未必如意，在对企业达成整体目标上的建设性不高，甚至有时还有破坏性。而对于个人而言，投入的时间并不少，整个人也因此显得很疲惫，久而久之，会形成恶性循环。"时间管理"专题课程希望学生在进入职场前，就能掌握一套适合自己的统筹思维和方法，在工作与生活、个人与集体、要事与普通事务等相对关系间实现平衡，实现健康、自主的人生目标。

"时间管理"专题课程在学生入校第一学期内开设。15～16 岁的职校新生，第一学期的学业任务没有普通高中那么繁重，可供自己支配的时间相对宽裕。很多学生首次离开家庭和父母的监管，自由度瞬间提升。好比一个没有学习过理财知识的人，突然拥有了一大笔财产，这时理财能力的培养对他来说是重要而紧迫的。因此学校在开学第一学期就设立这个专题课程，教育目标是引导学生学会合理安排时间，逐步尝试规划自己人生的方方面面；在独立的学习和生活中，学会不落项、不丢项，有质量、有价值地对接自己每段时间的投入与付出。

"时间管理"专题课程在职业素养体系中，是第一阶段的重要课程，主要讲解时间管理"投入期限与影响力矩阵图""轻重缓急"原则，让学生学会辨析当前阶段的重要任务。最终引导学生学会自我管理，最大限度地利用时间，让自己的学习、生活变得更加有条理、有指向、有目标、有质量。

本专题课程的核心理念是"给每段时间赋予质量与意义"。校园生活相对比较单一，而社会和企业环境的变化性和复杂性较高。让学生提前在校园内做好对自己时间的管理和对个人事务统筹安排的准备与训练，学习如何更高效地运用时间，学会摒弃不必要的干扰，专注于有质量的行动与付出，找到学习与做事的意义所在，则是这个专题核心理念的内涵。

4.3 专题目标解读

本专题课程的目标是通过视频、活动、讨论、分享和讲解等方式，让学生明确时间管理的本质和意义，了解时间管理对于我们实现人生目标的作用，学会确认和区分不同类型的任务，养成高效做事的习惯，从而学会适合自己生活习惯和环境的时间管理方式，学以致用，为将来的高质量学习、工作和生活打下基础。

时间如水，静静流泻。时间是最公平、最宝贵、最基础的资源。它对每个人都是公平的，无论贫富美丑，一天24小时，不多也不少，不会因为你的管理缩短或者延长。我们无法管理时间本身，但我们可以决定如何度过每天的24小时。也就是说，时间管理的本质是一种资源分配的能力——你的注意力、影响力和精力的投资过程。因此，时间管理的对象不是"时间"，而是每个"使用时间的人"，其本质就是"自我管理"。鲁迅先生曾说过，"时间是组成生命的材料"，那么管理时间，也就是管理生命。

4.4 专题内容解读

"时间管理"专题课程由四个单元组成，每个单元1~2课时，共计6~8课时，可由教师根据授课节奏调整每个单元所占的比例和用时，如图4-1所示。

第一单元　为什么需要时间管理
- 时间是最公平、最基础、最不可或缺的资源

第二单元　时间的特点与时间管理的本质
- 我们的人生目标很多，然而时间有限

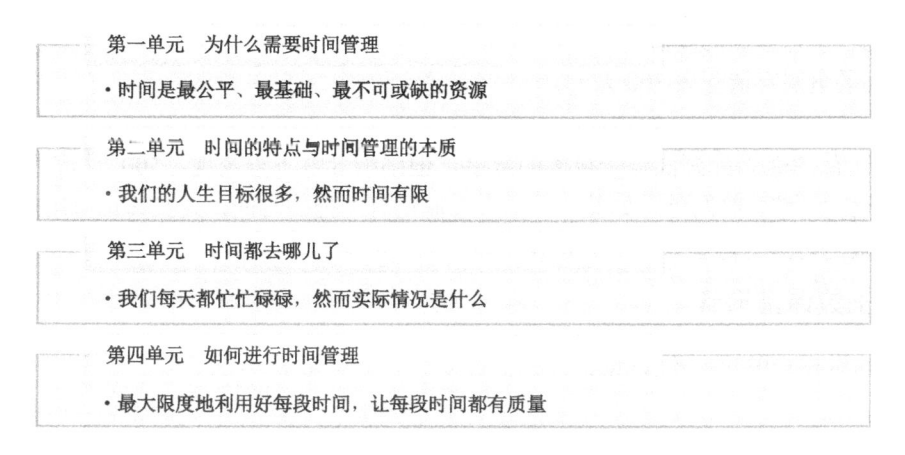

第三单元　时间都去哪儿了
- 我们每天都忙忙碌碌，然而实际情况是什么

第四单元　如何进行时间管理
- 最大限度地利用好每段时间，让每段时间都有质量

图4-1　"时间管理"课程框架内容

4.4.1 第一单元 为什么需要时间管理

1. 背景与目的

在实际的工作学习中,一些人经常忙忙碌碌,甚至加班加点,但是到了绩效考评时,却很少有能拿得出手的业绩。这其中重要的原因之一就是时间规划能力欠缺。这会导致他们对很多事情主次不分,最后劳而无功或劳而少功。学生也不例外,若没有时间管理意识,就会随自己的习惯、喜好、情绪和价值导向来安排学习生活,而不清楚如何更职业化、更有质量地学习和生活。这就是本单元的背景与目的。

2. 主要内容与核心理念

能不能做好时间管理,往往也是一个人能力的体现。事业有成的人,其成功原因可能有很多,但是他们一定有一个共同之处,即他们都是时间管理的专家。管理大师彼得·德鲁克[1]说过,"时间是最高贵而有限的资源,不能管理时间,便什么都不能管理"。

做好时间管理,是实现人生规划的保证。我们最终能否实现自己的人生目标,全看是否可以做好时间管理。只有妥善安排并利用好时间,通过实现人生的一个个小目标,才能最终实现人生的大目标,实现规划中的理想生活。

3. 关键活动概述

关键活动说明——我有 500 万元,怎么花?

假如你有 500 万元,你会如何分配?我们先做一个花费盘点,看看 500 万元真的够用吗?

① 买房子、车子花去 200 万元;
② 学习知识经验花去 100 万元;
③ 维护健康与快乐花去 150 万元;
④ 让家庭幸福的相关建设花去 100 万元;
⑤ 周游世界花去 100 万元;
⑥ 品尝世间美食花去 100 万元;
⑦ 为了达到事业成功花去 150 万元;
⑧ 为了确保美满的爱情花去 150 万元;
⑨ 为了巩固友情花去 100 万元。
……

猛地一看 500 万元好像是个很大的数字,但细细分解下来发现,500 万元,对于人生而言似乎远远不够。时间更是如此,一个人看似还有大把的时间,其实真正可用的并不多。如何将有限的时间变得更有质量,是我们每个人的必修课。

4. 主要课堂形式

50%的讲授+50%的小组讨论。

---

[1] 彼得·德鲁克(Peter F. Drucker, 1909.11.19—2005.11.11,生于维也纳,祖籍荷兰,后移居美国)现代管理学之父。

5. 教师授课的部分内容参考

个人的家庭背景可能差别很大，能够提供的学习成长资源也是有差别的，但每个人都拥有一项非常公平的资源——时间。如果这一资源能够管理好和利用好，可以弥补一部分其他资源不足的缺憾，因为时间可以转化成其他的资源，比如智慧、财富、学识、认知等。

李开复[①]曾说："人的一生两个最大的财富是你的才华和你的时间。才华越来越多，但是时间越来越少，我们的一生可以说是用时间来换取才华。如果一天天过去了，我们的时间少了，而才华没有增加，那就是虚度了时光。所以，我们必须节省时间，有效率地使用时间。"

每个人都有自己的理想和梦想，有自己为之奋斗的生活目标。我们的理想有很多，然而我们的时间却有限，不可能样样都要。只有将我们的时间和精力合理分配，才能真正实现心中理想。

4.4.2 第二单元 时间的特点与时间管理的本质

1. 背景与目标

所谓的时间管理，不是管理时间，而是基于时间的"无法开源、无法节流、不可取代、不可再生"等特性，去管理"自我对时间资源使用的出发点、思维、方式、方法及与时间对应的事项安排"，以求减少时间浪费，用最短的时间或在预定的时间内实现既定目标的行为。

2. 主要内容与核心理念

"时间是无始无终的，而每个人的生命却是有限的。"因此，时间管理的对象不是"时间"，而是每一个"使用时间的人"，其本质就是"自我管理"。

时间管理是为了确保人生规划的顺利实施，这也是时间管理的根本目的。

3. 关键活动概述

关键活动说明——猜谜语。

①抛出谜语："世界上哪样东西是最长的又是最短的，最快又是最慢的，最能分割又是最广大的，最不受重视又是最值得惋惜的？没有它，什么事情都做不成；它使一切渺小的东西归于消灭，使一切伟大的东西生命不绝。"——伏尔泰

②学生互动（爆米花形式），请3位学生发言。

③揭示谜底。

4. 主要课堂形式

分组讨论与小组展示。

---

① 李开复（1961年12月3日出生于中国台湾新北市中和区，祖籍四川成都，现定居北京市）曾在苹果、SGI、微软和谷歌等多家IT公司担当要职。2009年9月从谷歌离职后创办创新工场，并任董事长兼首席执行官。

5. 教师授课的部分内容参考

如图 4-2 所示，一般认为时间有以下四个特点：无法开源、无法节流、不可取代、不可再生。这四个特性可以这样理解，首先，时间的供给量是固定不变的，在任何情况下不会增加、也不会减少。不论性别、职位、贫富，我们度过的每一天都有 24 个小时，所以我们无法开源。赫胥黎说过，"时间最不偏私，给任何人都是二十四小时；时间也是偏私的，给任何人都不是二十四小时"。其次，我们无法节流，孔子也说过，"逝者如斯夫，不舍昼夜"，时间不像财力、物力那样可以被积蓄存储。无论愿不愿意，这些时间你做不做事，如何做事，做什么事，时间都会被消耗殆尽，不会有一分一秒存储下来。再次，时间是不可取代的，任何一项活动最基本的、不可缺少的载体就是时间，所有的活动都必须依赖于时间的参与。最后，时间不可再生，陶渊明曾说过，"盛年不重来，一日难再晨"，时间一旦过去，则永远过去，不会因为你的不舍而从头再来。

时间管理只是让我们追求幸福生活、实现人生梦想的有效工具，如图 4-3 所示。或者，更直观地说，时间管理给我们带来的最起码的好处就是，帮我们实现合理的生活——把我们原本在工作中浪费掉的时间用于享受其他的快乐。

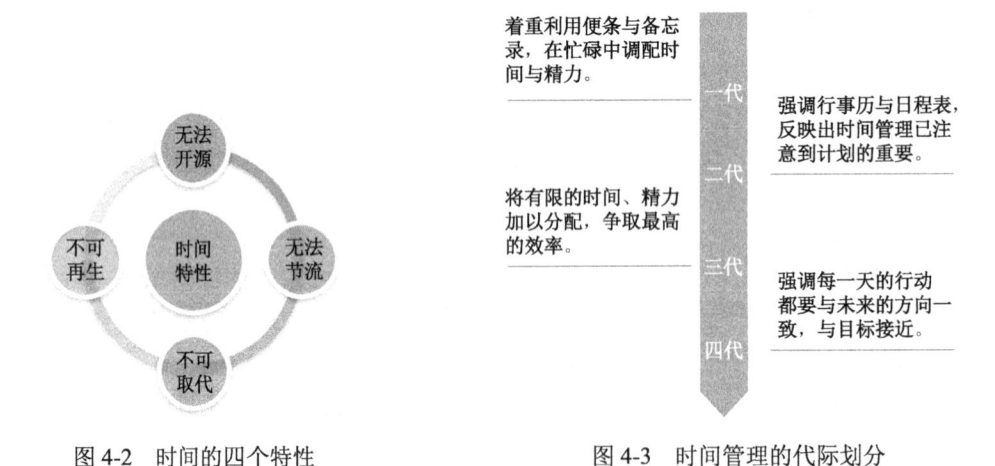

图 4-2 时间的四个特性

图 4-3 时间管理的代际划分

4.4.3 第三单元　时间都去哪儿了

1. 背景与目的

很多人对自己的时间仅仅有个大致的印象：我好像一直在学习或者工作，但是实际上总是碌碌无为。那是因为，我们对自己的忙碌是一种错觉，和实际并不相符。社会、企业在人才使用过程中，一方面期待个体工作效率高；另一方面需要个体工作进度能够配合企业整体工作进度与具体项目进度，对时间的产能有感知，对团队项目推进节奏有感觉。这都需要我们对时间有敏锐的觉察能力。

2. 主要内容与核心理念

本单元会分析学生在时间管理上的问题，如信息干扰、低效健忘、拖延症、不分轻重等。这些行为习惯迁移到职场,就会导致工作重点不突出、频频误事而没感觉、跟不上团队工作节奏等行为,无法满足企业实际工作的需求。我们需要引导学生完成意识上的突破,即时间管理能力是可以通过锻炼培养的,同时也是需要在实际生活与事务处理过程中强化训练的。我们在实际生活中自然积淀的时间管理感性认知,需要通过本专题及持续的学习提升为理性认知,促使我们形成能够对接职场时间素养要求的事务处理能力及工作进度把控能力。

3. 关键活动概述

关键活动说明——观察自己的一天。

① 可以在授课前提前给学生布置一个任务,观察并记录自己在校的一天或者周末的一天,将每个小时做了什么都记录下来。

② 记录表单如表 4-1 所示。

表 4-1 "我的一天"时间记录表

我的一天				
班级:		姓名:		日期:
时间节点	在做什么	完成情况	是否有人提醒协助	完成结果是否满意
5:00—7:00				
7:00—8:00				
8:00—10:00				
10:00—12:00				
12:00—14:00				
14:00—16:00				
16:00—18:00				
18:00—19:00				
19:00—20:00				
20:00—21:30				
21:30—22:30				
22:30—24:00				
24:00—5:00				

③ 上课后收回此表,随机抽出三位学生,请学生分享自己的一天。

④ 引导其他学生对照自己的表,重新思考和重新设计如何更好地安排一天的时间。

⑤ 亮出"遵循四时而动的一天"时间记录表,如表 4-2 所示,让学生重新调整和设计自己的一天。

表 4-2 "遵循四时而动的一天"时间记录表

遵循四时而动的一天				
班级:		姓名:		日期:
时间节点	应该做什么	实际做了什么	需要调整什么	这样调整是否满意
5:00—7:00	最健康起床时间			
7:00—8:00	最佳吃早饭时间			

(续表)

遵循四时而动的一天					
班级：				姓名：	日期：
时间节点	应该做什么	实际做了什么	需要调整什么	这样调整是否满意
8：00—10：00	最佳学习时间，以及身体吸收营养最快的时间			
10：00—12：00	最佳动手操作体验时间			
12：00—14：00				
14：00—16：00				
16：00—18：00	最佳吃晚饭时间			
18：00—19：00	最佳散步时间			
19：00—20：00	最佳看书时间，或做总结和一日回顾的时间			
20：00—21：30	最佳静心、收心时间			
21：30—22：30	最佳休息时间			
22：30—24：00				
24：00—5：00				

4. 主要课堂形式

分组讨论，每个小组选出最优秀的成员作为代表上台分享。

教师小结与点评。

5. 教师授课的部分内容参考

信息干扰：这是时间的头号杀手。无论是此起彼伏的微信或 QQ 消息，抑或是骚扰（推销）电话、突然弹出的邮件、做事时突然有人向你提出各种额外的请求，都属于信息干扰。你可能花了少则几分钟，多则数十分钟用于处理这些干扰信息，表面上看好像时间损失得不多，但是你原来做事的思路被打断了，重新找回还需要时间，甚至找回之前做这件事的状态又需要一点时间，于是信息干扰带来的时间损失可能是一两个小时甚至半天乃至更多。特别是在智能手机高度普及的今天，很多人机不离手，不时拿出来看看，相当于自己又给自己"补充"了一点信息干扰。特别需要留意一个事实，很多 App 是根据大数据算法来进行信息推送的，用户一旦开始浏览信息，就很难把手机放下来，这在时间管理上被称为"时间黑洞"。我们虽然没有必要放弃使用手机，但是可以通过自我管理，让手机为我们所用。

低效健忘：效率低下是浪费时间的另一个主要原因。效率与个人心理、生理都有很大的关系。但是被干扰影响的情绪和因为干扰造成的时间不足而带来的焦虑也会导致效率进一步地降低。忘事儿是很多人都有过的经历，其实有时候是潜意识在作祟，因为你觉得事情不重要，所以你以为是空闲时间，实际到了截止期限的时候发现很多事情压根就没做。

拖沓、拖延症：本质是没动力。这种没动力，一方面可能是因为对事情本身不感兴趣；另一方面也可能是觉得事情太重要了，必须具备若干条件才能动手去做。于是你一边看着日程表里面的事情，一边给自己找诸多借口不去做；或者着手去准备一个个条件，而这些条件可能又有其他先决条件,于是在岔路上一路狂奔,以至于忘了最初要做的事情是什么。

不分轻重:这是很多貌似行动力强的人的头号时间杀手。为什么呢?因为他们遇到所有的事情都是马上去做,不分轻重,按事情发生的顺序去做事,最后发现一天忙下来做的都是琐事,真正重要的事情做得很少或者根本没做。当然有些人是拈轻怕重,遇到重要的事情拖着不去做,最后又回到了拖延症的老路上。

上述四个类型的低效行为的产生原因从时间管理的专业角度而言,一是没有掌握主次、轻重的区分标准。对于如何分辨时间性质、如何辨析事件重要程度的顺序、如何克服心理上的畏难情绪等都不是很清楚;二是没有找到自己奋斗的方向和目标,或者说虽然有方向和目标但很模糊,没有起到航向标的作用;三是缺乏实际锻炼,事情头绪一多就已经晕头转向,自然谈不上系统思考,统筹安排了。

因此在这一单元,我们需要引导学生在现象类型的剖析中思考一个问题:当下应该培养哪些行为习惯,才能促进我们时间管理素养的不断提升?例如并线处理事务的能力、协调统筹的能力、及时沟通与反馈的习惯、规划及预案准备能力、应急处理能力等,都是时间管理素养在职场工作中不同形式的体现。

组织学生分析自己一天时间的分配情况,目标是引导学生运用时间管理知识,找寻可以提升的空间,在日后的学习、生活中,有意识地填补能力空白区,完成自我强化的功课。所谓"兵来将挡,水来土掩"的前提是,"兵"来了,你要有"将";"水"来了,你要有"土"。这里的"兵"也好,"水"也好,都可以用来比喻职场中需要完成的任务或者突发事件。学生在校期间就要有意识地储好"将"、备好"土",才能在时间管理能力层面符合社会和企业对员工时间素养方面的需求,按时按量按质地完成工作任务。

4.4.4 第四单元 如何进行时间管理

1. 背景与目的

我们常常说"时间就是金钱,效率就是生命"。但是我们又常常听到"我很忙的!""我没有时间!""我还有好多事情没有做!""早知……我就……"。

最伟大的人和最渺小的人都一样,一天都只有 24 小时,但区别就在于他们如何利用这 24 小时。24 小时说起来好像很多,但实际上只有 86400 秒。我们如何面对这 86400 秒呢?可以做这样一个假设,如果银行每天向你的账户拨款 86400 元,你可以随心所欲,想用多少就用多少,用途也随意,但前提是用剩下的钱不能留到第二天再用,也不能结余归自己,那么你要如何对待这笔财富呢?

大多数人会做出这样的选择:
(1)买最想买的东西或者买最值得买的东西;
(2)花同样的钱买更多的东西;
(3)把钱花完,一分不剩。

那我们对待时间即每天的时间财富,也可以做类似的选择:
(1)做该做的事情、正确的事情;
(2)花同样的时间,做出更多的成果;
(3)充分利用时间,不浪费一分一秒。

2. 主要内容与核心理念

面对纷繁的事务和做不完的工作，我们该如何选择才能做到以上几点呢？那便是在有限的时间里要做有质量、有价值的事。所以我们做事情的标准，是要先学会找到并做好为未来打基础的事情，打好基础，其他事情才能做得更顺利。因此，本单元根据不同的属性，将生活学习中常见的事情分为了四类，如图4-4所示。

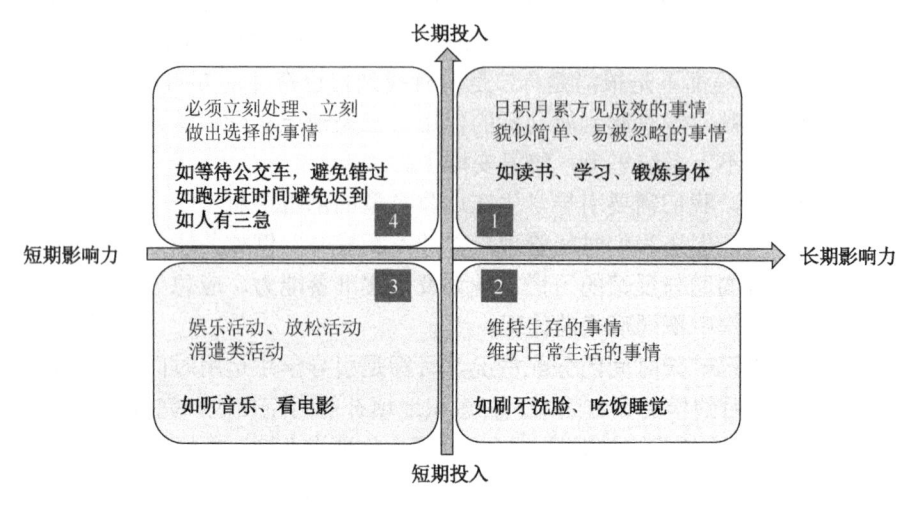

	长期投入	
短期影响力	4. 必须立刻处理、立刻做出选择的事情 如等待公交车，避免错过 如跑步赶时间避免迟到 如人有三急	1. 日积月累方见成效的事情 貌似简单、易被忽略的事情 如读书、学习、锻炼身体	长期影响力
	3. 娱乐活动、放松活动 消遣类活动 如听音乐、看电影	2. 维持生存的事情 维护日常生活的事情 如刷牙洗脸、吃饭睡觉	
	短期投入	

图4-4　投入期限与影响力矩阵图

在我们的生活学习中，如果时间占比较大的是第一类事情，那就意味着我们可以通过做这类事来培养自己持恒、耐心、自觉、自律、周全等能力，这些能力将会影响我们今后一生的生活、学习、工作的质量。

在我们的生活学习中，如果时间占比较大的是第二类事情，那就意味着我们可以通过做这类事来培养自己规律生活、独立自理的生活习惯，这些习惯也将影响我们生命中工作学习的质量。当然，越独立、越有规律也就会对我们学习工作质量的积极影响越大。

在我们的生活学习中，如果时间占比较大的是第三类事情，那就意味着我们会通过做这类事情而形成一种比较闲散、承压能力弱的状态，因为人的生命质量是离不开劳动与付出的，而不计回报的劳动与付出则更能使人的幸福感增加，因此人越是逃避劳动心理状态就会越空虚。

在我们的生活学习中，如果时间占比较大的是第四类事情，那就意味着我们可以通过做这类事情来培养自己的社会技能，这样自己在生活工作中的应变和应急能力会比较突出。但就长久来看，这类人会更喜欢追求成就，也会相对浮躁一些，会忽略一些短期没有成效，但长期会影响生活质量的打基础的事情。这样的人能解决应急问题，但难成就长久的事情。

针对以上四类事情的选择，实际上分别是对四种价值判断的选择。在课堂上，教师应该引导学生重视第一类事情，不忽略第二类事情，尽可能管理好第三类事情以防时间透支，巩固第四类事情使之成为更长久的实践，而不是只为一时成就的快感。

以上四类事情，比较难区分是第一类事情与第四类事情，我们也会在下面一一举例说明，供教师在授课过程中参考使用。

第一类事情举例：

（1）定时、定点、定量地做某事，比如读书和写作提高的是理解力和领悟力，这两种能力是做其他事情的基础能力。（还有清扫房间、写日记、参加某类活动的实践等。）

（2）按照某个目标或自己承诺从始至终地独立完成某事，用以提高自己的学习能力、实践能力、抗干扰能力、解决问题的能力等。这些能力是做事的综合基础能力。

（3）独立照顾好自己的衣食住行，这个能力也是做好其他事情的基础。一个不会照顾自己的人必将没有精力和能力照顾到他人。

第四类事情举例：

（1）锻炼自己的表达能力。

（2）锻炼自己的计算能力。

（3）锻炼自己使用计算机或网络查询信息的能力。

（4）锻炼自己的计算机绘图技能或某项热门技能。

3. 关键活动概述

活动一：诗词大会——小组竞猜与时间有关的诗词。

活动二：给小明一天要做的事情排个顺序。

4. 主要课堂形式

集体竞猜、诵读经典诗词。分组讨论、展示讨论结果。

5. 教师授课的部分内容参考

那我们又如何判断一件事情是重要的还是没那么重要呢？有没有什么标准呢？这里推荐采铜[1]的《精进：如何成为一个很厉害的人》中提到的一个判断方法，此处称为"采铜法则"。他提出，在分析应不应该花费时间和精力去做某件事的时候，可以从两个角度来评估：一是这件事在当下将给我们带来的收益大小，这个收益可以是心智或情感层面的，也可以是身体或物质层面的，称之为"收益值"；二是这项收益随时间衰减的速度，称之为"收益半衰期"，半衰期长的事件，其影响会持续较久。而在判断一件事情是否正确的时候，主要看它所带来的收益半衰期的长短，他明确提出"要尽量少做短半衰期的事情"。

根据收益值和半衰期的排列组合，书中把事情分为四种情况：一是收益值高、半衰期长，比如找到真爱、与牛人长谈；二是收益值高、半衰期短，比如买衣服、玩手机游戏；三是收益值低、半衰期长，比如练一小时书法、背诵三首诗；四是收益值低、半衰期短，比如发起一次网络骂战、漫无目的地刷微博。

在此基础上，你就能快速而准确地分辨出哪些是主要任务、哪些是次要任务了。主要任务，就是那些能够使你的情况得到持续改善、使你往好的方向发展、由目标衍生出来、助你完成人生规划的任务。而反之让你维持现状、原地踏步，甚至让你能力衰退的任务则属于次要的任务。

---

[1] 采铜，原名崔翔宇，作家。2016年推出作品《精进：如何成为一个很厉害的人》，同年进入"亚马逊中国年度新锐作家榜"。

他是知乎网第41161号用户，被公认为"知乎精神"的代表者之一，他的较真与理想主义赢得了无数人的点赞。他也出版过《深度学习的艺术》《开放的智力》等图书。

《卓有成效的管理者》[①]一书中提出:"效率是以正确的方式做事,而效能是做正确的事。效率和效能不应偏废,但这并不意味着效率和效能具有同样的重要性。我们当然希望同时提高效率和效能,但在效率与效能无法兼得的时候,我们首先应着眼于效能,然后再设法提高效率。"如图 4-5 所示。

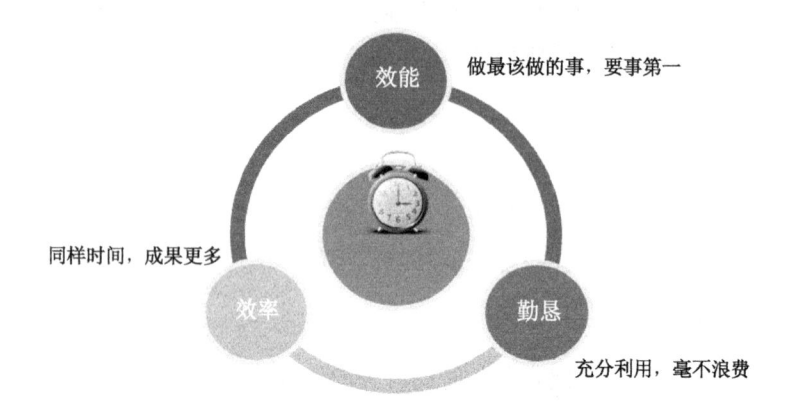

图 4-5 时间管理效率关系模型

通过前面的学习我们学会了如何去判断一件事情值不值得我们花时间和精力去做,那如何用正确的方法做事呢？第一,事不宜迟、速度制胜,速度决定人生进退,速度决定事业成败。第二,统筹安排、平行作业,大块时间处理大块事情,琐碎时间处理琐碎事情,等待时间兼做别的事情,比如煮饭的时候可以洗菜、切菜。第三,优化流程、简化操作,能简则简,高效沟通,高效表达,减少中间环节。第四,整理整顿,快速定位,如个人的书桌、文具以及计算机桌面、文件资料等随手整理,可快速定位,提高效率。第五,选择高效的工具,学会使用高效的软件或 App 帮助我们提高办公学习效率。第六,学会第一次就把事情做好,第一次就把事情做好是一个观念、一个良好的习惯,会帮助我们节省时间、人力、物力、财力。

4.5 专题核心理论解读

我们从与做事质量相关的两个维度入手,来分析人们在做事背后的能力积累状态。这两个维度是投入度和影响力,可以细分为长期投入和短期投入、长期影响力和短期影响力四个方面,它们通过组合形成四个区域,如图 4-6 所示。

第一区域,需要长期投入而且有长期影响力的事情,是我们积累基础能力的主要途径。这些事能够体现一个人的自律能力和自我管理能力,即管理和提升其他能力的能力。做这些事不是为了马上出结果,而是为了一个大目标和大方向定时、定点、定量地做积累,并且会在一个很长的阶段之后才出成果。这是一种遵循能力发展规律与节奏的做事状态。

[①] 《The Effective Executive》是彼得·德鲁克的著作,中文版译为《卓有成效的管理者》。

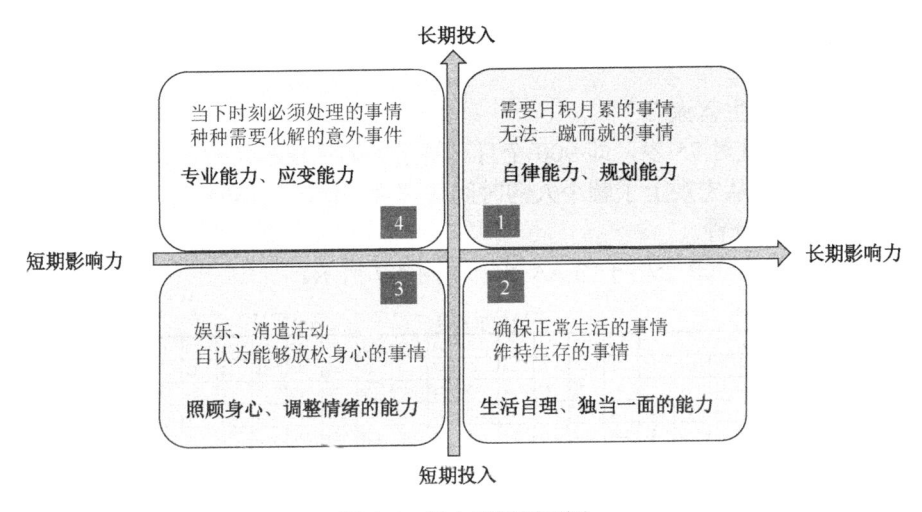

```
                    ↑ 长期投入
    ┌─────────────────┐  ┌─────────────────┐
    │ 当下时刻必须处理的事情 │  │ 需要日积月累的事情   │
    │ 种种需要化解的意外事件 │  │ 无法一蹴而就的事情   │
    │ 专业能力、应变能力   │  │ 自律能力、规划能力   │
    │            4    │  │  1              │
    └─────────────────┘  └─────────────────┘
短期影响力 ─────────────────────────────────→ 长期影响力
    ┌─────────────────┐  ┌─────────────────┐
    │            3    │  │  2              │
    │ 娱乐、消遣活动     │  │ 确保正常生活的事情   │
    │ 自认为能够放松身心的事情│  │ 维持生存的事情     │
    │ 照顾身心、调整情绪的能力│  │ 生活自理、独当一面的能力│
    └─────────────────┘  └─────────────────┘
                    ↓ 短期投入
```

图 4-6 能力积累原理图

第二区域，是需要每天都做，且做了马上就能见效果的事情。这些大多数是日常生活中的事情，不做就没有办法正常生活，比如，刷牙、洗脸、喝水、吃饭等。

第三区域，是只需要短期投入，影响力也只是短期的事情。比如一些人为了缓解自己的情绪，调整自己某些工作的节奏，会做一些放松和舒缓自己的娱乐的事情，像找好朋友聊天、聚会、听音乐等。这些事情对真正解决问题没有直接的帮助，对自己的成长也没有直接帮助。

第四区域，是长期必须应对却只有短期影响力的事情。这些事情往往有一定的时限压力，有一定的重要程度，如果不做就没有办法进行下一步。这样的事情多半需要当事人立刻应对，也会体现出一个人的技术熟练程度和应急应变能力，但长期来看当事人并不知道形成这种能力的规律和节奏的重要性。

这四个区域的事情对我们每个人来说都是有价值的，没有哪个区域的事情是可以完全不做的，但我们做事的原则是要将精力尽量投入到能长期提升我们的生活质量、工作质量和成长质量的基础的事情上去。因此，这四个区域的行为在生活中要有一个适当的比例，要更侧重于长期投入和长期影响力的第一区域，这样我们的生活才会更加有条理，并能够保证持续稳定的输出。

4.6 经典活动解读

1. 活动背景与目标

"人生蓝涂"游戏，也有很多人称之为"时间切割"游戏，是时间管理最经典的开场活动之一。

活动的目标是为了让大家体验光阴似箭和时间的不可逆转，从宏观上了解个人的时间管理规划情况，让参与者体验时间的紧迫性，了解一下看似很漫长的人生经过涂抹和切割后，剩下的可以用来创造人生价值的有效时间究竟有多少。

2. 活动内容与操作步骤

【活动名称】“人生蓝涂”。

【活动目的】通过对 75 岁，即 900 个月（格子）的涂抹和切割，让学生体验光阴似箭和时间的不可逆转，从宏观上了解个人的时间管理规划情况，体验时间的紧迫性。

【活动时间】15 分钟。

【活动道具】印满 900 个格子的 A4 纸，如图 4-7 所示。

我的岁月目视图																													
1	2	3	4	5	6	7	8	9	10	11	12	13	14	15	16	17	18	19	20	21	22	23	24	25	26	27	28	29	30
31	32	33	34	35	36	37	38	39	40	41	42	43	44	45	46	47	48	49	50	51	52	53	54	55	56	57	58	59	60
61	62	63	64	65	66	67	68	69	70	71	72	73	74	75	76	77	78	79	80	81	82	83	84	85	86	87	88	89	90
91	92	93	94	95	96	97	98	99	100	101	102	103	104	105	106	107	108	109	110	111	112	113	114	115	116	117	118	119	120
121	122	123	124	125	126	127	128	129	130	131	132	133	134	135	136	137	138	139	140	141	142	143	144	145	146	147	148	149	150
151	152	153	154	155	156	157	158	159	160	161	162	163	164	165	166	167	168	169	170	171	172	173	174	175	176	177	178	179	180
181	182	183	184	185	186	187	188	189	190	191	192	193	194	195	196	197	198	199	200	201	202	203	204	205	206	207	208	209	210
211	212	213	214	215	216	217	218	219	220	221	222	223	224	225	226	227	228	229	230	231	232	233	234	235	236	237	238	239	240
241	242	243	244	245	246	247	248	249	250	251	252	253	254	255	256	257	258	259	260	261	262	263	264	265	266	267	268	269	270
271	272	273	274	275	276	277	278	279	280	281	282	283	284	285	286	287	288	289	290	291	292	293	294	295	296	297	298	299	300
301	302	303	304	305	306	307	308	309	310	311	312	313	314	315	316	317	318	319	320	321	322	323	324	325	326	327	328	329	330
331	332	333	334	335	336	337	338	339	340	341	342	343	344	345	346	347	348	349	350	351	352	353	354	355	356	357	358	359	360
361	362	363	364	365	366	367	368	369	370	371	372	373	374	375	376	377	378	379	380	381	382	383	384	385	386	387	388	389	390
391	392	393	394	395	396	397	398	399	400	401	402	403	404	405	406	407	408	409	410	411	412	413	414	415	416	417	418	419	420
421	422	423	424	425	426	427	428	429	430	431	432	433	434	435	436	437	438	439	440	441	442	443	444	445	446	447	448	449	450
451	452	453	454	455	456	457	458	459	460	461	462	463	464	465	466	467	468	469	470	471	472	473	474	475	476	477	478	479	480
481	482	483	484	485	486	487	488	489	490	491	492	493	494	495	496	497	498	499	500	501	502	503	504	505	506	507	508	509	510
511	512	513	514	515	516	517	518	519	520	521	522	523	524	525	526	527	528	529	530	531	532	533	534	535	536	537	538	539	540
541	542	543	544	545	546	547	548	549	550	551	552	553	554	555	556	557	558	559	560	561	562	563	564	565	566	567	568	569	570
571	572	573	574	575	576	577	578	579	580	581	582	583	584	585	586	587	588	589	590	591	592	593	594	595	596	597	598	599	600
601	602	603	604	605	606	607	608	609	610	611	612	613	614	615	616	617	618	619	620	621	622	623	624	625	626	627	628	629	630
631	632	633	634	635	636	637	638	639	640	641	642	643	644	645	646	647	648	649	650	651	652	653	654	655	656	657	658	659	660
661	662	663	664	665	666	667	668	669	670	671	672	673	674	675	676	677	678	679	680	681	682	683	684	685	686	687	688	689	690
691	692	693	694	695	696	697	698	699	700	701	702	703	704	705	706	707	708	709	710	711	712	713	714	715	716	717	718	719	720
721	722	723	724	725	726	727	728	729	730	731	732	733	734	735	736	737	738	739	740	741	742	743	744	745	746	747	748	749	750
751	752	753	754	755	756	757	758	759	760	761	762	763	764	765	766	767	768	769	770	771	772	773	774	775	776	777	778	779	780
781	782	783	784	785	786	787	788	789	790	791	792	793	794	795	796	797	798	799	800	801	802	803	804	805	806	807	808	809	810
811	812	813	814	815	816	817	818	819	820	821	822	823	824	825	826	827	828	829	830	831	832	833	834	835	836	837	838	839	840
841	842	843	844	845	846	847	848	849	850	851	852	853	854	855	856	857	858	859	860	861	862	863	864	865	866	867	868	869	870
871	872	873	874	875	876	877	878	879	880	881	882	883	884	885	886	887	888	889	890	891	892	893	894	895	896	897	898	899	900

图 4-7 我的岁月目视图

【活动规则（公约）】

① 不能评价。

② 一个问题一个建议。

③ 及时复命。

④ 听清指令再执行。

⑤ 请学生必须保留好此活动纸张，后续活动还需使用。

【活动步骤】

步骤一：根据教师的引导一步一步做。

步骤二：课前发放印有表格的纸，并要求学生准备好笔。

步骤三：简要说明表格的用法和含义。

步骤四：根据教师的引导一步步地填涂。

步骤五：分享环节。

步骤六：引导问答环节。

3. 活动重点步骤引导说明

中国人的平均寿命已经达到了 76 岁，随着现代科技的发达和医疗进步，未来人均寿命将会更长。我们假设自己能活到 75 岁，这张纸就是你生命的长度，900 个月，也就是纸上的 900 个格子。跟着下面的要求一步一步去做。

步骤一：请把自己现在的年龄之前的格子涂掉。

步骤二：想想你是否有什么不良的生活习惯，比如熬夜，请减掉 5 年，即 60 个月；比如抽烟，请减掉 10 年，即 120 个月；比如暴饮暴食，请减掉 10 年，即 120 个月；比如不吃早餐，请减掉 5 年，即 60 个月。有健康生活习惯的，比如健康饮食、定期运动，可以自行加上 3~8 年，再乘以 12 换算成月。

步骤三：数一数现在还剩多少格子，接下来是难度较大的算术题，请大家听好。

请把这个数字 1/2 数目的格子涂掉，这些是用来吃饭、睡觉等维持生存的时间。

然后把这个数字 1/10~1/6 数目的格子再涂掉，这是每天浪费在手机、娱乐上的时间。（请根据自己的具体情况来进行。）

接着把这个数字约 1/10 数目的格子再涂掉，这是以后你每天浪费在路上的时间。

最后再把这个数字约 1/10 数目的格子涂掉，这是以后你用来陪伴家人、朋友，维持人际交往的时间。

步骤四：数一数现在还剩多少个格子，你还有其他规划吗？比如旅游、休闲等，请酌情涂掉一些。你会生病吗？会因为身体不适而消耗掉一些时间吗？请再酌情涂掉一些。

步骤五：好了，现在告诉我你还剩多少个格子，把这个数字大大地写在这张 A4 纸上。

4. 活动中的学生表现与教师引导

"人生蓝涂"活动重点步骤中的学生表现与教师引导关键词如表 4-3 所示。

表 4-3 "人生蓝涂"活动重点步骤中的学生表现与教师引导关键词

活动步骤	活动要求	学生表现	教师引导关键词
步骤一	请把自己现在的年龄之前的数字格子涂掉	大多数学生都会爽快地涂掉	已经度过的时间无论如何不舍，再也回不去了
步骤二	把用在不良习惯上的时间涂掉	很多学生会相视一笑	生命的质量和平时的习惯是分不开的
步骤三	把用来吃饭和睡觉的，花在手机、排队和路上的、陪亲友和朋友的时间涂掉	学生会皱眉，或者停笔思考	要举例说明如何计算；耐心等待
步骤四	把计划旅游的时间涂掉	"啊，还要涂啊"，不舍；哀声一片	这是人之常情，不管多么不情愿，这些时间也是要花的
步骤五	请把剩下的时间写下来，并思考自己后面的时间如何规划	有些会很爽快地写下来。有些会写得很大，有些会写得很小。学生基本都会如实回答，然后谈论是如何规划的。少部分学生会以夸张的数字来吸引同学的注意，比如还剩"0"等	请记住这个数字，你的梦想、你的未来都将寄托在这个真正能够用来打拼的数字上

5. 活动引导中的提示

教师对学生的回答，进行正面引导即可，以积极鼓励为主，尽量挖掘闪光点，不可打击嘲笑。要告诉学生，以他们现阶段的认知，任何回答都是正常的，是可以理解的。

4.7 思考题

（1）"时间管理"关于四类事情划分的不同，分类的依据是什么？
（2）同一件事情，有的同学认为重要，有的同学认为不重要，这是为什么？
（3）我们说时间要用来做重要的事情，那什么才是真正重要的事情？

4.8 拓展学习资源推荐

1. 电影：《时间规划局》

推荐理由：电影讲述的故事发生在未来世界，时间成为一种可以购买和存储的商品。当时间真的变成了世界通用的货币时，人们便可以真正地感受到时间就等于一切资源。

在贫民区所有的人都在争分夺秒地工作，赚时间。男主威尔与母亲一起靠有限的时间艰难维持着生活。贫民区这里，欺诈、抢劫每日都会发生，人们冷漠、麻木，也许某天睡下就永不再醒来。在富人区，每件东西都很贵。人们吃饭很慢，走路很慢，做什么都很慢。时间任意挥霍，富人可以永生，以至于有的富人活得不耐烦了要自杀。在影片最后，女主角问男主角还剩多少时间，男主角说："只剩一天，但一天可以做很多事情。"

2. 书籍：《吃掉那只青蛙》 博恩·崔西 著 许海燕 译

推荐理由：很多人都觉得自己没有时间，无法做该做的事情；也会觉得事情进展缓慢，导致自己没有时间去接触那些梦想已久的休闲活动。但现实情况是，人人都貌似忙碌无比、身心俱疲，但始终有人能够轻松摆脱"穷忙族"，站在人生的巅峰。书里提供了 21 个秘诀，可以帮助你将精力投入到最重要的工作上，避免拖延，以实现用最短的时间完成最多的工作。读完这本书之后最大的启发是，首先，要明确对你的生活和工作来说最为重要的 3 个目标；其次，每天确定与那 3 个目标有关的任务，然后第一件事就是先把最难的那件事搞定；最后，对与目标无关的事情，坚决说不。

3. 书籍：《时间管理——如何充分利用你的 24 小时》 吉姆·兰德尔 著 舒建广 译

推荐理由：这本书是分析时间管理谋略的专著，是一本易懂易操作的工具书，通过一个简单的故事，以邀请一位读者与作者本人交流的形式来解释时间管理的要义。这本书以火柴人漫画为主，内容简明扼要、诙谐幽默。书的内容围绕着对时间流逝保持敏感、确定目标以提供路线，以及解决选择难点几个议题展开。对于时间管理的核心做了提炼，非常容易理解，也便于操作。书中介绍的关于增加时间敏感度的方法非常实用。对于办公族无法专注的问题，也有独到的建议。阅读这本书，只需要1个小时。

4. 书籍：《把时间当作朋友》 李笑来 著

推荐理由： 这本书可以说是国内关于时间管理写得比较好的一本书。"无论是谁，都最终在某一刻意识到时间的珍贵，并且几乎注定会因懂事太晚而多少有些后悔。"书店里各种各样的关于"时间管理"的书籍多半都作用有限，很多都是别人觉得有用的技法，但完全不能解决你的问题，因为你的时间一直被工作、家人、同事、朋友所占据。自己虽然疲乏，但却始终找不到出口。要做的事情越来越多，可用的时间越来越少；而因此时间越来越珍贵，时间越来越紧迫；时间越珍贵就越紧迫，时间越紧迫就越珍贵……压力越来越大，生活成了一团乱麻。一直以来，很多人以为时间管理的本质就是管理时间。所以在时间管理技巧，以及相关的App和工具上耗费了不少时间。而这本书会告诉你时间管理的本质是自我管理。通过自我管理，避开那些显而易见浪费时间的误区。说到底，时间管理的核心就是生命效能的管理，这其中最重要的是明确自己的人生目标，然后每天做一件能实现人生目标的事情，并长期坚持。

第 5 章　沟通的艺术

5.1　案 例 导 读

> **沟通难在何处**
>
> 张丹峰从某名校的管理学专业硕士毕业，出任某大型企业的制造部经理。张丹峰一上任，就开始对制造部进行改造。他发现生产现场的数据很难及时反馈上来，于是决定从生产报表上开始改造。借鉴了某跨国公司的生产报表后，张丹峰设计了一份非常完美的生产报表，从报表中可以了解到生产中的每一个细节。
>
> 每天早上，所有的生产数据都会及时地放在张丹峰的桌子上，张丹峰很高兴，认为他拿到了生产的第一手数据。没过几天，出现了一次大的品质事故，但报表上根本没有反映出来。张丹峰这才知道，报表的数据都是工人们随意填写上去的。
>
> 为了这件事情，张丹峰多次开会强调认真填写报表的重要性。每次开完会，在会后几天还有一定的效果，但过不了几天，工人们就又恢复了原来的状态。张丹峰怎么也想不通，为什么一个填写数据的动作，都需要反复沟通。沟通难道这样难吗？

【思考题】

（1）在张丹峰眼中，填写数据是一个简单动作，为什么到工人那里就会变得那么难呢？

（2）张丹峰制作报表是为了要真实的数据，而工人们却认为数据是可以随意填上去的，用什么办法可以让双方的认识一致呢？

（3）张丹峰用开会的方式强调，效果总有反复。在这样的情况下，如何跟工人们沟通才是有效的？

【课程导语】

在日常生活和工作中，我们把想法和要求同别人认真地交流，希望对方配合，而对方做的事却不是我们想要的。正如案例中，张丹峰经常把自己对产品质量的要求告诉工人，工人们也听到了，而行为输出上却呈现巨大的差距。工人们到底听到了什么呢？是领导关注数据，是领导关注质量，还是领导希望通过准确的数据进行质量控制？沟通在人与人的交往中无处不在，而真正的沟通是让听者听懂你的心里话。这就需要说话的人不能按照自己的表达方式去说，而是要按照对方能够接受的方式去说，这样对方才能听明白你要的究竟是什么。这也是"沟通的艺术"这个专题需要达成的主要目标。

5.2 专题定位与核心理念解读

在企业的运作过程中，大大小小的会议非常多。企业是希望通过会议加强信息的交流，达到信息的同步。企业的管理者非常清楚，事情如果不能被简明扼要地说清楚，对方就无法轻而易举地听明白，同事之间和部门之间的配合就会出现效率低下的情况。所以，企业对职业人的沟通能力非常看重，也会制定各种规则加强沟通的管理，检验沟通的效果，也会对职业人的工作目标、工作规范、工作质量等有统一的要求。沟通是职业人非常重要的职业技能，从意识到行动，从能说到会说，这需要一个训练的过程。

学生进入职业学校后，通常会带着自己以往的经验和标准来评价新学校、新同学、新生活。在表达时，他们更偏重于述说自己的情绪和感受，而容易忽略别人对这件事的了解程度，有时会理所应当地认为别人对某件事是知道的，没有意识到自己应该先把事情背景说给对方听；有的人表达时思路不清楚，一边想一边说，自己都说不清楚甚至只说了半截的话，让对方更是云里雾里；还有的人在正式场合中却用比较随意的方式表达，结果因为不符合场合氛围而显得说话不恰当。作为准职业人，我们应该通过2～3年的学习和训练，有意识地系统学习有效沟通。要有意识地注意自己在说话过程中的状态，能听明白别人说话的真实意思，也能说明白自己的心里话。能够达到这种状态的沟通能力，也是需要长期反复训练才可以具备的。

"沟通的艺术"专题课程是为一年级学生开设的职业素养课程。按照职业素养课程体系的设计思路，"沟通的艺术"排在"成长的翅膀""个性场合与魅力""时间管理"三个专题之后。"沟通的艺术"这个专题聚焦于学生人际互动的各种具体场景，关注与他人沟通的质量和互动的效率。学习重点是在交流的过程中，学生的表达应更为专业、全面地指向事件本身，避免情绪化的表述，让听者能听懂自己的意图。

"沟通的艺术"专题课程的核心理念是让听者听懂你的心里话。所谓心里话就是你内心深处的真实想法，而人们在表达某个想法时，往往是按照自己习惯的表达方式去输出，而不是按照别人能够接受的方式去说；往往按照自己的理解去说，而没有考虑用有利于别人理解的方式去说；往往表达自己想说的，而没有表达别人想听的。因此，要让听者听懂你的心里话，必须根据事情本身所需要的状态去表达。

5.3 专题目标解读

本专题的目标是基于学生对"沟通"的初步认识，进而引导学生理解沟通的内涵，通过详细剖析学生在学习、生活、人际交往中遇到的一些实际问题，帮助学生了解沟通的基本规律，理解影响沟通效果的一些因素。在活动和游戏的体验中，通过观察、了解人的行为和情绪，让学生学会关注他人和倾听，能够自如地表达自己，自如地与别人交流。

5.4 专题内容解读

"沟通的艺术"专题分为三个单元，每个单元 2 课时，共计 6 课时。三个单元的内容包括认识沟通、了解影响有效沟通的因素和掌握有效沟通的技巧，如图 5-1 所示。

- 第一单元　认识沟通
  - 沟通的内涵：什么是有效沟通
- 第二单元　影响有效沟通的因素
  - 影响有效沟通的潜台词：我认为……
- 第三单元　学习有效沟通的技巧
  - 如何用实际行动利用好3年的学时：灵活应用沟通技巧，最终能清晰表达自己的想法，且能与他人自如交流

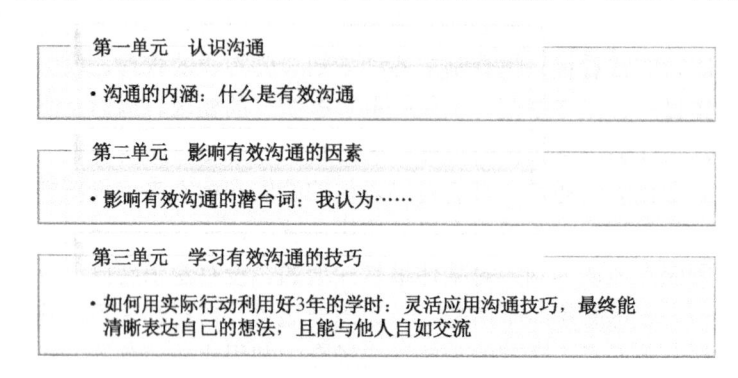

图 5-1　"沟通的艺术"课程框架内容

我们常说，"沟通无处不在，沟通从心开始"，沟通是人际交往和社会交往最基本的需要。

5.4.1　第一单元　认识沟通

人们通常认为能说会道就是"会沟通"，而真正的沟通并不是随意地说，而是以对方能够听懂、愿意接受的方式去说。第一单元的内容主要是通过体验活动让学生初步认识沟通。这个部分要从学生日常生活中的场景出发，让学生了解沟通，认识沟通的重要性。本单元有三个环节。

第一，开场组建团队。在第一次上课时，我们会重新组建团队，由各团队根据要求制作本团队的宣传海报。这个活动是职业素养课程中的常规活动。在这个开场环节中，我们会提示学生仔细体会什么样的沟通是有效的，尤其是在讨论海报制作的过程中，看看团队成员们是如何表达各自的意见的；当大家意见不一致时，又是怎样统一的；大家发表意见是为了证明自己有想法，还是为了达成团队的目标。通过事先的提示和之后的总结，学生会对沟通有一些自己的体验。

第二，列举生活中的沟通现象。在学习和生活中，哪些行为是需要沟通的？围绕这个问题，请学生以组为单位进行讨论和列举，至少写出 5 项内容（写出 10 项及以上的组可以酌情加分），并把讨论结果写到白纸上。通常学生都可以按要求完成，有的组甚至可以列举 20 多项。通过对生活中需要沟通的事件的列举和归类，学生会发现生活的方方面面都离不开沟通。

第三，体验"撕纸"游戏。这是一个让学生体验沟通重要性的经典小游戏。学生们每人拿一张纸，闭上眼睛，按照教师的指令对纸进行折叠和加工，最后会发现，同样的指令下，会有很多种结果。在此基础上，解读沟通回路模型，让学生从看、听、说三方面体会沟通的深刻内涵，感受人的经验、习惯和状态对所听到的内容产生的影响。

5.4.2 第二单元　影响有效沟通的因素

沟通的效果是由沟通双方的状态决定的，即一方是以什么样的状态说的，另一方是以什么样的状态听的。说与听之间产生的误差是由干扰因素造成的。对这些因素的关注和调整就是改善沟通效果的切入点。

第一个环节解读情绪。通过观看视频的方式，直观形象地让学生体会一下影响有效沟通的首要因素——情绪。视频里展示了一个沟通的场景，双方一开始在和谐的氛围中交流，当女方父亲情绪激动后，这个和谐的沟通场面立即被破坏，直到后面愈演愈烈，最终失控。因此，一个人的情绪状态会直接影响沟通效果。

第二个环节解读见识。在上一环节的视频中，我们发现每个人的成长过程中都会有很多印象深刻的生活经历。女方母亲用自己的亲身经历与男方母亲换位思考，并达到共情，使双方的情绪稳定下来，营造和谐的氛围，实现了良好的沟通效果。每个人的家庭环境、成长过程、学习内容、生活经验都各不相同，在双方的交流过程中，这些因素一方面会给对方带来新鲜感，另一方面可能也会造成双方之间的互不理解，所以要突破对他人的偏见就需要沟通双方的共情和换位思考。

第三个环节解读距离。在第一个环节的视频中，我们了解到女方母亲一接到电话，就叮嘱他们不要闹，等她回去再处理，并且说她马上就回去。她深知面对面的沟通可以更清楚地了解事情发展经过，这样才能更好地解决问题。不同的沟通场合会有不同的沟通效果。两个人面对面地沟通，可以听到对方说的话，看到对方的表情、肢体动作，感受到对方呼吸的节奏和情绪的平稳度等。而如果用电话沟通，只能听到对方的语音语调，而看不到对方的动作，往往有可能产生误解。

所以，有效沟通最终的结果指向是解决问题，这也是每个人沟通的主要目标。因此我们需要学习有效沟通的技巧，以提高沟通的效率。

5.4.3 第三单元　学习有效沟通的技巧

这个单元是进行有效沟通的训练部分，主要有观察、倾听和表达三个方面。

第一个环节学习观察技巧。播放电影《当幸福来敲门》中面试的片段，与学生分享观察到的内容。通常观察的要点首先是看肢体语言，其次是看情绪，主要是透过情绪看需求，捕捉对方的沟通习惯。

这里还会设置一个场景活动，让学生观察和识别不同人的行为风格。在计算机维修工接待客户的场景中，不同的客户会有不同的行为表现。学生作为接待人员可以通过观察识别客户的状态，然后从容应对。这里主要给学生介绍四种人的社会行事风格，然后引导学生学习与这四种人达到有效沟通的方法。需要注意的有三点：第一，了解这些不是去指点别人，而是互相配合；第二，不讲究太多的情绪关照，而是关注应该怎么办；第三，面对对方的不良情绪，不要放大它，而是引导对方，未来应该怎么做。在场景演练和分析中，学生会有很多观察的体验。

第二个环节学习倾听技巧。针对同一个信息，我们自己的状态决定了我们听到的内容。这里通过"教师说"的活动体验，让学生感受不同的语音、语调是如何影响倾听的内容实质的。然后请学生演练"嗯"的四种语气语调，理解不同的语气、语调的不同含义。教师再用不同的表达方式来说"你这次得了第一名",让学生倾听其言外之意。最后分享一个故事,这里讲一个关于深仔的案例。

一天课间,深仔走出课室,见文仔一人在走廊尽头,他过去拍文仔的肩膀。

深仔:"死仔,在这里玩深沉啊?"

文仔闷闷不乐:"昨晚玩游戏给我妈训了一顿。"

深仔一听,乐了:"你还怕你妈啊?我老妈就管不了我!你爸都跟人跑了,你不如也跑了算了,免得给人管住……"

话没说完,文仔一拳打过来:"我家的事用你来说……"

让学生思考案例中的文仔说了什么,他的言外之意是什么?深仔回应的意思是什么?

这个故事告诉我们,要学会倾听对方的需求。别人要的是安慰,不是刺激。即使是熟悉的人也需要感情的回应。

通过"倾听"实践体验和故事分享,总结倾听的三个注意事项。

第三个环节进行表达训练。表达不是"说",而是"怎么说对方才能听懂",针对表达的训练就是要强化这样的认识。首先,通过"我说你猜"的游戏来体验是很简便易行的。一个学生举起一个词,看到的人用肢体语言来表达,不能出声,直到这个学生猜到为止。在这个游戏中,学生会深切地体会到一些词自己明明已经用动作表达得很清楚了,但对方就是不理解。一旦如此,学生要么会自暴自弃,要么会互相埋怨,这些都是影响沟通的情绪表现。

其次,一个人在生活中肯定有想要称赞他人的时候,这种动机是善意的,但如何合乎人心地将赞美传达出去,让别人能接受,就需要我们提高自己的表达能力了。下面以在生活中如何赞美他人进行练习。

比如看到同事今天穿的衣服很有特色,想去赞美,于是脱口而出下面的话:

表达一:你今天咋穿这身呀?

表达二:你穿这个,让我眼前一亮。

表达三:你这身显得特别沉稳。

……

在练习中,学生的体验会被放大,他们的感受也会更深。

沟通的目的是要让听者听懂你的心里话,促使双方最终在感情和意见上达成一致,这就要通过"表达"来完成。能起到良好沟通效果的表达,应该注意以下内容:①使用最简单的语言传达信息;②表达出能为对方带来的好处;③识别对方需要知道的要点。那么学生要如何在校园学习期间提升沟通的能力呢?那就是在各种环境中多思考、多总结、多操练。职场上的沟通必然是人与人之间的行为,带着欣赏的眼光和宽容的心,一定会给沟通带来更多便捷。请记住,沟通只有一个目的——让听者听懂你的心里话。

5.5 专题核心理论解读

在日常的交往中,会有一些常见的沟通模式。比如一个谈话者兴冲冲地谈起自己的一项经历,另一个则会根据自己的经验进行理解并给予反馈。谈话者只是想说说自己的经历,并没有想到别人是不是对这个内容感兴趣;反馈者根据自己的感受进行评判和反馈,并没有真正地去听谈话者说的内容。双方都是站在自己的角度上,说自己想说的,听自己想听的,而忽略了与对方情感上的互动。最后则有可能从谈话内容上的不合拍,发展成对双方人品的评价和对关系的质疑,如图 5-2 所示。

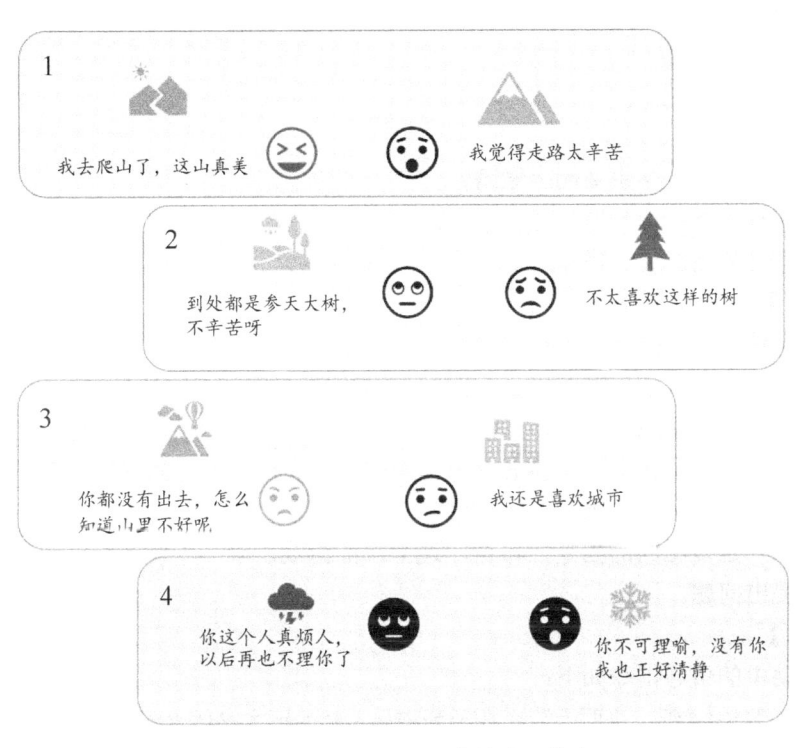

1	我去爬山了,这山真美	我觉得走路太辛苦
2	到处都是参天大树,不辛苦呀	不太喜欢这样的树
3	你都没有出去,怎么知道山里不好呢	我还是喜欢城市
4	你这个人真烦人,以后再也不理你了	你不可理喻,没有你我也正好清静

图 5-2 人们沟通中的常见模式

上述模式是一种很常见的沟通情形,如果要跳出这种双方都不愉快的沟通模式,就要从一开始就关注到对方。

5.6 经典活动解读

5.6.1 "撕纸游戏"活动解读

1. 活动背景与目标

通常学生会在沟通时认为,我这样说了对方应该就听明白了,或者我听到的这些就是对方的真实意思了。学生对影响沟通的要素了解不多。撕纸游戏可以让学生对沟通的预期效果和实际效果有一个真实体验。这是第一单元认识沟通和理解沟通内涵的重要环节。

2. 活动内容与操作步骤

【活动名称】 撕纸游戏。

【活动目的】 通过撕纸实践体验，让学生从看、听、说等方面（信息传递和反馈的过程）理解沟通的过程及其影响要素。

【活动时间】 15 分钟。

【活动道具】 A4 纸。

【活动规则】

（1）在体验过程中，学生要闭上眼睛；

（2）游戏全程中不许提问题；

（3）按照教师的指令进行操作。

【活动步骤】

步骤一：全体学生分别坐在自己的位置上；

步骤二：教师给每位学生发一张 A4 纸；

步骤三：教师发出游戏指令；

步骤四：请每位学生在全班面前展示自己撕的纸（会出现不同的形状）；

步骤五：教师给每位学生再发一张 A4 纸；

步骤六：教师重复相同的指令，再做一遍上次的游戏。唯一不同的是，这次学生睁着眼睛并且可以提出问题。

【活动口令】

教师在活动中的引导指令如下：

- 拿好自己的 A4 纸，桌面上清空杯子等物品，然后请大家闭上眼睛；
- 游戏全程中不许提问题；
- 按照老师口中叙述的动作进行操作；
- 首先，把纸对折，之后从纸的右上角撕下一个半径为 2 厘米的四分之一个圆形，把撕下来的部分放在桌面上；
- 第二次对折，之后依然从纸的右上角撕下一个直角边长为 2 厘米的等腰直角三角形，把撕下来的部分放在桌面上；
- 第三次对折，之后继续从纸的右上角撕下一个边长为 2 厘米的正方形，把撕下来的部分放在桌面上；
- 请大家睁开眼睛，把纸打开；
- 打开后先数一下撕下来的小件有多少片；
- 再打开手中的母件，看看形状，然后对比一下周围有多少人与你撕的一样；
- 思考一：为什么大家撕的不一样？
- 思考二：如果再撕一次，如何才能使大家撕得越来越一致？

3. 活动重点引导说明

要先问问是否有学生曾经做过这个游戏，然后示意学生安静下来。因为学生的安静程度会形成预期效果和现实效果的对比，活动结果会让学生有恍然大悟的感觉。所以，教师要引导学生一起做一个深呼吸，并要求学生闭上眼睛等。

现场的引导词："接下来我们要做一个会给大家带来很大惊喜的游戏，注意会有很大的惊喜哦！不过需要大家在游戏活动全程中闭上眼睛，如果中途睁开眼睛，这个惊喜就没有了。下面开始游戏体验，请大家闭上眼睛，游戏全程中不许提问题，按照老师口中叙述的动作进行操作……"

4. 活动中的学生表现与教师引导

"撕纸游戏"活动重点步骤中的学生表现与教师引导关键词如表 5-1 所示。

表 5-1 "撕纸游戏"活动重点步骤中的学生表现与教师引导关键词

活动步骤	活动要求	学生表现	教师引导关键词
步骤一	坐回位置	坐在自己位置上，有些好奇	教师介绍活动规则，提出要求，让大家安静下来
步骤二	发 A4 纸	有些学生拿着纸就开始折飞机；有些学生不拿着纸，就放在面前的桌子上；有些学生拿着左看右看还没动	同学们手上拿着刚发下的 A4 纸，先不要折，这张纸是代表最后收获的"大惊喜"哦
步骤三	发出游戏指令	大部分学生安静下来认真倾听，少部分学生闭眼的动作慢，感觉好玩、好奇，想看会发生什么，但随着口令慢慢都进入安静并配合的状态	认真才有所获
步骤四	睁开眼睛，把纸打开，展示自己的 A4 纸	打开的纸呈现各种各样的形状，被撕的口子有些在左上角，有些在右上角，有些在中间，撕下的纸片有大有小，形态各异。学生们开始互相找与自己一样的图形，感觉很惊讶	看到学生很热闹地交流自己的操作结果，教师说："看来大家都收获到'大惊喜'了。"
步骤五	再给学生发 A4 纸	有的学生拿到纸就习惯性地开始折，有的学生则观察身边的同学，看他们在做什么	这次大家拿到纸，动作跟上面的操作一样，不同的是这次要睁开眼睛，并且可以提问
步骤六	每位学生在全班面前展示自己撕的纸，相互交流游戏经验	拿着纸到处对比看，交流得很热闹	大家相互看一下结果，谈谈是如何产生这样的结果的

5. 针对学生表现，教师的引导方式

（1）第一次游戏，大家接受的指令是一样的，为什么会有这么多不同的结果？（很多学生会说第一次游戏，大家闭上眼睛操作，都是根据个人的理解做出来的，每个人对指令的理解是不一样的，从而会有很多不同的结果。）

（2）完成第二次游戏之后的结果又是怎样的？（很多人的结果相似度很高。）反馈在游戏中起到了什么作用？（提高对指令理解的准确度，大家通过提问，更加清楚教师表达的指令内容。）

（3）相同的游戏，为什么两次的结果会有如此大的差别呢？（因为有反馈，即同学们的提问和教师的解答。）

（4）通过这个游戏，你有什么样的感悟？（沟通中需要双方相互回应，说者表达内容要足够清晰，尽量避免让人误会，听者遇到理解不清楚的内容时要及时反馈和追问。）

5.6.2 "老师说"活动解读

1. 活动背景与目标

"老师说"的活动要在学习第三单元学习有效沟通的技巧时进行。

这也是第二次上课开始时进行的破冰活动，可以让学生先热热身，同时也让学生对自己的倾听状态有个体验。

教师在活动中通过不同的语音、语调来表述内容，让学生体会到在沟通过程中，倾听往往会受倾听习惯的影响而导致最终的判断不一样。在与他人沟通时所使用的沟通技巧要因人而异，更多时候要打破自身的倾听习惯来了解对方真正要谈的内容是什么。

2. 活动内容与操作步骤

【活动名称】"老师说"。

【活动目的】通过活动体验，让学生体会到在沟通过程中倾听的真正内容所受到的语音、语调的影响。学会在与他人沟通的过程中，关注对方的情绪，聆听对方真正要表达的内容，才能更好地与对方自如地交流。

【活动时间】10 分钟。

【活动道具】扑克牌。

【活动规则】

（1）一小组学生排成一队，两人之间间隔一臂距离；

（2）活动全程保持安静，专注听命令；

（3）在教师的指令中，带有"老师说"的指令有效，没有"老师说"直接发布的指令无效；

（4）听到教师的指令后并做相应动作，动作相反或者违规者将被淘汰；

（5）剩下的人数最多的组获胜。

【活动步骤】

步骤一：先介绍活动规则、活动步骤和获胜规则；

步骤二：让学生全体起立，每组学生排成一列纵队，人人保持间隔站好；

步骤三：在活动的全过程中不许提问题；

步骤四：按照教师口中叙述的指令动作：

- 老师说蹲下，老师说起立；
- 老师说立正，稍息；
- 举起右手，老师说举起双手；
- 老师说伸左腿，收回。

步骤五：违反规则的学生回座位就座，剩下的为优胜者。

步骤六：公布成绩：第一名奖励抽牌 3 张，第二名奖励抽牌 2 张，其余各奖励抽牌 1 张。

3. 活动重点引导说明

引导学生积极参与，增加体验感是活动的目的，所以要对学生进行动员和引导。比如说："同学们，我们来做一个热身活动，请大家跟着教师的口令进行操作，这个活动还可以锻炼同学们的专注度和反应能力，看哪一组反应能力是最好的，有奖励的哦……"这样设置可以让学生心怀期待地动起来，并调整好精神状态，更容易投入课堂学习。

4. 活动重点环节的学生表现

"老师说"活动重点步骤中的学生表现与教师引导关键词如表 5-2 所示。

表 5-2 "老师说"活动重点步骤中的学生表现与教师引导关键词

活动步骤	活动要求	学生表现	教师引导关键词
步骤一	每组站成一列纵队，且每人间隔一臂距离	基本上能站成一列纵队，但站队速度较慢，且有的人没有按要求的间隔距离站好	教师请各组同学站好队，并倒数 10 个数，在倒数结束前按要求站好的组给一次额外的抽牌奖励机会
步骤二	游戏全程不许说话	有些组员在交头接耳，会有一个逐渐安静的过程	提醒词：高素质（或者倒数 321）
步骤三	教师发布口令	学生认真听并操作，做错的学生会按要求到指定位置就座	教师提示："游戏开始了，大家准备好了吗？"
步骤四	公布成绩，颁发奖励	学生抽牌很开心	表扬得第一名的组："你们组好厉害，都很专注啊。"然后对抽牌的同学说："你们组的命运就在你的手中哦！"

5. 针对学生表现，教师的引导方式

（1）教师用倒数 10 个数的方式促使学生尽快站好队，并给予在倒数结束前按要求站好的组一次额外的抽牌奖励机会。

（2）教师要先提前说清楚，出错的学生要到指定的地方就座，并跟教师一起观察其他同学的操作；然后在学生进行两个口令后，提醒学生，要注意游戏规则有"老师说"口令才有效，请各位同学认真听哦，第二、四个口令的出错率会有所减少。

（3）教师可以称赞得第一名的小组学生反应能力强、专注度高，甚至之前在其他班级做这个活动时，到活动最后，人数都没有他们组剩下的多。然后请大家思考，在进行这个活动的过程中，有些学生很快就被淘汰了，除了不专心听还有其他原因吗？

6. 引导风险点预告

（1）有些时候学生不愿意出来站队，教师可以这样说："请各组同学站好队，老师会倒数 10 个数，在倒数结束前按要求站好的组给予一次额外的抽牌奖励机会。"

（2）教师描述指令的语速要逐渐加快，否则对学生来说就缺乏了挑战性，且描述的音调要有所不同，让学生能够体会倾听其中的语音、语调。

（3）教师在描述指令前要强调，根据指令做动作时要迅速，慢者无效。

（4）被淘汰的学生也要受到尊重，安排他们到指定位置就座，以免场面混乱。比如说"请做错的同学到这边来，我们一起监督下面进行活动的同学"。

5.7 思考题

（1）一个朋友，从农村来到城市，通过不断努力发展得很好，在这里安家立业，娶妻生子。有一次父亲生病了，于是他把父亲接过来到医院做了检查，医生说需要做个手术。父亲怕儿子花钱，说什么也不同意，这应该怎么沟通呢？

（2）在外企任职的 Sophie 产后休息了 6 个月后重返工作岗位，但在年终的绩效考评中，她的评分比往年低了不少。当她和自己的老板面谈时，老板直截了当地说："因为你休了产假，所以今年的表现不及往年，给你这样的一个评分并不为过。"Sophie 听完之后心里很不是滋味，一下子就没有工作积极性了，不久后便另谋高就。这位老板应如何回答，该员工才不会辞职呢？

（3）小贾是公司销售部的一名员工，为人比较随和，不喜争执，和同事的关系相处得都比较好。但是，前一段时间，不知道为什么，同一部门的小李老是处处和他过不去，有时候还故意在别人面前指桑骂槐；合作中，故意让小贾多干活儿，甚至还抢了小贾的好几个老客户。起初，小贾觉得都是同事，没什么大不了的，忍一忍就算了。但是，看到小李如此嚣张，小贾一赌气，告到了经理那儿。经理把小李批评了一通，从此，小贾和小李成了真的冤家了。小贾如何做才不会跟同事成为冤家呢？

5.8 拓展学习资源推荐

1. 电视连续剧：《火蓝刀锋》

推荐理由：《火蓝刀锋》是一部有关部队生活的电视连续剧。在部队生活的战士，很少有时间深入交谈，但在执行任务过程中除了用武力解决，有时还需要运用智慧来协商解决问题。剧中部队向村民租地作训练场的情节可以作为学生学习沟通技巧的素材。

2. 电影：《当幸福来敲门》

推荐理由：这是一部取材于美国黑人投资专家克里斯真实的奋斗故事的电影。克里斯·加纳（威尔·史密斯饰演）是一个聪明的推销员。他生活窘迫，妻子离开了他。他和 5 岁的儿子克里斯托夫相依为命，事业失败穷途潦倒。但他一直坚信：只要今天够努力，幸福明天就会来临！在他获得一个面试机会的时候，却发生了一个意外——他因欠款被抓进警察局。第二天早晨，他终于被释放，他出来的第一件事就是跑向面试地点。这将是一个什么样的面试呢？让学生学习克里斯·加纳如何应用沟通技巧灵活应对面试官。

第6章 团队合作

6.1 案例导读

洪水中的蚂蚁

在自然界中,洪水往往是动物最大的敌人。它威力强大,所到之处的很多动物都会被淹死,但蚂蚁总能逃过一劫。蚂蚁家族分工明确,各司其职:蚁后负责产卵,工蚁负责日常供给,兵蚁保卫家族。当洪水要到来的时候,兵蚁探测到水位越来越高,有可能淹没蚁穴,就会马上发出紧急撤离信号。于是,蚁群就会按照分工有条不紊地开始撤离。有的保护蚁后,有的扛走幼卵。洪水一旦淹没蚁穴,所有蚂蚁都会以蚁后为中心紧紧地围成一个蚁球漂浮在水面上。落单的蚂蚁最后不是被淹死就是成为其他动物的午餐,而蚁球中的蚂蚁漂到高地后又能继续繁衍生息。

【思考题】
(1) 看起来很渺小的蚂蚁,面对洪水灾害,是用什么办法来繁衍生息的?
(2) 这种做法给我们的启示是什么?

【课程导语】
从这个故事中我们可以看到,蚂蚁很渺小,面对汹涌的洪水单只蚂蚁几乎没有生存的希望,可是一大群蚂蚁抱团,依靠集体的力量就能生存下来。我们人类何尝不是这样子?俗话说:"人心齐,泰山移。"一个人的力量是有限的,而集体的力量是无穷的。

一个团队不仅强调个人的工作成果,更强调团队的整体业绩。团队中的每个人都扮演好自己在团队中的角色,就会形成和谐有序的状态。团队中的每个人都坦诚相待、互相学习、取长补短,不仅会使团队的力量更强大,个人的能力和潜力也会慢慢得到提升。如何找准自己的定位融入团队,如何与伙伴配合做事,如何扮演好个人在团队中的角色,是本章课程讨论的重点。

6.2 专题定位与核心理念解读

随着社会的发展和技术进步，社会分工越来越细。社会经济的整体运行需要工业、农业及各类服务业的分工与协作；一个行业中的企业会有上下游的原材料生产、加工制造、市场销售、物流运输等产业分工；一个企业内部也包括财务、技术、市场、销售、物流、服务等多个部门。一个职场人的工作也许是某个行业中某个企业某个部门的某个岗位，我们要完成企业发展的总目标就需要与其他同事密切合作。企业中各个工作事项的顺利完成，需要多个员工对目标有统一的认识，遵循一定流程和规则。只有各岗位的人明确理解本岗位的职责，主动与上下游岗位进行配合，掌握具体的技能，才能形成有效生产力。

通常人力资源部门对企业中每个岗位的职责都会有明确的界定与说明，而一个职场人要完成工作目标，仅了解自己的岗位职责是远远不够的。岗位职责说明是对一个岗位工作内容的概述，而在现实工作中，相关的岗位之间一定会有一些岗位职责未能详细描述的中间地带。这就需要相关人员有团队合作精神，以保障业务目标达成为前提，主动承担，互相支持。企业需要的团队精神，是员工能以工作大局为重，有很强的学习能力，能快速掌握岗位所需要的工作能力，不过分强调自己的作用，而是与大家一起完成任务。

进入职业学校后，学生的学习和生活环境发生了变化。自己成为准职场人，离开父母开始了住校生活，学习的内容是专业知识和技能。能否快速融入新的班级和新的环境，在团队中找到自己的位置和角色，是学生融入社会做人做事的基础能力。这个年龄段的学生认为"我是大人"了，已经开始有了自己的独立意识。在新的集体生活中，如何融入宿舍和班级，如何对待与自己生活习惯、个性特征不一样的同学，如何与这些人相处并能一同做事，如何确定自己在团队中的位置等，都是学生所面对的现实问题。

"一个受同学欢迎的学生"和"一个受同事信任的职业人"，两者之间有很多素质是相通的。比如，对人友善、对他人包容、对事情负责、对自己严格要求等。要做到这些不是一两天就能达成的，需要学生自己与所处的团队有一定的认知和行动。这些内容是学生可以通过宿舍相处、班级活动、学生社团等去体验、尝试和锻炼的。积极参与校内的各项活动，扮演好自己的角色，发挥自己的能力，学生对于团队感、合群性就可以慢慢找到感觉。

"团队合作"专题课程是职业素养课程一年级阶段的最后一个专题课程，重在培养学生认识、适应团队生活的意识和技能。一年级学生应以认识自己为行动的起点，以融入团队为行动的方向，去完成职业素养中基本素养的基础训练。扮演好自己的角色，在行动中找到自己成长以及与团队成员共建共赢的方法。

"团队合作"专题的核心理念是"要么做好老大，要么做好随从，扮演好自己的角色"。团队合作的关键在于"合"，优秀的团队都是"合"得非常默契的，无论是思想还是行动上都能达到几乎一致的状态。这种状态的获得要以明确的团队目标为前提，以准确定位自己的团队角色为基础。让团队的各个成员在自己的岗位上，尽管位置不同、责任不同，但都能扮演好自己的角色，并保持目标相同，达到"合"的状态。"团队合作"专题课程让一年级的学生了解每个人都会在不同的团队中，认清自己在不同团队中的角色，想办法扮演好自己的角色，这是让自己与团队达到"合"的状态的前提。

6.3 专题目标解读

本专题课程通过社会、企业、校园的多种案例以及"团队组建与呈现""建基站"等活动，引导学生理解团队和群体的区别以及个人与集体的关系；了解融入团队的步骤和要求，寻找自己在团队中的角色与定位，体验与别人一同做事的注意事项，从而建立起团队意识和合作能力，产生符合团队精神的行为，扮演好自己的角色。

本专题课程的最终目标是让学生建立起团队意识和合作能力，产生符合团队精神的行为，扮演好自己的角色。团队是由一群有不同专长的人构成的，只有整体配合起来，才能发挥出团队的最大力量。每个人都应该明确自己在团队当中应该扮演一个什么样的角色，有什么样的责任和义务，在这个团队中究竟能够起到多大的作用，每个人的行为也都应该与自己所属的角色相匹配，否则会大大削弱团队的战斗力。每个人从小到大都是在不同的人群中成长的，学着融入人群，获得信任和认可，承担自己应有的责任，做自己该做的事，而不是做自己想做的事。职业院校的学生处在即将进入职场的准备阶段，需要储备好职业素养综合能力。能不能很快地融入团队，和别人合作把事情做好，正是职场人重要的基础能力之一。

6.4 专题内容解读

本专题共分三个单元，每个单元 2 课时，共计 6 课时。这三个单元的内容如图 6-1 所示。

```
第一单元  团队的认知与理解
 · 理解团队和优秀团队的五要素

第二单元  如何融入团队
 · 对自己在团队中的角色有个基本认知，扮演好自己的角色

第三单元  职场中的团队特质与融入团队能力的建议
 · 比对职场的要求找差距，从行动中找方法
```

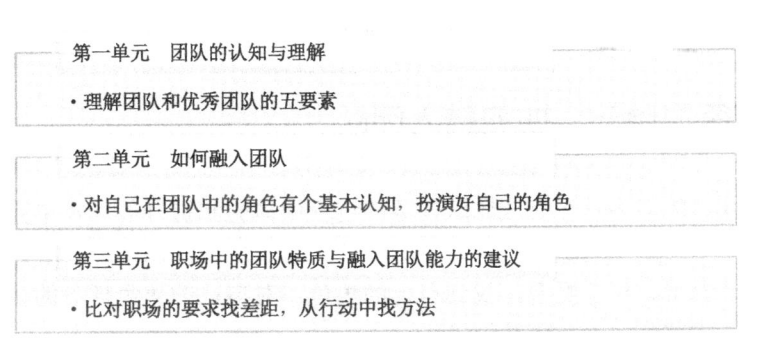

图 6-1 "团队合作"课程框架内容

在课程形式上，不仅仅是通过教师的讲解，让学生知道团队的内容、成长周期，更要通过参与具体的活动，使学生们先在所在小组和班集体实现认知与融入，然后与校园形成

认知与融入，进而追求必要的共处与融合。团队合作是职场人必备的技能，现代社会分工越来越明确，完成一件事情通常需要人们进行有效的协作。在本专题的课程中我们将通过案例和大量的活动来让大家理解什么是优秀的团队，学习如何找准自己的角色去融入团队。希望学生能主动地参与进来，积极思考与分享，让团队合作的思维融入你的日常行动中。

6.4.1 第一单元　团队的认知与理解

什么是团队呢？认识团队的重要性是融入团队的前提。在上本单元的第一课时，会通过"团队组建与呈现"活动环节，让学生体会团队组建过程，讲解优秀团队的基本要素，让学生体会五要素之间的紧密联系，对团队的概念有基本的了解。本单元由五个环节组成。

第一个环节是案例解读。当一只蚂蚁遇到危险的时候，它是很弱小的，几乎没有战胜危险的能力，而当蚂蚁团结起来，抱团一起面对危险时，族群生存下来的概率就大得多。通过该案例引导学生思考团结的力量和团队的作用，引出团队合作的主题。

第二个环节是图片对比。通过观察"普通人群"和"军人队列"两张图片，对比两张图片的不同点，说出自己的感受，让同学们对团队有个直观的认识。在此环节中，同学们应该都能感受到普通人群与军人队列的区别，如整齐度、气势、整体性等，毫无疑问军人队列是我们更希望的团队的样子。此时需要提醒学生，我们看到的军人确实是一个优秀的团队，可这张图片只是优秀团队呈现的外在形象。试想一下，如果我们是这个团队中的一分子，如何行动才能帮助这个团队实现如此优秀的效果？教师要引导学生从自己成长的角度进行思考。

第三个环节是"团队组建与呈现"活动体验。通过活动让学生们思考和理解成功团队的五个要素。具体活动规则和流程可见第6.6节"经典活动解读"。

第四个环节是活动分享。请各组同学们思考在刚刚的"团队组建与呈现"活动中，自己的小组是如何体现成功团队五要素的。成功团队五要素的具体内容教师可以一一细讲，也可以穿插到每一个活动中讲解。

第五个环节是教师总结。该环节教师除了总结以上课程内容外，还可以表扬表现好的小组，并简单说明成功团队五要素是如何在该小组中体现出来的，加深大家对团队的理解。

6.4.2 第二单元　如何融入团队

学生融入团队的能力是在完成团队任务的过程中体验和提升的。本单元在"建基站"的小组团队活动中加入"团队角色探寻"的环节，让学生在活动中体会融入团队的做法和事件，包括团队分工、相互配合，找到自己的角色，对自己的角色任务的认识，把事情做到位的方法等。本部分由五个环节构成。

第一个环节讲解塔克曼团队发展模型，详见第6.5节"专题核心理论解读"，让学生理解团队发展的状态，为找准自己的角色做好准备。讲解该发展模型的时候，也要介绍清楚本模型的局限性，比如团队发展的轨迹有可能是跳跃的，也有可能是循环的，避免学生进入直线思维的误区。

第二个环节是小组团队活动——"建基站"。这是一个大型的演练活动，持续时间长，我们要求每个学生都要参与。在完成小组任务的过程中，让学生体会自己与小组成员互相配合、协作的种种表现（具体操作见本章"经典活动解读"部分）。

第三个环节是小组代表分享及教师点评。小组分享时会关注"小组成果是如何达成的""成员意见不统一时，是如何沟通的""小组成员是如何找到最近的工作方法的"等问题。教师也会在事项总结中做引导，让学生开始关注小组其他成员的贡献。

第四个环节是分享团队中的角色概念。此环节教师可以直接把团队中所有角色的特点和行为都呈现出来，目的是让学生明白每个团队角色的特点与作用，思考自己在本团队中所担当的角色。在授课时教师要强调在团队中一个人可能担任不同的甚至多个角色，而且有时个人的角色是动态变化的。

第五个环节是教师提出更高要求的"建基站"挑战，请同学们落实并思考如何应对。在面对更高团队目标的时候，正是进一步考察各团队之间合作能力的时候。

6.4.3 第三单元 职场中的团队特质与融入团队能力的建议

本单元的主要目标是对接企业要求，通过案例介绍职场中团队的特质以及融入团队的能力建议，让学生找到适合自己的融入团队的办法。本单元由五个环节构成。

第一个环节播放短片《阅兵式》，让学生直观地体会"团队就是一个都不能少"，每个人都是不可替代的。失败是团队的失败，成功是团队的成功，一个人的失败就可能导致团队的失败，所有人的成功才会让团队成功。

第二个环节是职场"雷区"讲解。我们把那些不符合团队发展需要的个性化的观念或做法称为职场雷区，主要是三方面，即"量天尺""单一面""一根筋"。这几个现象都是以个人的标准、个人的原则和个人的利益为出发点评价外界，显示自己水平的做法。这些做法一定是不符合团队整体和长远发展需要的。这是阻碍个人成长的误区，是影响团队发展的雷区，应早日识别或避免。

第三个环节是融入团队的建议。走出个人认知的误区，绕开职场的雷区，以团队发展为目标，融入团队，这是一个成员自我完善的过程。这里列举了五方面的建议，包括"先握手""再加入""找位置""起作用""真融入"等。这是一个团队成员轻松融入团队的切入点。

第四个环节是讨论"你最喜欢和什么样的人交往"。这里要求学生尽可能多地列举，比如开朗的，大方的，等等。限时3分钟，列举数量较多者为胜。之后将这些特征进行汇总，重复的不计入结果，看最后真正合格的数量。设置这个环节的目的是让大家反思"我们有没有像要求别人那样要求自己"，这也是在拓展学生的视野，让他们换一个角度看自己、看团队。

第五个环节进行"信任坐"游戏并总结。以小组为单位，轮流上场，以坚持的时间长短作为胜负标准。游戏结束后，请大家思考自己的心理变化并进行分享。

作为一个团队，目标一致、行动一致、相互信任、各尽其责才可以获得成功。作为团队成员，扮演好自己的角色与别人一起做事，承担自己的责任，才能真正地融入团队。融入团队，要么做好领导，要么做好随从，要做好自己的本分，做好自己的角色。

6.5 专题核心理论解读

1. 团队组建模型：从我到我们

如图 6-2 所示，这是成功组建"从我到我们"的团队形成模型，在团队合作的第一部分即团队的认知与理解中使用。

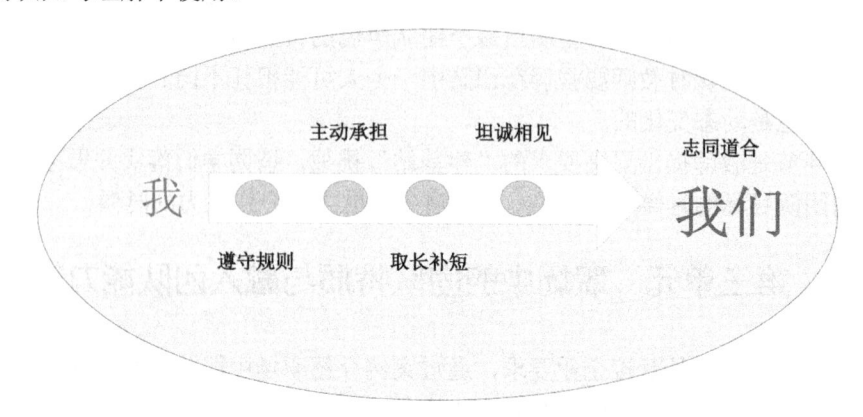

图 6-2 "从我到我们"的团队组建模型

这个模型的结构是从我到我们的团队形成过程，每一个团队成员都要遵守规则、主动承担、取长补短、坦诚相见，最终志同道合达成目标，形成一个团队，成为"我们"。

在"团队组建与呈现"活动中，学生在小组分享时会有一些对团队的感悟和总结，他们亲身体验后的认知与理解，都会与这个模型中的五个要素相关。在学生分享总结后，教师再展示这个模型，会让学生们更加直观地认识到成功团队的构成要素以及这五个要素在成功团队中的位置。

2. 塔克曼团队发展模型[①]

如图 6-3 所示，这个模型是塔克曼团队发展模型，该模型由布鲁斯·塔克曼提出，并认为每个团队的发展必须经历这五个阶段。

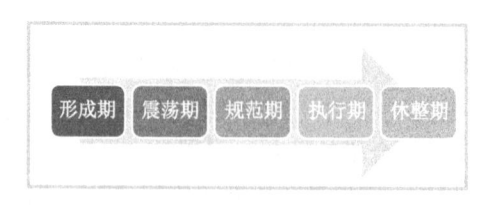

图 6-3 塔克曼团队发展模型

（1）形成期。

团队形成期的主要特点是团队成员相互认识，制订共同的目标和分工标准，确定团队

---

① 这是布鲁斯·塔克曼在 1965 年发表的文章《小型团队的发展序列》中所提及的，后经完善而成。该模型对后来的组织发展理论产生了深远的影响。

成员之间的关系。该阶段团队成员之间的关系还不是很稳定，所以要进行多方面的沟通，尽快让团队稳定下来。

（2）震荡期。

团队成立以后，团队成员们经历过了最初的新鲜感，在相互磨合的过程中会于某个时期集中出现各种矛盾，这是震荡期的特点。这时，团队成员要学会相互包容和理解，找到自己的角色，摆正自己的位置，为了共同的目标，做好自己的工作。

（3）规范期。

该时期的团队已经形成了自己的规范和规则，团队成员相处默契，团队运转流畅，成员积极性高。这时团队成员要利用好这种稳定默契的发展势头，充分利用团队的力量和智慧尽快达成团队目标，同时也要抓住这样的机会让自己与团队一起迅速成长。

（4）执行期。

该时期团队运作十分流畅，宛如一个整体，工作效率极高，成员之间的默契也达到了顶峰，基本能够按规则自己运转，摆脱对领导的依赖。这时，团队成员要珍惜和保持这种氛围，不要做破坏氛围的事情。

（5）休整期。

当一项任务完成了，或者某些团队成员的目标开始不一致了，团队就会慢慢进入休整期。该时期团队成员要多进行反思和总结，学习更多的新知识和技能，为自己以后的发展做好充分的准备。

每个学生都希望自己所在的团队有凝聚力和影响力，也希望通过自己的努力为团队做一些事情。这个模型可以帮助学生认清团队发展的各个阶段，了解每个阶段团队成员的行动重点，同时确立团队现阶段行动的重点。

6.6 经典活动解读

6.6.1 "团队组建与呈现"活动解读

1. 活动背景与目标

"团队组建与呈现"活动是职业素养课中很常见的活动，在之前几个专题的学习中都有所接触，学生对此并不陌生。与前面的专题课程相比，本专题涉及的团队组建与呈现更关注团队本身，侧重引导学生思考成功团队五要素的内涵。

2. 活动内容与操作步骤

【活动名称】团队组建与呈现。

【活动目的】

（1）调动场上气氛，增强班级凝聚力。

（2）通过教师引导，让学生们对成功团队五要素有初步了解。

【活动时间】30 分钟。

【活动道具】大白纸、彩色笔、录像机或带录像功能的手机。

【活动规则】

（1）活动的团队任务是在组长的带领下规划自己小组的队名、队标、队歌和口号等元素，用大白纸记录下来。

（2）活动评分标准如表 6-1 所示。

表 6-1 "团队组建与呈现"活动评分标准

内 容	要 求	分 值
队名	队名符合团队特点，意义积极向上	10
口号	队名朗朗上口，易记，节奏感强	10
队标	设计合理，能体现团队特点	10
列队	队形整齐规范	20
队歌	内容健康，表演得当	20
队长	组织得当，正气，声音洪亮	15
队员	服从指挥，大方得体，声音洪亮	15

【活动步骤】

步骤一：教师说明活动规则，各小组以组为单位组建团队，在组长的带领下完成团队任务，之后选派代表准备分享。

步骤二：通过抽签，确定各团队呈现的出场顺序。

步骤三：各团队进行展示，教师安排学生对展示过程进行录像。

步骤四：各小组思考并回答以下问题，把关键词写在大白纸上，请一名队员进行分享。

① 在团队呈现的环节中，各位成员的表现如何？

② 他们都贡献了什么？

③ 遇到了什么问题？又是如何解决的？

④ 当成员之间有什么地方意见不合时，是如何处理的？

步骤五：教师对活动进行点评和总结，公布成绩，播放成功团队的录像。

3. 活动重点说明

团队组建与呈现活动考验的是教师的控场能力，所以教师要把握好几个关键点进行引导。第一，必须讲清楚活动规则，特别是要保证组长听明白；第二，要鼓励每个小组进行列队和口号的练习，增强他们呈现的信心；第三，在引导学生思考团队五要素的时候要有针对性，主要提问表现好的小组，问题包括你们组是谁负责分配任务的，是谁制订团队呈现方案的，各人的分工是怎样的，是如何让大家团结在一起的，有没有意见不统一的，又是如何处理的，等等。

（1）进入活动之前，要提醒学生注意体验，每个小组到底是像"人群"还是更像"团队"，引导学生像军人一样展现出集体的力量和团队的气势。

（2）在介绍规则之前请同学们思考"比赛如何才能区分胜负"，随之引导出规则概念，这也是成功团队五要素之一。

（3）没有在步骤四马上公布活动成绩，而是在步骤五公布，是希望学生们做更深入的思考和回答更多问题。表现好的团队也可以相应加分，教师可以自己把握。

（4）教师点评和总结时一定要紧紧围绕与成功团队五要素相关的关键词，特别是对呈现表现出色的团队要加强引导，让他们总结出成功团队五要素。

4. 活动中的学生表现与教师引导

"团队组建与呈现"活动重点步骤中的学生表现与教师引导关键词如表 6-2 所示。

表 6-2 "团队组建与呈现"活动重点步骤中的学生表现与教师引导关键词

活动步骤	活动要求	学生表现	教师引导关键词
步骤一	组建团队	活跃、有点乱、出现不恰当的队名	正能量，组长负责组织
步骤二	抽出场顺序	担心第一个出场，有学生显得紧张	教师会对第一个出场的团队进行重点辅导
步骤三	团队展示、录像	面对录像机放不开，对录像敏感	用教师的手机录，不外传
步骤四	思考、回答问题	随意、词不达意	引导学生讲事实，分析做法
步骤五	教师点评，播放录像	兴奋，有感悟	安静，虚心听讲

5. 活动中学生表现的详细说明

步骤一：组建团队的时候，学生经常会比较激动和活跃，特别是男生班，甚至会让人感觉有点乱。他们通常是带着娱乐与玩耍的心态去开展活动的，所以经常会起一些不太恰当的队名或口号。为了避免这种情况出现，教师在说明活动规则时，就必须特别强调内容"积极健康"的重要性，并要求组长负责把关。

步骤二：很多时候，学生对于第一个出场会比较担心，其实他们只是不知道该如何做才是符合要求的，都希望先看看别人是怎么呈现的，所以都不太愿意第一个出场。我们可以向学生说明，第一个出场的团队会得到教师最多的支持和帮助，要让学生感觉有能力和信心去做好这件事。

步骤三：团队展示的时候经常会有学生表现得放不开，例如目光不敢看同学、低着头、肢体表现不自然、声音小等；有些学生也会对录像比较敏感，对镜头比较抵触。这就要求教师在团队展示前必须把规则目的讲解到位。可以引导说："展示时应该有什么样的精神气？要像我们看到的军队图片那样！课堂录像只是为了记录和展示优秀团队的风采，只用于本班教学，大家可以放心。"

步骤四：由于很多学生表达能力偏弱，回答问题过程中难免会有点随意，甚至词不达意。教师引导的时候可以让学生从讲清事实与具体做法开始，让他们打开了思路后再分享个人感受。

步骤五：教师点评的时候会播放录像。很多学生看到自己和别人的表现时会有点兴奋，并指手画脚，这时教师就要控制住场面。可以在播放前就提醒学生，不用过于兴奋，安静下来感受自己和别人的表现，这也是对别人的尊重。点评时要结合步骤四中学生的思考，引导学生说出成功团队的五要素。越成功的团队这五要素会表现得越明显，以这次活动中表现好的团队来印证，会更有说服力。

6.6.2 "建基站"活动解读

1. 活动背景与目标

"建基站"活动是团队合作专题中第二单元学习的主要活动。当前学生对团队的认识还是停留在理论层面，教师需要用一到两个具体的团队活动来给学生体验的机会，完成理论认识到实践体会的转变。一次真实的团队活动比完整的理论讲授还要重要。

2. 活动内容与操作步骤

【活动名称】建基站。

【活动目的】让学生在活动中更加深刻地理解成功团队的五要素和融入团队的技巧，发挥团队的创新力；让学生们认识到团队中的每个人都要积极参与和做好自己角色的重要性。

【活动时间】60 分钟。

【活动道具】扑克牌。

【活动规则】

（1）在 30 分钟时间内，各小组使用一副扑克牌完成建基站的任务，基站的形状不限。

（2）团队所有成员都必须参与，并进行角色分配。活动评分标准如表 6-3 所示。

表 6-3 "建基站"活动评分标准

角 色	角 色 任 务
激励者（队长）	弄清小组工作的总目标，不断地鼓励队员快速地工作
创意者（队员）	发挥自己的奇思妙想为完成任务出主意、想办法
保守者（队员）	严格按照任务要求去做，一丝不苟
批评者（队员）	按照较高的标准，对各项任务做出评价
观察者（队员）	对其他小组和本小组的工作流程进行观察比较，提出建议

（3）扑克牌可以折弯，任意变形，但不可以使用其他辅助工具。

（4）基站建好以后，要取一个基站名。在一定的震动下，能保持 30 秒不倒，同时基站高度最高的小组胜利。

【活动步骤】

步骤一：教师宣布规则和发放材料。给每个小组发放一盒扑克牌，并要求他们在 30 分钟内完成建基站的任务，并为"基站"命名。

步骤二：各小组团队讨论建造方案，开始建基站。

步骤三：教师用皮尺测量各小组建好的基站高度，并登记在黑板上，确定最终获胜组。

步骤四：各小组团队推荐一名代表与全班交流，介绍本组的基站名称和设计创意，详细分享建造方案是如何商定的，是否所有队员都有参与，参与程度如何，团队分工是怎样的，每个人在做好自己角色方面的细节等。

步骤五：在各小组分享的基础上，归纳各组的良好做法，并对应到优秀团队应具备的特点上。

3. 活动重点说明

在本活动中，教师要以鼓励学生主动参与活动为主，并强调每个队员都是团队重要的一分子，一个都不能少；每个队员都应该主动找到自己在团队中的角色和位置，并做好自己的角色应该做的工作；要么做好领导，要么做好下属，总之都要做好自己的工作；无论在什么情况下，进行正常讨论时要对事不对人，这是融入团队的基本素养；成功是团队的成功，荣誉是团队共享的，失败是团队的失败，责任应该由整个团队承担。

（1）每个小组建设的"基站"形态各不相同，方法迥异，体现了学生们的非凡创意，要对这一点给予充分的肯定。

（2）每个小组在建基站的过程中是怎样分工的，听取了谁的意见，采纳了谁的计划，是否有领导者。有些小组有分工合理，工作开展有条不紊；有些小组急于求成，任务分工不明，组织混乱，意见不统一，影响了进度。因此，团队要有规则。

（3）在活动中，一些小组的组员能全身心地投入到基站的建设中，每个人都建言献策，为实现团队统一的目标而努力。所以，团队成员要团结一致，团队目标要统一。

（4）在建基站的过程中，有些队员提出了自己的看法和想法，有些队员反对，有些队员赞同，在最终达成一致意见的过程中，沟通非常重要。在沟通中，队员之间要学会相互尊重，谨慎谦虚，要客观地思考和看待队友的建议。对正确的建议要积极采纳，对错误的或不合理的建议要坚决舍弃，不能为了面子坚持己见或一意孤行。

（5）在一些小组中，有的队员由于一时大意碰倒了基站，或者因为自己的原因令小组没有按计划完成建基站的任务而懊恼不已，说明他们有强烈的团队荣誉感和团队责任心。

（6）在建基站的过程中，有些小组成员会看看其他组的情况，并适当地采纳其他组的建设方案。说明这些小组成员有学习意识。

（7）在建基站的过程中，大家会发现，一开始的方法对了，后面的工作就会简单许多；一开始的方法错了，后面的工作会越来越难。所以，是否运用合理的工作方法对一个团队能否更好地实现团队目标显得尤为重要。

4. 活动重点步骤中的学生表现与教师引导

"建基站"活动重点步骤中的学生表现与教师引导关键词，如表6-4所示。

表6-4 "建基站"活动重点步骤的学生表现与教师引导关键词

活动步骤	活动要求	学生表现	教师引导关键词
步骤一	全组都要参与	有些同学不参与	全员参与，每人都应该找到自己的角色
步骤二	讨论建造方案，开始建基站	① 有些小组意见统一，目标清晰，很快达成共识，齐心协力开始建基站； ② 有些小组不讨论，少数同学参与，没有方案没有分工就开始建基站； ③ 有些小组讨论激烈，可是方案迟迟不能统一，建造进度很慢	教师只做观察和记录，不引导，等到活动最后再统一点评和引导
步骤三	教师测量各组基站的高度	① 着急，希望教师快点给他们的基站测量； ② 相互埋怨，抱怨基站建得不理想	尽量公平，复盘时对事不对人

(续表)

活动步骤	活动要求	学生表现	教师引导关键词
步骤四	学生分享	① 好的团队分享到位、合理； ② 落后的团队分享的内容单薄、可信度差	不点评学生分享的内容，客观表扬学生分享的勇气
步骤五	教师点评	（略）	积极参与、做好自己的角色

5. 活动中学生表现的详细说明

步骤一：建基站活动是考验团队智慧和耐心的活动。既然是一个团队，活动必须大家一起参与，一个都不能少。而实际情况经常有部分学生不太愿意参与，那么教师就要进行干预，强调融入团队的重要性。每名队员都应该学会找到自己的角色和位置，不能游离于团队之外。

步骤二：建基站活动中，建造方案决定了建造结果，只有好的方案才可能建出好的基站。在此步骤中，有些小组意见统一，目标清晰，很快达成共识，齐心协力开始建基站；有些小组不讨论，少数同学参与，没有方案没有分工就开始建基站；有些小组讨论激烈，可是方案迟迟不能统一，建造进度很慢；还有些小组一边建一边修改方案，有点"摸着石头过河"的感觉。以上这些都是正常现象，教师只要控制好现场，不要让学生出现过激的行为就可以了，还要观察记录下每个小组的表现，到最后点评。

步骤三：当完成建基站任务时，有些团队建的基站并不牢固，队员们都想让教师第一时间给他们测量，否则就有可能还没测量基站就自行倒了，所以部分学生会着急；有些基站根本没建成，规定的时间就到了，队员们会相互埋怨，有些会说队友的方案不好，有些会说队友的零件没有做好。这时教师要尽量快速地测量各小组的基站，同时也做好控场。在表扬学生们积极讨论的同时，也要让大家在复盘的时候做到对事不对人，强调任务没有完成并不是一个人的失败，而是团队整体的失败，责任也不应该仅仅由一个人来负责，而是应该由全队一起负责。当然有过错的队员也应该主动出来承担责任，做一个有担当的队员，这样才可以使团队和个人都获得进步。

步骤四：学生在分享环节除了要介绍"基站"名和设计创意外，还要分享他们的建造方案是如何商定的，是否所有队员都有参与，参与程度如何；团队分工是怎样的，大家是否都有做好自己的角色等。通常优秀团队都能够正面地回答，逻辑性也强，可信度高；落后的团队往往知道自己没有做好，所以他们回答这些问题的时候是没有自信的。这时，不管学生分享的内容质量如何，教师只管点头示意，同时从学习态度和勇气等方面表扬每个出来分享的学生。

步骤五：该步骤为教师点评，这时学生最想听教师的分享，教师可以从观察员的角度去评点。当团队接到建基站的任务时，制订方案的环节很重要，很多团队都在这个环节上出了问题，有些统一不了意见，有些方案的方向错了，有些根本没有方案等。好的团队讨论方案时都是全员积极参与，尽量多角度多维度地商量出最好的方案；接下来就是任务分配，每个人都要根据自己的特长主动承接任务分工；在建造环节，也就是方案执行环节，大家要根据分工做好自己的那一部分，在方案没有更改之前，严格按方案来执行。好的团队表现出来的团队意识和素养是很值得我们学习的。

6.6.3 "团队角色探寻"活动解读

1. 活动背景与目标

"团队角色探寻"活动是团队合作专题第二阶段课程的重点活动,是建基站活动的后续、延伸和深化。学生通过建基站活动亲身体验了团队合作的过程,根据教师的要求,每个学生都尝试感受了自己在团队中的位置与角色,并贡献了自己的力量。

2. 活动内容与操作步骤

【活动名称】团队角色探寻。
【活动目的】继续深化学生们对团队角色的认识,通过介绍团队中不同角色的特点和状态,结合建基站活动分析自己在团队中的角色。
【活动时间】15 分钟。
【活动道具】小卡片。
【活动规则】
（1）在活动进行过程中,全部同学应该保持安定、思考的状态,尽量不交流。
（2）每个同学根据自己在建基站活动中的表现,分析自己在团队中的角色（可以有多个）,写在小卡片上并反扣在桌面上尽量不要被其他人看见。
（3）各组组长根据各组员在建基站活动中的表现,分析每个人在团队中的角色（一人可以有多个）,写在小卡片上。
【活动步骤】
步骤一：调整气氛,播放柔和放松的音乐《天空之城》,让学生们安静下来。
步骤二：教师讲解规则。
步骤三：组员和组长根据规则写下各人在团队中的角色并分享和说明为什么。
步骤四：各组员对比自己和组长所判定的角色异同,思考原因。

3. 活动重点说明

该活动是建基站活动的后续与深化,由于同学们在建基站活动中一直处于比较活跃的状态,不利于反思,所以在进行本活动前要做好引导工作,把全场气氛调节到安定放松的状态。教师声调要降低,小声播放轻松的音乐,要求同学们安静、放松。

如果自己分析的角色与组长分析的角色一致,则说明该组员能够清晰定位自己的团队角色,自己的想法和行动表现一致；如不一致,该组员就可能是对自己的角色定位不清,想法和行动不匹配。

4. 活动重点环节的学生表现与教师引导

"团队角色探寻"活动重点步骤中的学生表现与教师引导关键词,如表 6-5 所示。

表 6-5 "团队角色探寻"活动重点步骤中的学生表现与教师引导关键词

活动步骤	活动要求	学生表现	教师引导关键词
步骤一	安静	有的能很快安静下来,还有部分学生表现得比较活跃,需要在引导之后才能慢慢地安静	放松

(续表)

活动步骤	活动要求	学生表现	教师引导关键词
步骤二	教师讲解规则	不理解，不明白，好奇	细心听，重复
步骤三	写下角色，并分享	想不到，有顾虑	想法没有对错，基于事实和第一感觉，大胆面对
步骤四	对比、反思角色判定的异同	对于组长的评价不接受	对事不对人，评价只作参考，角色仅限本次团队活动

5. 活动中学生表现的详细说明

步骤一：通常，在建基站活动后学生们都比较活跃，要引导他们安静和放松下来，配合轻松的背景音乐和放松的引导词。

步骤二：教师讲解规则的时候，总会有部分学生听不明白，可以配合 PPT 重复一次，或者在讲解前声明一次纪律，让学生们的注意力回到教师身上。

步骤三：让学生们思考自己在团队中的角色，对他们来说是有一定挑战性的。主要表现是有顾虑，怕别人笑话，或者不愿意去思考，怕面对自己的角色。

步骤四：有些学生可能会认为组长对自己的角色定位与自己的想法相差较远，不接受组长的评价，甚至会因此闹得不愉快。

6. 针对学生表现，教师的引导方式

针对学生过分活跃的表现，教师引导用语可以参考如下内容："请大家安静下来，不要说话，闭上眼睛，并用腹部呼吸。当你呼气的时候，把自己的注意力放到肩膀上，同时放松"。这样子可以让大家从兴奋紧张的状态中放松下来。

针对学生思考角色时的顾虑，教师要引导学生们在思考时注意自己的第一想法。如果想法太多反而不科学，思考时要以事实为依据，根据自己的表现来判断角色；每个人在团队里的角色都是非常重要的，没有好坏、高低之分；鼓励大家尊重自己的感觉，重新认识自己在团队中的位置，品味角色内涵。

针对学生不理解和不接受评价结果的情况，教师引导时要注意说明组长的评价也只是作为参考，如果不认同也是可以理解的，活动的目的是给大家提供一种认识团队角色的机会。另外，本次评价也只是作为参考并且仅限于本次活动。在每个活动中，角色是可以变化的，但我们必须要注意自己是什么角色就应该做什么样的事，做好自己分内的事。

6.7　专题授课中的风险与建议

职业素养课一定程度上是在影响学生的行为习惯，推动学生调整思维模式，所以在课堂上，须时刻关注如何让学生多体验、多参与、多活动，尤其是团队合作这样的专题。没有理论上的团队合作，只有实践中的团队合作。在一个个体验活动中，在一次次沟通和观点碰撞中，学生才会找到如何融入团队，如何在团队中表达自己的观点，如何与别人一起

协同完成任务的方法。总之，在素养课堂上建议少讲理论，多做活动；教师少讲，学生多说；教师少点评，学生多分享。

6.8 思考题

（1）"团队合作"专题的活动较多，如何更好地控场？
（2）如何更深刻地解读每一个活动，并充分挖掘活动的现场资源？
（3）班集中的学生不团结，分成好几派，相互之间经常不服气，请问如何处理？

6.9 拓展学习资源推荐

1. 电影：《南极大冒险》

推荐理由：《南极大冒险》是改编自真实故事的影片。电影讲述了八条雪橇犬在南极的冰天雪地里集体求生的故事。八条雪橇犬在领头犬玛雅的带领下组成了一个强大的团队，克服了食物短缺、野生动物追捕等困难，最终与主人重逢。影片中八条雪橇犬求生的片段，可以作为团队合作很好的注脚。

2. 书籍：《培训师的21项技能修炼》 段烨 著

推荐理由：在无数行业的日常运转中，是什么让一些团队脱颖而出？高效能团队的秘密究竟是什么？本书就集中讲述了企业中高效能团队的特点。纵观全书的每章每节，作者无不在向我们灌输一种新时代里的新团结，新力量，新追求，新管理的新型竞争力的"团队精神"。并向我们提示，提出"团结就是力量"式的团队建设的发展与要求。"单打独斗的时代已经过去，我们需要一个高效的团队。"经过有效磨合的团队才是有竞争力的团队，这是《团队的秘密》告诉我们的。

3. 书籍：《团队协作的五大障碍》[美]帕特里克·兰西奥尼 著 华颖 译

推荐理由：一个现代企业最根本的竞争优势来自它的团队，团队建设具有重要意义。书中分析了团队建设过程中容易产生的五种机能障碍及其危害性，同时提出了克服并解决这五种机能障碍的指导方法。

职业素养二阶课程
——思动篇

第 7 章　创业精神

第 8 章　服务意识

第 9 章　如何销售自己

第 10 章　问题伴我成长

第 11 章　企业生存记

第 7 章　创业精神

7.1 案例导读

华为"5G 的故事"

华为技术有限公司（以下简称华为）是一家生产销售通信设备的民营通信科技公司，成立于 1987 年，总部位于深圳，主要创始人任正非。1994 年华为推出 C&C08 数字程控交换机；2003 年华为与 3Com 合作成立合资公司；2010 年华为首次入围 2010 年《财富》世界 500 强企业排名，其旗下产品有智能手机、终端路由器、交换机等。2019 年 5 月，华为宣布在剑桥城外建设一家可容纳 400 名员工的芯片研发工厂，主要业务是开发用于宽带网络的芯片，2021 年投入运营。

据中国青年网 2019 年 5 月 17 日报道，5 月 16 日美国政府先后打出两记绞杀中国高科技企业华为的"组合拳"，其中除了禁止所有美国企业购买华为设备的总统令，美国商务部工业与安全局（BIS）还将华为列入了威胁美国国家安全的"实体名单"中，从而禁止华为从美国企业购买技术或配件。

而相对于那份总统令，美国 CNN 等媒体认为被列入 BIS 的"实体清单"对华为的打击才是巨大的，甚至宣称无法从美国企业购买技术和配件，会影响到 5G 在中国的落地进程。

从华为得到证实的两份内部信件却显示，华为对此早有准备。其中来自公司总裁办的一份邮件指出，"公司在多年前就有所预计，并在研究开发、业务连续性等方面进行了大量投入和充分准备，能够保障在极端情况下，公司经营不受大的影响"。5 月 17 日凌晨 2 点 14 分，华为下属的海思半导体公司总裁何庭波发出了致员工的一封信，启动了华为早有准备的"备案"，表示他们这个为华为生存打造的"备胎"，在今天这个"极限而黑暗"的时刻，终于在"一夜之间"全部转"正"。这份信件说，海思曾经担心他们研发的许多芯片永远不会被启用，成为"一直压在保密柜里面的备胎"，但今天，是"每一位海思的平凡儿女成为时代英雄的日子！"

【思考题】

（1）华为是如何判断出自己企业在未来会有极限生存的危机呢？

（2）这是一个多变化的时代，很多人仅是迎接变化就已经很难了，但创业者不仅要面对现在，还要面对未来，华为这种长期储备的状态让人敬佩。你是否思考过创业人、守业人的思维、精神到底包含了什么？

（3）人都会追求自己的成就感，也就是会想办法实现一些自己的愿望。但海思半导体公司总裁何庭波能够在华为没有出现危机前一直保持着默默研究状态，甚至他们研究的芯片有可能永远不会被用上，那么何庭波和他的团队身上又具有怎样的精神呢？

（4）华为的创始人任正非有着坚韧的创业精神，他又是如何将这种精神渗透于企业运营中的呢？

【课程导语】

提起创业，很多人马上想到任正非、张瑞敏、马云等人，很多想要学习创业的人也会深入研究这些知名人士的成长路径，最终会发现，这些人身上都有一个共通点——有方向，有目标的持续而为的精神，不会被各种困难阻挠干扰，始终坚守那份初心。就像前面案例中提及华为对自主研发芯片的提前准备一样，可以看出任正非面对困难不仅没有退缩，反而早有准备，这就是在"创业精神"课程专题中想要与大家一起探讨的话题。

提到创业，很多人会想到成功与辉煌，但在2017～2018年的中小型创业公司数据调研中发现：运营了不到2年就宣布倒闭的企业竟然占比不低。由此可见，新闻媒体中报道的成功与辉煌仅仅是个结果，这些辉煌绝不是一下子促成的。

"创业精神"专题课程在调研了大量企业日常运营的现状基础上得出结论——企业每天要处理的事情都是非常实际与紧迫的，处理好某件事也并不会对企业的整体业绩有质的影响，但要是没有处理好某件事有时则会对企业造成致命的影响。因为企业运营就像一个大的生态链，一个环节出了问题，整个链路都会受其牵连。所以企业每天面对的事情看似很平常、很琐碎，但又要一一完成，这就对很多职场人，包括创业者本人的耐心、细心、恒心，不求成就之心，只求周全之心、包容之心，持恒之心，不忘初心的认识与习惯提出了高水准的要求。

在信息快速迭代的时代，有很多人会误以为创业就是老板有本事、有能力即可。但经多年调研与分析，发现初创企业的第一桶金可能和老板的某项能力有关，但之后的长久运营就不是老板的某项能力在发挥作用了，而是和以上的"心"有关了，即创业的精神。这就是"创业精神"课程专题想要澄清与指导的核心内容，希望学生通过学习与实践，能自觉地用创业般的精神面对自己的职业与未来。

7.2 专题定位与核心理念解读

这个时代是百花齐放、百家争鸣，容易促成万众创新、万众创业的时代。但实际创过业的人都会明白，创业不是追求一时成就，更不是为了某项利益达成就可以任意而为的事情。因为整个社会、国家、世界都是一个大的生态链，生态链里任何一个人都不会允许他人对链条中的某个环节进行破坏性开采。因此当社会中都在倡导自主创新、创业时，职业教育体系更有义务让在校生理解什么是创业、创业的核心是什么，怎么才能创成业，创业需要哪些准备、需要哪些能力、哪些认知？甚至要与学生坦诚沟通，哪些想法和欲望并不能去创业，还会导致很大的损失。

在校学生，在没有走出社会时，对职业、工作、创业的认知是比较模糊的，夹杂了很多主观想象及一些成功表象带来的精神肥皂泡。有的会将创业想象得很难，遥不可及；也有的把创业想象得太容易，以为都是建立在运气之上的事情。大多数学生对于创业的过程、规律及内容，并没有规范的认知，职业院校对这个领域的意识引领也相对薄弱。

在学生二年级阶段，引入"创业精神"专题课程，就是为了引导学生正面、系统的学习创业的内容，学习创业状态的人应具备的认知、能力与精神。也会借此创业认知引导学生，用此状态与精神面貌面对校园中的各种学习与实践活动，即将创业内涵、精神应用在日常学习生活中，耐心面对每一天的学习，而不是浮躁地只求凸显自己。

因此，"创业精神"的核心理念是"在有目标的持续行动中打造我们创业的能力、习惯、认知"。这个理念就是引导学生用创业的状态、精神去学习、实践和生活。

7.3 专题目标解读

"创业精神"专题课程是通过视频、活动、讨论、分享、讲解等方式，帮助学生理解创业是一个动态调整的过程，不是一蹴而就的事情；引导学生理解行业中、岗位上平等的创业空间与机遇，培养学生围绕目标，锻炼自己综合能力与自主意识；剖析创业精神的内涵，品味敬业品质所蕴含的韧性之美与人生智慧。

在"创业精神"专题中，将创业不仅指向了狭义的创业概念，同时也指向广义的创业理念。即广义的创业，不仅包括商业活动，还可以指所有需要持续努力才能成就的事业。这个持续努力的周期，可以是三五年，也可以是几十年乃至几代人。因此，是什么支撑着创业者百折不挠，这是该专题所要探究与传递的。课程将从认知、习惯与能力三个维度来解读。

人们常说，"熟能生巧"，即需要在某个持续、连续的行动中去体察"熟"的要求与内涵。从形式、内容、流程到标准；从行业内外到行业上下游产业，从求"技术"、求"方法"到求"原理"，这才是熟的内涵与要求。把这个迁移到具体行业中，就会发现这是一个没有止境的过程与周期，也就是为何真正的创业者会有从不止步并持续而为的状态，这也是大家需要在创业者身上学习的精神。因此，在课程讲授中，教师需要将此内涵传递给学生，让学生感受到这样的精神。

7.4 专题内容解读

"创业精神"专题共分三个单元，如图 7-1 所示，其中第二单元为 4 课时，第一、三单元各为 2 课时，共计 8 课时。

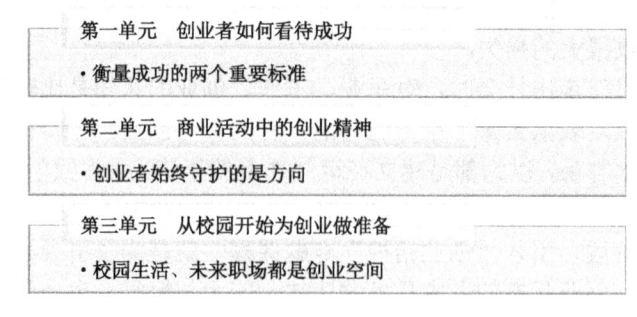

```
┌─────────────────────────────────────┐
│  第一单元　创业者如何看待成功        │
│  ·衡量成功的两个重要标准             │
└─────────────────────────────────────┘
┌─────────────────────────────────────┐
│  第二单元　商业活动中的创业精神      │
│  ·创业者始终守护的是方向             │
└─────────────────────────────────────┘
┌─────────────────────────────────────┐
│  第三单元　从校园开始为创业做准备    │
│  ·校园生活、未来职场都是创业空间     │
└─────────────────────────────────────┘
```

图 7-1　"创业精神"课程框架内容

"创业精神"专题课程是通过在学校内开展一个商业实战模拟活动，让学生从市场需求调研、确定销售商品、形成商业方案、确定商业销售场所与准备内容、实施商业活动、商业活动复盘等环节的参与，真实体验一个简约版的创业过程。授课教师将从这个商业实战模拟活动具体环节中的学生表现、成果、矛盾问题等方面入手，与学生一起探讨创业的过程、准备与能力、认知等主题内容。

7.4.1　第一单元　创业者如何看待成功

一想到创业，很多人会将创业与"财富"关联起来。这是商业领域创业成功者的一个标志，有了财富才会被人们关注。因为这种关注，使很多人聚焦于财富本身，而忘记了创业者在创业过程所展现的内涵与智慧。因此，重新与学生深度探讨成功的定义，是这个专题第一单元的主要内容。"创业精神"中的成功观，有两个比较容易把握的标准。一是从个体角度看，可以为目标持续地完成系列具体的事情，在行动上稳步推进，并在行动中获得能力与成熟，这样稳定的状态可定义为成功。二是从创业整体看，创业目标的实现是对周围的环境、他人、事情的发展有正面影响的意义，这种状态也是成功。俗话说，"不以成败论英雄"，大家品味一下，是否可以理解为，英雄在世人心里是有标准的，而这个标准并不取决于成败这个结果，这符合上述的第二条标准，我们把这样的成功观称为英雄成功观。无论是个体做身边的事情，还是推进整个社会关注的事情，都需要持续而为的精神。这是引导学生认知的重点。

创业者与非创业者在本质上的区别。创业者从本质上而言，都是持英雄价值观的，无论其本身是否有觉察。因为，英雄成功观或价值观，都会帮助我们在了解事物本质规律的过程中拨开迷雾，直抵根本。若我们只持财富成功观或价值观，就会一叶障目，忘记初心，就会难以持恒。这是创业者能够持续前行的根本原因之一。

举例说明成功的内涵：

案例一：著名的建筑师贝聿铭[①]先生的家风家训为："以产遗子孙，不如以德遗子孙；

[①] 贝聿铭（1917—2019 年），美籍华人建筑师。贝聿铭于 20 世纪 30 年代赴美，先后在麻省理工学院和哈佛大学学习建筑学。他曾获得 1979 年美国建筑学会金奖、1981 年法国建筑学金奖、1989 年日本帝赏奖、1983 年第五届普利兹克奖及 1986 年里根总统颁予的自由奖章等，被誉为"现代建筑的最后大师"。

以独有之产遗子孙，不如以公有之产遗子孙。"常言说，富不过三代，而贝聿铭所在的贝氏家族，却传承了几百年，富过15代，家族里人才辈出，造福社会。大家往往只看到了贝聿铭的绝世才华，却忽略了支撑他乃至他整个家族的价值观。《周易》上说："积善之家，必有余庆；积不善之家，必有余殃。"孟子曾说："道德传家，十代以上，耕读传家次之，诗书传家又次，富贵传家，不过三代。"通过研究该家族各位成员的人生经历，发现家族成员所秉承的家训，与中国文化中所言的家族传承之规律是高度吻合的。

案例二：华为创始人任正非[①]曾经告诉员工，2000年后，华为的员工会为挣钱太多而发愁。他要求所有员工都记下这句话。然而很多员工并没有在意，有人在2000年前离开了华为，有人则觉得是痴人说梦。可是2000年后，华为真的成了发展最快的公司之一，很多员工也真的成了百万富翁、千万富翁。这些员工的共同点是记住了这句话，时刻鞭策自己，保持着最原始、最直接的工作动力，拥有最纯粹的方向。

很多人都喜欢钱，但是会赚钱的人很少。是否会赚钱其实跟制定目标的形式无关，而与是否有能理解企业和时代发展趋势的智慧有关。坚守来自对信念的深度理解，理解那些隐含的智慧。创业精神包含着对智慧的认知与尊重。因此，创业精神不排斥金钱本身，但创业精神中所包含的智慧的价值要远远超过金钱本身。若把创业精神与对金钱的追求等同起来，就误解了创业精神的内涵与价值。

7.4.2 第二单元　商业活动中的创业精神

第二单元是让学生通过实战模拟商业活动全过程，体会创业精神与创业内涵。授课教师需要将全班学生分为5~6个创业小组，让每个小组参与商业资金筹集、商业项目选择、商业方案形成、商业活动的内容准备、商业活动实施、商业活动复盘等系列环节进行体验。

我们可以看到活动无论大小，都可以抽取其中所蕴含的框架与内核。从商业活动的角度来看，可以从项目选择、项目实施、项目发展、项目延展等模块，反观我们的整体运营能力及整体能力下的合作状态。运营这些活动，完善这些内容，支撑的是我们所说的能力。能力是伴随着具体事件的解决而不断累积、打磨并提升的，这是能力培养的规律。常言所说的，"冰冻三尺非一日之寒""九层之台起于垒土""河海不捐小流故能成其大"等都是描述这样的一个过程。因此，能力的提升相对还是显性的，比较容易感知。但支撑能力提升的种种习惯，则是能力外显部分之下的内化状态。相对能力而言，习惯更具本能特征，往往体现为一种自然反应。因此，习惯的打磨是支撑能力的非外显状态。无论能力还是习惯，人们都可以感知、梳理并且模仿。但创业者潜藏于其中的，还有认知。当我们谈到资金筹集的时候，筹集资金是一种能力，但运营资金的能力则远高于筹集能力。在资金运营的背后，还有什么呢？那就是对金钱的认知。商业创业者对于财富的认知，有别于非创业者之处在于，他们能够认识到财富流转的法则与规律，即对于进退的"节点""节奏""度""周期"等内容的认知。在成长中，他们一直累积的不仅仅是财富本身，也不止于能力，还有对事物变化如潮汐涨落般的规律的认知及对事物发展趋势信息整合综合判断的把握能力。

[①] 任正非（1944—），祖籍浙江省浦江县。华为技术有限公司主要创始人兼总裁。

对于这个认知的累积，才是创业者在创业活动中保持淡定与成熟的支撑内核。

因此，我们需要理解创业精神的本质，不是执着于聚集财富的战略战术钻研与总结，而是明晰方向、持续前行的哲学认知与方法论能力，是为了某一个可以造福社会与环境整体目标而勇往直前的能量生发认知，在造福社会中成长自己、提升认知、拓宽格局的生命智慧。人们对创业精神的热爱与推崇，是因为创业精神具有生发能量的本质，能够鼓舞着人们不断前行。这种精神在商业活动中常常表现为百折不挠，在科研领域则表现为刻苦钻研，在职场领域则往往表现为爱岗与敬业……因此，对创业精神的真切把握，会让我们在未来职场中体会到内心成长的愉悦与幸福，会让我们在不同领域中都能够找到方向、方法与路径。

7.4.3　第三单元　从校园开始为创业做准备

很多学生乃至成年人，对于创业能力的形成，往往存在误解，以为创业者的超群能力是天生的。这是由于他们一方面并没有通过各种途径去了解创业者的创业过程与个体成长历程，另一方面潜意识处也乐意相信神话，陷入诸如"为逃避成长准备一个借口"这样自我欺骗的意识游戏中。"创业精神"专题对于精神内涵进行详细的解读，就是期待帮助学生尽快从意识误区中跳出来，从创业的广义概念入手去理解创业精神，为对接社会与企业需求的成长而做好多方面的储备。在"成长的翅膀"专题中，我们将从成长的总体认知上谈对接社会需求式的成长，在"创业精神"专题中，我们将从创业角度谈人的自我培养与推动。校园生活，可以分为学业、第二课堂和生活三大板块。知识的累积、技能的强化显然是一个日积月累、循序渐进的事情。很多人没有持续学习的习惯与耐力，往往是没有穿透岁月的慧眼，无法看到当下的努力与未来目标实现之间看似遥远实则很短的距离。校园生活除了培养我们对学业本身的尊重，教会我们累积知识和技能，最重要的是培养了我们终身学习的认知、习惯和能力。校园学生干部的工作，在看似很简单的重复行为中，可以提高我们并线处理事务的能力、资源调度、整合能力，以及人际协调能力等；反复磨炼的，还有我们的耐性、韧性乃至心性，可以在实务处理中培养我们的哲学认知与穿透规律的智慧。校园生活为我们提供了极为广阔的人际交往空间与丰富的性格类型，也为我们提供了打磨生存、生活能力的训练场，为日后的独立发展奠定生活自理的基础。看看师兄师姐的成长故事，了解一下创业者在校成长的细节，我们就可以发现，每个人的成长都是一个渐进的过程，参天大树也是从幼苗成长起来的。校园生活是每个人不可或缺的阶段，也是每个人职业能力储备的重要起点。带着创业精神，带着主动成长的意识，带着自我培养的动力，如创业者那样用创业精神去生活，"在有目标的持续行动中打造我们创业的能力、习惯、认知"就不再是空洞的理论，而是对自己踏实做事，持恒奋进的朴素引领。

7.5 专题核心理论解读

1. 天天的原理

人的状态会有四种：无目标无行动、有目标无行动、有目标有行动但无规范、有目标有规范有行动但不稳定。一个人真正的成长，需要一个长期积累的过程，最终达到天天都能做到，而且是很规范带有示范作用的，如图7-2所示。

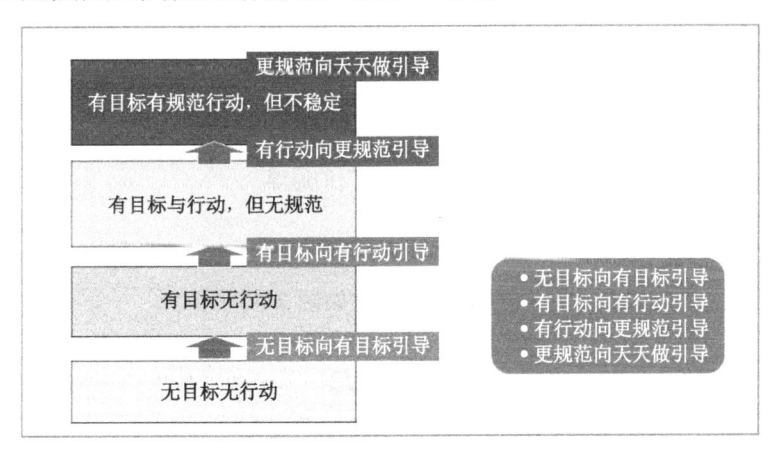

图 7-2 渐进式成长——天天的原理

"创业精神"专题课程所对应的最低起点是有目标有意愿的学生，对于无目标无行动状态的学生要实施向有目标引导。在对学生进行引导时，应按照不同的层次采用不同的引导方法和对策。

第一，要从生活学习无目标方向状态转向有目标方向状态，让自己开始承担起自主目标的一系列行为。

第二，需要引导学生体会有目标的持续储备，以及储备什么，这里就体现了"天天的精神"。

第三，需要引导学生体会即使是有了目标，也在努力进行储备，但依然会遇到50%～70%以上的变化，而这种变化会给当事人带来很多不顺的感受，那么当事人如何抛开不顺而去寻找应对各种事情的出路是更需要学习的精神。

第四，引导学生认识到真正的卓越不是追求某个目标的停止，而是在不断做事中找到新的便利环境，有利于更多人创造价值的精神追求。这四层的进化过程也是学生走出校园，面向社会需要进化成长的过程，最终成为一名对自己、对家人、对社会有持续贡献价值的社会人。

2. 创"业"的原理

什么是业？什么是创业？对比人们的常规理解，其中可解读的内容非常丰富。

"业"是指一切事物从粗糙到精细的加工过程。因此创业的广义理解是指将一切事物从初期的粗糙、模糊状态创造成精细、明晰的达成过程。创业精神是指做任何事情都能够持续在一个目标方向上，将其从粗糙模糊的状态创造出精细明晰的状态过程中所表现出的不断进化的认知、不断提升的能力与养成的良好习惯，这些组成了这个人持久做事的精神面貌。这是我们要潜下心来学习的重点，如图 7-3 所示。

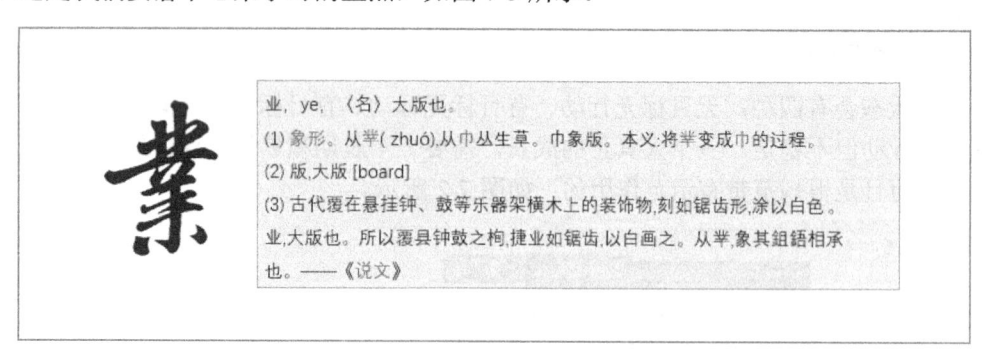

图 7-3　创 "业" 的原理

3. 商业计划书（模板）

此模板供学生在形成商业活动方案时使用，如图 7-4 所示。

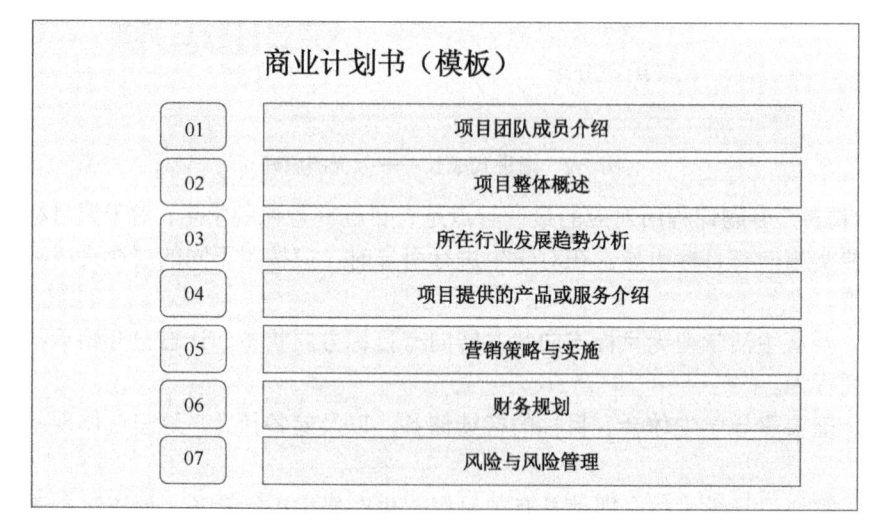

图 7-4　商业计划书（模板）

7.6　经典活动解读

1. 活动背景与目标

通过在团队中进行商业实战模拟活动的运营体验，让学生从选择项目定位、筹集资金、形成方案、实施准备等角度，体验不同队友在沟通中所呈现的认知水平、习惯、能力方面的差异性，以及对项目推动的种种影响。从而体会在创业整个过程中实际发生的情况，以及自己在其中的表现、决策和认知等。

2. 活动内容与操作步骤

【活动名称】 商业实战模拟。

【活动目的】 通过"资金筹集""项目定位""项目过程分解与实施""项目盈利状况分析"四个环节，让学生体验，无论"创业"所创的是"狭义定义的商业"，还是"广义的非商业"，其对人们的综合能力要求是一致的。概念不等于能力，能力不等于状态，瞬间的反应，看似是随机的，其实都能够流露出我们的整体认知水平与综合能力。

【活动时间】 确立各环节方案为20分钟，商业活动实施为40分钟，分享与点评为20分钟。

【活动道具】 大白纸、大头笔、学校场地。

【活动规则】

（1）以小组为单位进行方案策划并写在白纸上，呈现给全班同学审核。

（2）通过"资金筹集""项目定位""项目过程分解与实施""项目盈利状况分析"四个环节，逐步进行。

【活动步骤】

步骤一：拿出大白纸（事先准备好），每组八张。根据各个环节的要求，一步步完成，即方案呈现环节、分析解读环节、点评完善环节。

步骤二：按照"资金筹集""项目定位""项目过程分解与实施""项目盈利状况分析"的顺序开展四个环节的活动。

步骤三：各组代表综合分享，小组互评，教师点评。

3. 活动重点环节引导说明

（1）"资金筹集"环节：以组为单位，提出 X 元的筹集方案。学生一般会出现以下几种情况：

① 组员根据均分的指标，从自己的压岁钱中提取款项；

② 集体外出打工，分别用打工的资金完成款项筹集；

③ 向父母借款，或向银行借贷；

④ 指定本组内家境特别富裕的某个同学负担九成，其他同学不一定都承担份额；

⑤ 其他。

这个环节，学生通常会兴高采烈地开始讨论，经过两次修改后，最终才会把款项金额与具体提供者落实到位。教师需要根据各个小组的具体思路进行现场点拨，确保方案能够与现实生活联系，具有可操作性。例如，为何有的同学会想到借贷，说明他对社会上这类活动有所耳闻，那我们对此领域是否有持续的关注、了解与研究呢？如果是想打工赚钱，那如何得知应聘于哪些行业、领域、岗位，薪酬水平和热门程度如何？只有对相应的背景有所了解，我们才能确保数据具有操作的可能性。如果是问父母借款，是否为成功借款而进行过持续的努力，父母又是出于什么角度和因素的考虑而决定借或者不借的。如果一位组员的出资占比非常重，教师可以提出疑问，"不出资的组员，凭什么成为核心成员呢？"即使是技术入股，技术入股的人员占比也不可能超过三分之一。通过各种细节的分析，可以使学生体验一个事实：当需要将项目思路落地的时候，实际操作中会有非常多的因素、琐碎的事情、知识性的细节需要我们学习和掌握。因此，具备创业精神的人，是对这个事实与规律有认知的人，所以能够在实际生活、工作中有意识地围绕目标累积着，培养着系列认知、能力、习惯。创业者的这一认知，是他们孜孜不倦的动力源泉。而认知是需要在持续努力中不断提升的，这是一个动态过程。对项目运营需要全盘考虑与能力储备这个事实的认知，是创业者未来成功的基础。如果对此没有足够的认识，我们就会以为"资金"能够解决一切问题。事实上是，解决问题不是资金本身，而是创业者对项目运营所需因素的理解与掌握，才是项目资金得以发挥作用的前提。

（2）"项目定位"环节：以组为单位，提出有推进可行性的商业运营项目。

在这个环节，学生往往会各抒己见，讨论热烈。但是要落实到具体项目上，一般会出现以下几类：卖鱼蛋、卖手机膜、游戏代练（自己感兴趣的项目）；制作地沟油、高利贷、给小学生代写作业、港货销售（这类项目的特征是源自某些影视作品或社会新闻，多为学生的一个闪念，他们对这些行为的违法性、负面性和不规范性还不敏感）；智能设备生产、汽车维护项目（敢于直接提出开厂、开公司或者协助厂家、商家做事的学生，要么是有自己的专业发展规划，要么是家里本身从事该行业）；开网店卖鞋子（自己确实践行过的事情）等。

在这个环节，并不需要学生把项目运营内容分解得非常细致，只需从方向、可行性、能力储备角度引导小组成员去进行预判，确立一个相对可行的项目。

在这个环节，需要引导学生结合项目变更过程觉察下列要点：

项目选择的时候，有无考虑过是否违法、违纪，如果考虑过，却依然坚持该项目，意味着什么？这就回到我们开头探讨的价值观话题。价值观表面上看不见，却会在我们进行抉择中起着决定作用。如果创业之初，我们就选择了错误的起点，那么所有的努力与付出，就会与"生命成长"本身或者说有价值的"成功"本身南辕北辙了。

项目选择的时候，我们有无能力判断，哪些项目是具备可持续发展性的，哪些项目仅仅是周期性质的、昙花一现性质的，那些判断的依据从何而来，又给我们什么启发呢？因此，要在不同领域打磨自己所储备的种种经历，将会成为我们开展判断的认知基础，形成独具慧眼所需要的智慧。

项目选择的时候，我们会发现耳闻目睹的现象、场景，都会成为思考的一个来源。如果顺其自然地生活，这是一种无意识被反复刺激的过程。但创业者则会围绕创业目标，对相关领域进行持续的、有意识关注，形成有价值的聚焦和输出。这里就存在着有意识聚焦与无意识接受外界刺激两种状态，而创业者恰恰是从有意识聚焦上掌握了自己生命开展的主动权。对这个事实与规律有深刻理解，我们才能真正辨析创业精神所指向的目标导向性与其行为的有效性。

（3）"项目过程分解与实施"环节：以组为单位，列出相应项目的运营步骤要点、能力要素与实施要素。

确立了合理的项目后，各个小组就开始以相同的运营资金作为起点，开始模拟运营。本环节需要罗列项目运营的核心步骤及对应行为内容。教师可以作为旁观者，帮助各个小组查漏补缺，查看核心步骤对应的能力、资源配比是否考虑周全。以卖鱼蛋为例，选址需要兼顾哪些因素，思考依据有哪些？鱼蛋制作核心人员是谁，确定理由是什么？销售时间段如何确定？运营过程中影响销售结果的因素有哪些等，教师可以引导各个小组全面思考。以手机膜销售为例，手机膜有哪些种类，货源渠道有哪些？销售地点、时间、方式等如何确定。

进行到该环节，项目运营需要考虑的因素就越来越多了。教师可以给每个小组项目的运营分解给予建议，提出质疑，引导各个小组不断完善各自的内容。深入下去，凡是自己没有切身体验过的环节，往往都会导致想象的大厦崩塌，必须重新选择运营项目。如卖手机、卖鱼蛋、网络卖鞋子之类的项目，由于核心成员有类似的运营经验，教师提出的很多细节问题他们都能够回答，项目保留下来，而且过程分解可逐层深入。由于是模拟运营，学生在课堂上都能够看到各个小组的运营情况。有生活基础的项目，过程分解是可持续开展的；没有生活基础的项目，光凭想象是没有细节支撑的。各个小组在合作中，成员的分工、作用也会逐步分化。能够担负运营总指挥的同学，自然进入角色，成为小组的领军人物。其他组员自然会团结在领军人物身边。当然，也会出现各个小组长互相说服不了对方的场景。

该环节为学生提供了一个项目模拟运营的研讨平台，通过一个项目把事务操作内容带入学生对生活的假想之中。这里会让学生真实地看到一个事实：如果没有开展过具体项目，没有深入实践的经验，所谓的综合运营能力只是把对运营项目的表象当成项目运营的全部。举例而言，有小组提出肠粉店运营项目，到最后没有考虑酱料因素。熟悉肠粉店的学生都知道，酱料往往是一家肠粉店运营中技术含量比较高的核心步骤。这个所谓的"没有考虑"有以下情况：对该因素的认知不足；能力不足以应对综合运营事务的时候，就会顾此失彼；围观点评与身处运营状态本来就是两回事，正所谓"站着说话不腰疼"。

（4）"项目盈利状况分析"环节：以组为单位，列出运营的主要成本，进行盈利分析。然后把分析结果呈现给其他 小组，供其他小组进行分析、点评。

在这个环节，各个小组需要对项目运营的财务工作进行梳理，粗略地计算各项成本、收入、利润等，列出较为详细的资金明细，对项目的可行性进行论证。小组间互评这个环节是非常精彩与激烈的。在点评其他小组的时候，学生都会异常清醒。例如，有个小组提出网络销售二手书，另一个组的组员提出书本的定价不合理，也有同学质疑二手书的渠道不畅通。通过提问，大家发现二手书项目倡议组原来对二手书买卖的定义理解都出现了偏差。经过这样热烈的讨论和交流，学生会发现在各个领域所储备的知识、能力、习惯与认知，都会成为提出质疑、进行判断的依据与基础。通过持续学习所形成的积淀，会在我们进行分析、判断时被自动调取、应用。这个过程类似于本能反应。有个运营网络卖鞋项目的学生，获得全班同学的认可，因为日常中他就为同学提供各种销售服务。课堂访谈中，他谈到长期的实践，令他具备了一种能力——通过观看、触摸鞋子，就能够对鞋子的品质等级进行正确判断。这个技能的形成，源自他十多年的实践与积累。

通过上述体验环节，我们初步对"在有目标的持续行动中打造我们创业的能力、习惯、认知"这个理念进行了解读。能力源自有指向的习惯，持续的习惯源自深度的认知。然而认知改变、提升是一个伴随着实践活动动态变化的状态，并不是一个固化的结论或者结果。创业精神是什么，创业精神是在具备上述认知的前提下，围绕着某个目标，持续努力的精神。因此，我们将广义创业者对创业本身的热爱与持续努力，称为"创业精神"。本专题为学生重点解读的是：创业精神体现在行为上的热爱与执着，并不是单纯意义上的"吃苦耐劳",其背后蕴含着对事物发展规律的认知与深度理解,对能力发展过程与梯度的精准把握,对项目运营节奏的理解与等候的智慧。

4. 活动中的学生表现与教师引导

"商业实战模拟"活动重点步骤中的学生表现与教师引导关键词,如表7-1所示。

表7-1 "商业实战模拟"活动重点步骤中的学生表现与教师引导关键词

活动步骤	活动要求	学生表现	教师引导关键词
环节一	资金筹集	往往不太理解为何份额要落实到具体每个组员;会认为筹集资金都这么难,其他事情就更不要提了;会认为赚钱原来这么烦琐、困难等	筹集资金只是商业活动中的一环,我们遇到困难放弃与否,并不取决于困难本身,而在于我们内心是否清楚前进的方向、路线与方法。由于创业者对于困难本身有正确的理解与承受能力,所以不会被暂时的局面困住。然而认知度与承受度也是在实践中逐步提升的
环节二	项目定位	对于项目存在的违法性、犯罪隐患不敏感,对于项目的可持续程度没有分辨意识,对于项目对人员能力方面的需求考量不足等	课堂上不同项目的选定,看起来是随机的,但总能找到该项目进入我们视线范围的缘起,例如兴趣爱好、日常生活习惯、耳濡目染的场景、家庭环境熏陶等。我们若能够在这些看似自然的缘起基础上,注入定向、持续的意识,围绕某个领域、方向主动累积思考与研究,那么我们就可以进行相对定向的持续耕耘了。这样的意识与行动,就是创业精神的内涵
环节三	项目过程分解与实施	分解项目的过程中,对利润的计算比较乐观,但很多隐性成本因素没有兼顾	无法兼顾各种因素的现象,可以令我们体会到,项目运营是对综合能力的检验,而综合能力需要在项目运营实践中不断提升、优化,并非是恒定不变的天赋。所以,创业者对事物的全面性、复杂性、并行性等特性的认知,以及把控能力也是一个逐步成熟的过程。我们首先需要对这个过程的真实存在与长期性有正确的认识,才会对习惯、能力的培养有耐心
环节四	项目盈利状况分析	在项目运营中,做到收支相抵都不是一件容易的事情,更何况要实现盈利。因此,成本压缩就变成企业生存的重要因素与核心竞争力	企业成本的压缩,不仅仅体现在经济成本、物质成本。人力资源成本也是必须考虑的重要因素。只有理解企业对于"活下来"的真实需求,我们才会理解创业者身上所需要具备的种种品质。这些精神、品质,不是空喊出来的,而是在做事、运营事业过程中必须具备的精神底蕴与内涵
环节五	各组代表综合分享,小组互评,教师点评	各组代表分享时都会提到,经营企业、运营项目并非想象中那么简单,要考虑的因素很多	我们点评其他小组的时候,很容易找到漏洞与盲区,但在自己运营的项目中,往往不容易发现问题,这是什么缘故呢?顾此失彼、捉襟见肘的局面,是因为我们进入了模拟实施阶段而非凭空想象阶段。所以,创业精神需要我们面对现实、脚踏实地,做到"做中学、学中做"

5. 活动中学生表现的分类与引导建议

茫然无序型:针对这个类型,教师可以请学生回顾在过往经历中,有什么特别的兴趣、爱好、特长,如果有可以结合这些因素重新思考。如果没有,则需要反思一点:我们的时间和精力的投入,如果是没有主题的,那行动就是自然的、随机的,发展的方向往往由随机性因素决定。如果认识了这一点,我们就可以在"随机性状态"和"自主选择方向状态"

中做出选择。

想象超群型：针对这个类型，教师可以请学生结合"驾驶""烹饪"等案例，帮助学生理解能力的不同层次：概念、能力、状态。想象中的能力，实质是概念而已，并不是能力。创业精神所包含的"脚踏实地"，可以理解为从概念走向能力层次乃至状态层次的过程。概念上的能力，就是通常人们所说的"纸上谈兵"，创业精神所指向的必然是远离"纸上谈兵"的，尽管高于"实务操作"层面，但不会被"实务操作"能力所困。

吃喝地气型：因为兴趣、爱好或实践而选择的项目，往往能够接地气，具有操作可行性，盈利空间可估算。对于该类型的群体，教师可以点评：我们持续关注的领域，已经逐步形成了可供选择的范围。如果我们能够洞察这个原理，带着"有意识"的习惯围绕主题去持续努力，就具备了创业精神。如果我们的项目仅仅停留在"吃喝玩乐"层面，尽管接地气，但因难度低，项目准入标准低，同业竞争人数自然就大了。有意识提升领域层级，拓宽视野，能够储备更扎实的创业能力。

实践底气型：有实践基础的项目，分享的学员往往能够分析运营过程中的难点与解决思路，也会谈到运营瓶颈，不会盲目乐观。教师可以鼓励该类型学生在真实运营中，思考可拓展的相关领域，为事业持续发展做好新的储备。

6. 活动中的风险点预告与建议

（1）对于商业项目模拟运营环节，在项目确立阶段，学生往往倾向于"天马行空"般提出一个项目，在提出项目的瞬间并未将实施工作本身纳入项目确立思考的范围。我们说，这样的思维习惯，还不是创业精神所指向的状态。因此，我们才会设立项目分解与项目营利分析环节，让学生对比感受，若考虑到用实施工作本身去衡量项目的可行性，谨慎态度则是必然状态，而不是所谓的品质了。如果兼顾项目实施的可行性、营利性等因素，驾驭资金、人才、项目的能力就显得尤为突出了。创业精神指向的是，我们所需要的能力、习惯、认知，都是可以在"有意识成长"的大前提下去储备的。具备创业精神的创业者，会把这个储备行为本身变成本能。这些呈现给外界的状态，就是我们所说的"坚持不懈""坚定不移""远见卓识""脚踏实地"等。

（2）往往互动环节一开始，很多学生容易带着玩笑的状态进入项目确立环节。教师需要对学生的心理状态有一个思想准备。诸如"地沟油制作""帮小学生打架"类的项目，无论学生进入互动环节的态度如何，教师都需要牢牢把握创业精神培养的角度，从学生言谈举止、所思所念进行创业认知、习惯、能力培养这个指向去解读，让学生能从"业"确立可行性的角度看待自身行为与累积方向，逐步传递"有意识、定向、持续"等核心理念，帮助学生明确：创业，既不是碰运气的过程，也不是单纯拼体力、汗水的事情，而是自主选择奋斗领域、方向并且为之努力、坚守的过程。

7.7 思考题

（1）创业不是碰运气，对此你能理解吗？

（2）做事情一步一个脚印，可以累积什么？必须经历这个过程的原因是什么？

（3）有兼职经历的同学，看问题与其他同学有什么不一样的地方？

（4）很多创业者能够在某一个领域持续努力很多年，原因有哪些？

7.8 拓展学习资源推荐

1. 电影：《摔跤吧，爸爸》

推荐理由： 电影讲述了印度一位全国摔跤冠军选手，通过自己的方法，把两个女儿培养成奥运会摔跤冠军的真实故事。这位父亲在培养女儿的过程中，不仅需要面对训练上所遇到的种种困难，面对家庭中常见的父母和子女之间的冲突，同时还要背负着男女不平等传统所带来的巨大压力。在女儿冲击金牌的过程中，还要想办法穿越自己作为成长教练与国家队专业教练的观念冲突，最终实现了个人与国家的目标。创业精神是流淌在创业者血液里的养分，会与创业者的所思所想时刻相依，对创业者的每个抉择都起着潜移默化的影响。但所有的创业者都有一个极其鲜明的特征，那就是坚守自己的方向、目标，矢志不移。至于如何做到不移，就是不同创业故事的细节了。

2. 文章：《华为海思总裁致员工的一封信》何庭波

推荐理由： 在中美贸易战中，华为由于"5G"技术领先世界，尽管是一个企业却遭到美国国家力量的围追堵截。美国企图用中止高端芯片供应的手段来遏制华为"5G"技术的快速发展，并且无理掐断华为在美国的正当贸易路径。华为海思总裁的这封信，让我们看到，华为作为一个企业，从自身发展深远谋划的高度出发，已经率先做好了研发准备，为实现自己成为通信行业的引领者而持续努力着，提前五六年就以扎实、具体的研发工作为企业总体发展目标而默默努力。华为的企业文化，就是把奋斗作为日常工作的根本，提倡奋斗本身就是生命的底色。

3. 书籍：《刀与星辰：徐皓峰影评集》 徐皓峰 著

推荐理由： 这是一部影评集，作者从专业影评者的角度分析电影中的视觉艺术细节，也谈及了很多影视人的创作历程与细节。在电影的世界里，作为观众看到的是好的作品，而作品的创作者是如何创作作品的过程，就是创业过程，也是创业精神应用的生动案例。因此，我们可以透过电影艺术作品的创作，来体察创业精神在各行各业、各种岗位中的渗透与作用，更好地理解创业精神的内涵。

4. 书籍：《恋恋风尘：侯孝贤谈电影》 侯孝贤 著 卓伯棠 编

侯孝贤是台湾电影运动最重要的代表人物。他的影片以精省、克制的美学风格，在影坛独树一帜。他曾获戛纳电影节最佳导演奖、威尼斯电影节金狮奖、金马奖最佳导演奖等大奖，其代表作有《悲情城市》《戏梦人生》《恋恋风尘》《刺客聂隐娘》等。

推荐理由： 电影创作需要编剧、导演、演员、摄影、舞美等多方人员的共同配合，需要在具体操作中进行人员沟通与协调。如何让作品按照导演的意图呈现，对于导演而言，不仅仅是观点表述的问题，还涉及实务操作的熟练度与成熟度。侯孝贤导演在书中娓娓道来，跟我们诉说电影人视角下的电影人生：人生每个阶段的历练、导演基本功的熟练与精进、人生美学观的积淀、演员筛选的标准构建等，都会逐步指向创作出自己心目中好电影的创业总目标。

5. 书籍：《华为工作法》 黄继伟 编著

本书立足于华为的实际情况，从华为发展过程中的案例、华为人的经验与任正非本人的言谈出发，着重讲解了华为的目标管理、工作执行、工作原则、工作态度等情况，从中提取和整合相关工作法则、实际的操作方法，帮助我们更好地理解和掌握华为人的工作方式及工作态度。

推荐理由： 面对事实，了解规律是创业者思维上不被禁锢的重要原因。如果我们不去了解华为奋斗的真实历程，就会把很多事情神话了，而忘记了艰苦奋斗，脚踏实地。华为人创造了神话，但华为人的工作过程没有神话，有的是不断优化的发展规划与出色的执行过程。这是一个创业者的群体，可以让我们真实、具体地感受创业精神，理解其精神内涵。

第 8 章 服务意识

8.1 案例导读

法国图卢兹城变为"垃圾城"的观后感

2009 年,法国图卢兹城出现了一则新闻,因为清洁工人维权而罢工,不再清理街道的垃圾,导致整个街道垃圾横溢,臭味熏天,甚至老鼠满街乱跑,严重影响了人们的生活、工作和出行,如图 8-1 所示。最终通过政府出面协调与沟通,使矛盾得到解决,清洁工人重新回到了岗位,开始清洁街道,让图卢兹城又恢复了原来的面貌。

图 8-1 法国图卢兹城清洁工人罢工后的街道

看到这则新闻,尤其是看到那一幕幕脏乱不堪的街道,让我由衷地感觉到自己生活的国家、社区井然有序的景象所蕴含的幸福元素。也让我不得不开始感恩那些默默为这个城市服务的所有人——清洁工、建筑工、菜农、保安、教师、医生、服务员、外卖派送员、园艺员……虽然我们未曾谋面,但我却享受着大家互为支撑的服务与成果,让我能在家里上网、打电话、订餐;走到公园里能看到美丽的绿色植被;走在大街上能感受到城市的清洁和优美……

【思考题】

（1）你是否想过这样的场景：突然发现手机没有了信号，想要联系他人或上网却没有任何通信工具，你会不会觉得很不适应？试想一下如果不出现断网现象，你平时是否会想到，身边还有很多通信基站的维护人员在维护着基站，以保障所有人通话、上网的畅通呢？

（2）你是否觉察到我们身边有很多默默为社会提供服务的人，尽管未谋面，但每天却在享受着这些服务，如干净的公共环境、良好的社会秩序？

（3）你是否想过，我们所赖以生存的环境是由各行各业的人们互相支撑起来的关系整体，我们在其中既是服务的提供者，又是服务的享受者？

【课程导语】

在学习和生活中，很多学生都希望自己能享受到体贴入微的服务，但对于如何为他人提供服务却有所保留。"服务意识"这个专题，主要引导在校学生意识到，自己每天所享用的学习和生活环境，是由各行各业的社会人、职业人提供了支撑服务后的环境。因为人们对正常的秩序、默默的服务司空见惯，所以会让很多人忽略了其背后服务与付出的存在。就像案例中提及的法国图卢兹城一样，在没有了环卫人员的清洁打扫，街面变得无比混乱时，人们才会意识到原有的安逸生活背后是有许多人在默默服务着的。

这种无视周围存在，无视他人的帮助与服务的现象，在生活、工作、学习中也是非常普遍的现象。为了让学生能够看得到他人的付出，理解与尊敬他人的付出；同时也引导学生做好自己未来承担同样质量、甚至更高质量服务的准备，我们将在学生二年级时，引入"服务意识"专题课程。让学生感受到自己现在是社会综合服务的享用者，未来走入社会，就会成为社会服务的提供者。和谐共建的社会关系，也是社会服务的生态链关系。这是我们需要引导学生面对并理解的。

让学生拓宽视野，把关注自己转向关注环境、关注社会，主动承担责任，负责任地与社会互动，能发自内心地提供他人需要的服务，正是"服务意识"专题课程与学生交流的主要内容。

8.2 专题定位与核心理念解读

企业在人才能力需求层面，需要的不仅仅是销售、管理能力，还有一项能力是企业希望所有的员工，包括管理者都拥有的能力，那就是为他人的服务意识与能力。即对内部同事、外部客户、合作伙伴……补位、协同、服务的能力。我们引入"服务意识"专题课程，正是希望学生在学校期间就能理解与实践社会、企业需要的服务意识、服务能力。

正值16～17岁的学生，对未来正处于懵懂状态，为人处事仅以自己的观感与情绪为首要的考虑因素，自然难以谈及对他人提供有质量的服务。"服务意识"专题课程引导学生在成长的道路上，指向未来培养自我。贴近职场与社会的需要，掌握为人处世的关键意识与关键行为，理解服务的深度。从每一件小事开始，实现从服务的享受者到服务的提供者这个重大转变。

本专题的核心理念是用我们互为支撑的爱,共建和谐校园、和谐未来。

本专题让学生体验服务是无处不在的,服务是一种经历。良好的服务就是一次让人感受愉悦的过程。服务意识是让人对周围环境享有敬重之心、服务之心、付出之心。不仅仅是将心比心地做事为人,而是从以心养心的点滴做起,用实际行动参与社会服务。

8.3　专题目标解读

本专题将通过视频、讨论、案例分析、情景演练等环节,引导学生理解什么是服务并建立初步的服务意识,进而促使学生掌握与人交往的关键意识与关键行为,最终指导学生从小事做起,从点滴做起,承担起为他人服务的本分与职责。

这是一个快速迭代的时代,也是一个容易令人忽略周边环境,忽略他人服务的时代,而这个时代的服务又是无处不在的。本课程将借用这样的社会大背景,让学生自发地思考,感受身边服务的存在。当学生意识到他人对自己的服务一直都在时,才会觉察自己对周围的要求是那样的理所当然。有了这样的认识基础,学生也才会关注到自己是否也需要给他人提供服务,才会思考如何提供服务能让自己和他人的关系更舒适、自然与和谐。

8.4　专题内容解读

本专题共分三个单元,如图8-2所示,每个单元2课时,共计6课时。

1	服务及服务意识的内容
	眼中所有需要改进的地方都是我们的思考点
2	服务意识的表现及与未来职场的意义
	理想的服务是坦诚的承担
3	建设服务和谐环境的责任与义务
	我为人人,人人为我,从点滴做起,从现在做起

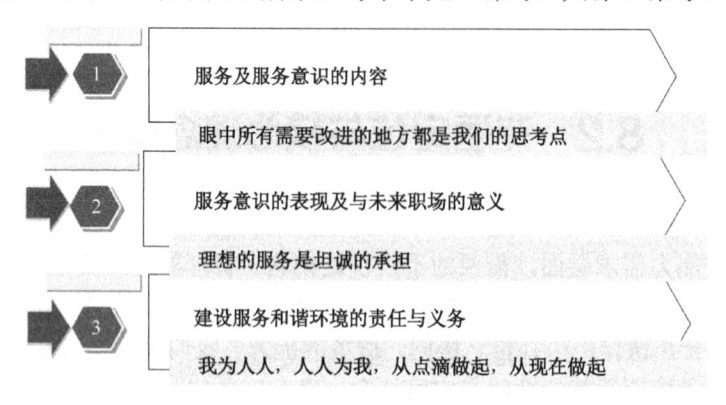

图8-2　"服务意识"课程框架内容

对"服务意识"专题课程三个单元的内容进行解读。第一单元,服务及服务意识的内容,是让学生从身边的事开始体验服务,对服务有个基本认知,将"希望你能对我好一点"改变为"我要对你好一点";第二单元,服务意识的表现及与未来职场的意义,通过了解未来职场对服务的基本要求，体会职场中四种被服务者的类型及场景，引导学生掌握与人交往的关键意识与关键行为，并为学生未来进入职场所应掌握的为人处事准则建立基础；第三单元，建设服务和谐环境的责任与义务，引导学生从今天开始思考能为社会做什么，激发学生投入实际行动，树立"我为人人，人人为我"服务理念，深化从点滴做起、从现在做起的服务意识。

8.4.1 第一单元　服务及服务意识的内容

本单元的目标是让学生通过体验，感受存在于我们生活、学习和周边的服务，它是"无处不在，但又经常被忽略"的。通过本单元的学习，能让学生认识到服务是人与人关系的纽带，引导学生理解什么是服务并建立初步的服务意识。本单元由四个环节组成。

第一个环节，通过生活中服务的例子让学生回顾曾经体验过的服务内容，通过小区保安、手机没有信号和法国垃圾工人罢工等案例和视频，理解服务无处不在，却又经常被忽略。

第二个环节，制作个人座位名签。教师当众示范座签的折叠方法，并明确座签的设计可以自由发挥，只需要把个人认为重要的信息呈现在座签上即可。本环节教师需要细细观察全场，并记录学生制作座签过程中个人文案的处理状态。在点评座签时可以把有代表性的几组座签拿到讲台上并列展示，并向学生提出服务关注点：座签的作用是什么？你在制作座签过程中考虑最多的是什么？

第三个环节，通过对案例的分析与提问，让学生自发地思考，感受服务。然后教师总结引出，服务就是像家一样的感受。我想到，对方就能做到，像迪士尼的服务。飞机上的例子则显示了为他人着想，急别人所需，考虑对方的感受。所以，服务就是服务人心，由此引出服务的内涵。

第四个环节，列清单分组讨论：怎么样才算是对你好？分析经常接触的同学、教师、家长、朋友等关系，让学生理解服务是人与人关系的纽带，要更多地学会换位思考，多付出。将"希望你能对我好一点"改变为"我要对你好一点"。本环节深入提示：有些服务是显而易见的，有些服务是容易被忽视的；有些服务是被乐于接纳的，有些服务是不容易被接纳的。当我们有了服务意识，自觉地体验到服务的存在，才会发现服务的重要性。如有时别人对你的善意批评也是一种服务，你也许不乐意接纳批评，可那是真正为你好。通过本环节，再次强调我们生活的时代本身就是一个服务无处不在而服务又容易被忽略的时代，追求服务的最终结果就是彼此长久的携手同行，相互承担，相互帮助的幸福感！

在进行本单元内容总结时，可以补充一点，有些人可能因为各种原因，没有体会过家人的情感或亲情的其乐融融，因此会让你更懂得珍惜，你可以给予你的家庭成员这些温暖的感受，让你以后的家人也享受这种贴心的服务。

8.4.2 第二单元　服务意识的表现与未来职场的意义

本单元的目标是让学生明白"现在的服务意识与未来职场的对应关系"，明确现在培养服务意识对今后有什么作用，并让学生体会在这个处处需要服务的时代里应该做些什么及如何去做。通过职场中四种被服务者的场景，引导学生掌握与人交往的关键意识与关键行为，并为学生未来进入职场所应掌握的为人处事之道奠定基础。本单元由四个环节组成。

第一个环节，连线现在的服务意识与未来职场的对应关系。本环节通过讨论、观看视频，让学生明白"现在的服务意识与未来职场的对应关系"，这是把学生的服务意识引向深入的基础。让学生体会，最好的服务是持续、有质量的付出，而不计较他人是否有回报！

第二个环节，锻炼需求识别能力的四个模拟情景演练，分析在职场上对不同的被服务者需求的识别、理解和应对。学会提供服务的方法：不要急于处理，而是观察对方的状态，不能用自己的标准来服务对方。在此环节中，安排了固执型、愤怒型、徘徊型、亲和型四种不同状态的被服务者。学生首先要观察被服务者是在什么状态上，如何处理更好。本环节教师尤其要注意以下两点：一是在演练前应强调，被服务者要演出真实的情绪状态，服务者要演出真实情境，无须太夸张，但要力争解决问题；二是在演练过程中，教师要预先估计到成功与不成功两种情况，如果表演不成功，则应该问当事人有没有感受到被关怀和温暖，突出"服务并不是做了就可以，必须要做到位"。

本环节中在给不同类型的被服务者提供服务时，注意要让全体学生都了解故事的背景，明确上台扮演的两位同学的角色要求。教师可联系职场情况来引导：我们在职场中也会经常遇到这种类型的客户，那我们该怎么做才能留住客户，提高客户的满意度呢？在学生演练过程中，教师侧重让学生在表演中进行体验和总结，通过抓住现场学生的反应进行解读。重在让学生感受这四种被服务者不同的特质，如固执型的被服务者表现的特征是说话十分自信，语气强硬，条件苛刻，态度有点趾高气扬；愤怒型的被服务者表现会有些无理且对抗态度强烈，带威胁的情绪，不会轻易妥协；徘徊型的被服务者特征是说话迂回，眼神不好意思与人对视，语气较轻，想保持距离；亲和型的被服务者是友好的，亲和力强。面对不同状态的被服务者，应着重思考如何抓住对方需求，提供对方需要的服务。引导学生思考并得出结论：服务是真诚的将心比心。

第三个环节，提问分享：什么样的服务是好的服务？通过两个电影《泰囧》的节选片段让学生对比感受糟糕的服务和贴心的服务，再回看课堂第一单元中制作座签的环节，请同学们再来欣赏一下自己的作品：有些同学的座签设计得很清晰，让人一眼就能看清个人信息的内容；有些同学的座签设计是单面的，而且是只给自己看的。老师可以这样引导学生："座签就是你们的行为输出，你是为自己想得多一些呢，还是为别人考虑得更多一些呢？"让学生思考：到底什么样的服务才是好的服务。

第四个环节，客户服务体验关键点分享；通过学生分享，总结出服务的共性，并通过"金正昆讲解服务"视频解读，引导学生理解服务不只是真诚的将心比心，更应该是以心养心。

8.4.3　第三单元　建设服务和谐环境的责任与义务

本单元的目标是明确建设服务和谐环境的责任与义务。服务既然不是我做了就可以了，那么在建设和谐社会、和谐环境中，我们自然要深思，怎样才能提供好的服务，使自己和他人在现实、职场和社会中更加舒适。本单元由三个环节组成。

第一个环节是社会服务链解读。每个人都是链条中的一环，只要有某一个环节出现问题，都会导致社会这个大链条断裂，从而无法正常运转。我们在其中享受服务，同时也在提供服务。从现在起就要有服务的意识，成为一个容易被别人接纳的人。

第二个环节是讨论总结：如何成为一个大家喜欢又被社会所接纳的人。本环节通过案例分析：微笑、承担、自律。引导学生思考在做每一件事时都要自省，自身的行为是否影响到他人正常的活动或需求，是否符合社会公约。微笑、承担与自律，只有做到这些，才能成为一个被大家喜欢又被社会所接纳的人。未来，无论你在社会的哪个角落，都会成为一个明星。

第三个环节是重做座签。提醒学生做出自己认为最高服务质量的座签。本环节侧重让学生领悟"眼中所有需要改进的地方正是我们的思考点"。这与开场时提示学生用心体验、用心感悟进行呼应，让学生对服务的理解有个由浅入深、从理论到行动的过程。

8.5 专题核心理论解读

1. 识别需求能力模型

识别需求能力模型，如图 8-3 所示。

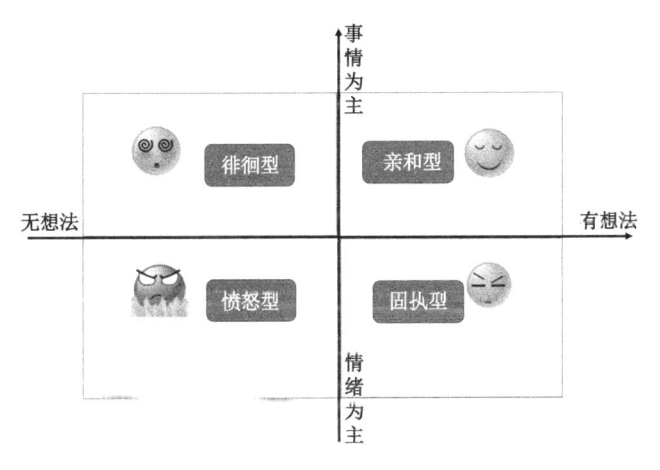

图 8-3 识别需求能力模型

这个"识别需求能力模型"来自第二单元，在第二个环节使用。本模型能使学生对被服务者的状态有一个整体的了解。服务不仅需要持续地做，还要有质量地做，并且要做到位。那么在这个处处需要服务的时代里，我们需要做点什么，又该如何做呢？关键是锻炼识别需求的能力。

模型分为四个部分，分别是愤怒型的被服务者、固执型的被服务者、徘徊型的被服务者和亲和型的被服务者。它是从愤怒型开始根据被服务者的情绪力量递减顺序来排列的。即愤怒型的被服务者>固执型的被服务者>亲和型的被服务者>徘徊型的被服务者。

这四种被服务者类型没有好坏之分，只是状态不同，需要我们在提供服务的时候区别对待。

使用的效果是通过让学生仔细观察这四种不同类型的被服务者的状态,总结特质,进而考虑如何提供服务。学生在学习时的反馈包括:①在面对固执型的被服务者时,感觉他的要求有些过分或者无理,我们还要在可能的(适当的)条件下,尽快按照他的要求去做。这样的做法会不会助长一些不合理的行为呢?对此,教师需要告知学生:重要的是根据他当时的情绪特点来处理,不要正面冲突,以后有机会再引导,否则该类型的被服务者可能会上升为愤怒型的被服务者,处理起来又是另一个局面了。②愤怒型的被服务者实在太可怕了,这种人"惹不起,躲得起",我们干脆就避让不理他算了。教师需要引导学生了解:这种情景在以后的职场中很容易碰到,如销售或者服务岗位,客户因为一点小事情不满意,就会非常愤怒,并坚持要求你道歉,你能一直躲吗?躲不是解决问题的办法,要想方法让事情得以解决,客户得以留住。③亲和型的被服务者身边好像挺多的,也很容易被人忽略。教师引导:这种温和类型的人是我们未来职场中重要的同事或者客户,他们占了很大一部分比例,是一个稳定的群体。但因为他们不像"固执型"和"愤怒型"被服务者一样提出无理要求,反而容易被大家忽视。我们要对他们及时表达感谢与鼓励,肯定他们做过的事情。

通过识别需求能力模型,让学生体会几种不同需求类型的被服务者,强调其处理步骤:找特质——观察(读万卷书不如行万里路,行万里路不如阅人无数)——先不要急于处理,而是观察对方的状态,不能简单地用自己的要求与标准来服务对方。

2. 现在的服务意识与未来职场的对应关系

现在的服务意识与未来职场的对应关系,如图8-4所示。

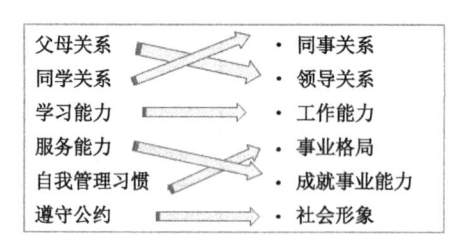

父母关系 → 同事关系
同学关系 → 领导关系
学习能力 → 工作能力
服务能力 → 事业格局
自我管理习惯 → 成就事业能力
遵守公约 → 社会形象

图8-4 现在的服务意识与未来职场的对应关系

图8-4所示的内容来自第二单元,在第一个环节中使用。使学生了解在校期间培养较强的服务意识与将来在职场中获得较高的成就之间是有必然的联系的,借此指出现在培养服务意识的意义。

这个图分为两部分,左边是现在的服务意识,右边是未来职场的对应内容,展示两边内容供学生进行连线。现在的服务意识与未来职场的关系存在什么联系,处理好当前的父母关系、同学关系,未来能处理好什么样的关系呢?现在的服务能力强,将来工作时会成就自己什么样的能力呢?通过让学生进行思考连线,对现在与将来进行对比考虑,了解做好现在的一切,可对接未来的是什么样的人生。

在连线过程中,如果学生连线正确,可以询问他为什么会这样连。如果学生连线错误,可以让他思考这两个(选错的和正确应选的)之间有何相似之处。例如,是不是不喜欢父母管我们？在工作中我们会遇到第二个父母，那就是领导，他们是一种强势、权威的代表，如果现在处理不好与父母的关系，那么以后在职场中与领导的相处也可能会遇到困难。

使用的效果是让学生对比理解左右两边内容的相似点，思考为什么会有对接之处；使学生清晰认识到现在的服务意识对将来职业生涯的影响。通过此图让学生明白"现在的服务意识与未来职场的对应关系"，明确现在培养服务意识对他们今后有什么作用，以增强学习兴趣。我们前面已经学过，服务无处不在，服务的最高境界是什么？持续、有质量的付出，而不计较人们是否有回报。通过此图总结引导，服务正是一种在点滴中持续积累的行为习惯和互动状态，保持持续积累的习惯，持续进行有质量的输出，才会在未来有相应的成长和收获。

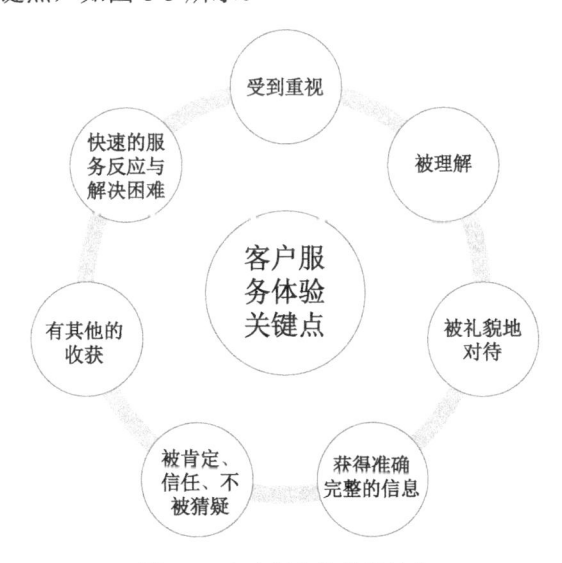

3. 客户服务体验关键点

客户服务体验关键点，如图 8-5 所示。

图 8-5 客户服务体验关键点

这个"客户服务体验关键点"来自第二单元，在第四个环节使用。通过体验最好的服务共性引导，由学生总结出客户服务体验的关键点。体会一分关心、一片爱心所带来的温暖，体会服务发自内心，理解服务是真诚的以心养心。

这个图主要是罗列客户眼中优质服务的关键点，每个关键点都是从客户的切身体验去进行总结表述的，站在被服务者的角度去感知服务的真谛。

在学习中，关于服务体验，学生总结通常会较多停留在表面的感受，意识层面可能无法归纳总结出这些关键点。教师需要引导学生层层深入地收获信息，进而掌握优质服务的内涵。

使用的效果是在讲解时先提问学生体验过的最好服务有什么共性，让学生自由回答。教师将答案中有代表性的挑出来，再结合第一单元第四个环节"怎样才算是对你好"讨论的相关信息展开引导。学生会反馈，好的服务有"方便、及时、尊重、礼貌、关心、热情"这些特点。再分析"体验后形成的期望"，引导学生总结出关键点。

8.6 经典活动解读

8.6.1 锻炼识别需求能力的情景模拟演练活动解读

1. 活动背景与目标

故事背景：某职业中学高二年级要举行"暑期打工心得演讲比赛"。班主任看了同学们写的心得体会，决定让小强去参加。尽管他学习成绩一般，也从来没参加过相似的比赛，但班主任觉得他写的体会感悟很深，想给他一个树立自信的机会。但小强碍于情面、犹豫不决、不愿参加。

情景演练任务：如果你是班长，面对此情景，该如何劝说小强参加比赛呢？

情景模拟演练的目标：通过体会徘徊型被服务者的状态，引导学生要学会识别对方的情绪，抓住核心解决问题，掌握与此类型被服务者打交道的关键意识与关键行为。

2. 活动内容与操作步骤

【活动名称】锻炼识别需求能力的情景模拟演练。

【活动目的】扮演小强的同学要体会到小强犹豫不决的心情。班长的扮演者劝说要真实，力争劝说成功。

备注：在学生上台扮演时，可以找同学帮忙拍摄整个过程。

【活动步骤】

步骤一：小强同学坐在课室里，心神不定地写写画画，班长走近他并着手沟通。演练考虑点：班长如何才能迅速拉近与小强的距离。

步骤二：班长切入主题劝说小强同学参加演讲比赛。演练考虑点：班长要引导小强说出自己不想参加演讲比赛的顾虑及他内心真正的需求。

步骤三：小强说出自己内心顾虑后，班长帮助他找出不明确的因素，并主动向他提供一些建议方案。

步骤四：请班长与小强的扮演者分别说出自己扮演时的感受。

步骤五：请各组同学对班长与小强的扮演者提出完善建议。

步骤六：教师根据大家发言做总结升华，提示学生应该指向事情本身，而不用过于关注情绪。

3. 活动中的学生表现与教师引导

锻炼识别需求能力的情景模拟演练活动重点步骤中的学生表现与教师引导关键词，如表 8-1 所示。

表 8-1 锻炼识别需求能力的情景模拟演练活动重点步骤中的学生表现与教师引导关键词

活动步骤	活动要求	学生表现	教师引导关键词
步骤一	班长如何才能迅速拉近与小强的距离与之进行沟通	有学生直接用力拍小强的肩膀，有学生直接搂着小强的肩膀，也有学生直接拍小强的脑袋	舒服 接纳
步骤二	班长要引导小强说出自己不想参加演讲比赛的顾虑，以及他内心真正的需求	偏离主题；班长的扮演者可能会强硬地下达必须参赛的命令，或者给小强贴上"不参加比赛就不热爱班集体"标签	换位思考 同理心
步骤三	班长帮助小强找出不明确的因素，让小强明确目标，并主动向小强提供一些建议方案	无法同步小强情绪，只会一味地劝说："你去参加比赛吧，没有什么了不起的，不用怕。"	打消顾虑 增强自信

4. 针对学生表现，教师的引导方式

在步骤一中，当班长走近不淡定的、略有焦虑的小强同学后，为了迅速拉近与小强的距离，有学生会直接用力拍小强的肩膀，有学生直接搂着小强的肩膀，也有学生直接拍小强的脑袋。哪种方式更能化解小强的距离感呢？教师让学生自己感受并思考："为什么这样的方式更受人欢迎，我平时是怎样做的？"

在步骤二中，班长引导小强说出自己不想参加演讲比赛的顾虑及他内心真正的需求。当班长的扮演者过于强硬地下达命令"你必须去参加这个比赛"或者给小强贴标签"你不去参加这个比赛，就是不爱班集体，不愿意为班级争光"时，教师提问："这样的沟通形式，小强感受会是怎样的？"而小强的扮演者若角色揣摩不到位的话，会导致沟通结果变成："好吧，你要求我去参加，我就去参加吧。"这种是息事宁人的状态，但不是徘徊型被服务者满意的被服务状态。面对以上可能会出现的状态，教师在现场引导把控中，需要明确提醒学生：角色扮演要结合故事背景进行，扮演者需要体验当事人的心理感受和细微变化，力求呈现当事人的心理变化；扮演者还需要在角色扮演的演练过程中，回顾自己是否存在着"只要劝说对方答应了比赛即万事大吉"的心态，观察自己是否处于"体察对方"的心态上，还是处于"只求完成任务"的状态中。这两种状态，表面上区别也许不明显，但从服务的境地上来说，有着本质的区别。

在步骤三中，班长的表现应对是演练重点。很多学生在扮演班长角色时无法同步小强情绪，只会一味地劝说："你去参加比赛吧，没有什么了不起的，不用怕。"在这种情况下，服务的质量就存在着很大的提升空间了。在了解到小强同学是因为不够自信，没有参加此类比赛的经验，怕当众出丑之后，教师引导班长给出的应对办法是：承诺陪着小强练习，让小强熟悉演讲稿，保证整个比赛都与小强共同进退。还提出演练方案——"先单独陪小强练习，等演讲稿熟练了，可在宿舍里演讲练习，进一步克服紧张感。然后再利用早读时间在班级当众演讲"。通过这种逐渐扩大演讲范围的方式让小强消除心中的顾虑，让他预见大家会帮助他逐步提升的，从而使小强能真正消除心中的顾虑。

5. 活动重点引导说明

在本次演练活动中，一开始学生很难把握好角色的扮演要求。小强的扮演者可能无法

把被服务者的犹豫不决、不够自信的状态演绎出来，而班长的扮演者则可能不考虑实际情况，用与普通同学的相处沟通方式展开应对，并没有站在小强的角度去思考问题。教师必须与学生明确小强的角色表现要求是自信心不足，心有顾虑，迷惘无助，犹豫不决。这类型客户的特征是说话迂回，眼神不好意思与人对视，语气较轻，想保持距离。班长的角色表现要求是：通过劝说，让小强心甘情愿去参加比赛（小强的角色也可以由教师本人扮演，这样在角色的揣摩上精准度会更高些）。

6. 活动中的风险点预告

在锻炼识别需求能力的情景模拟演练中，若扮演班长的同学未能体察犹豫不决的被服务者所处的状态，无法体会他的需求，会出现的风险点就是被服务者在与服务者进行沟通后，会更加不知所措，而服务者则充满挫败感，事情不但得不到解决，还可能会伤害到两人的感情。教师在这个时候就需要调节活动中的对抗情绪，不要等过激行为出现后再补救。

8.6.2 "桃花朵朵开"活动解读

1. 活动背景与目标

"桃花朵朵开"是课程的团队组建活动。在这个活动中学生会有的现象和做法是喜欢抱团，愿意自由组队，一般喜欢与自己熟悉的室友成为同一组成员。

本活动的目的是让每个小组的人员得以平衡，随机组合，促进大家交流认识。

2. 活动内容与操作步骤

【活动名称】桃花朵朵开。

【活动目的】通过活动进行分组，使每组成员男女比例平衡，也使学生整体水平处于随机平均状态。

【活动时间】10分钟。

【活动道具】无。

【活动规则】口令要求——教师说："桃花朵朵开。"学生问："桃花开几朵？"教师说出一个数字，学生就凑成这个数字的人数，并且紧紧抱在一起。

备注：为了让分组最后的结果男女比例平衡，教师在最后一次说数字时，可以附加条件，如7朵，要求有1位男生。

【活动步骤】

步骤一：开始前，全体学生手拉手围成一个大圆圈；

步骤二：根据口令预演一次，让每位同学都明确游戏的玩法；

步骤三：教师按照游戏口令指挥学生完成由易到难的数字组团两次，未能完成数字组团的同学要进行节目表演；

步骤四：教师根据本班人员分组计划进行数字口令选择，完成分组。

步骤五：若本班人数进行分组时多出1～2位同学，可将多出来的同学作为特殊幸运儿让已组团成功的团队进行成员争取。

3. 活动重点步骤引导说明

在步骤三中，教师在选择游戏口令数字组团时，可刻意选择数字会导致个别行动力不强的同学无法组团成功。这样一来可以活跃气氛，让同学们有紧张感；二来落单的同学要进行节目表演的规定会使全班同学投入游戏的积极度提升。

在步骤五中，通过争取幸运儿这种形式一来可以让最后剩下的那1~2位同学的情绪，由没成功组团茫然不知去处引发的失落转换为因成为众小组争抢的"香饽饽"而开心得意；二来让刚组建的小组马上有沟通话题，讨论怎样才能成功抢人，整体活跃课堂气氛；三来通过这样的设计，推动思考。在幸运儿同学融入团队后教师可以提问：成为幸运儿被各小组争夺的感觉是怎样的？为课程埋下伏笔：服务是无处不在的。教师在课堂中针对现场情况进行灵活处理，可带给学生不同的体验。

4. 活动中的学生表现与教师引导

"桃花朵朵开"活动重点步骤中的学生表现与教师引导关键词，如表8-2所示。

表8-2 "桃花朵朵开"活动重点步骤中的学生表现与教师引导关键词

活动步骤	活动要求	学生表现	教师引导关键词
步骤一	全体学生手拉手围成一个大圆圈	男女生连接位置，若是性格比较内敛的两位同学会羞于伸手，圆圈则无法完成	忘掉性别 提前体验与异性牵手 开朗大方的同学主动伸手
步骤二	预演一次口令	不熟悉规则，很害羞放不开自己，无法主动组团	职场融入度 适应社会的能力
步骤三	由易到难的数字口令组团	不知所措→慢慢适应→快速反应	快速主动适应环境
步骤五	分组结束后，多出来的同学作为幸运儿，让已组团成功的团队进行成员争取	幸运儿因为被争抢受重视而开心得意，小组成员想方设法争抢队友	打动人心的争抢方式

5. 针对学生表现，教师的引导方式

针对在组团活动中学生的反应力及专注投入程度，教师可引导如下：

（1）今天你在活动中的行动力表现，正是未来职场中你在面对新环境、新事物会呈现的状态，今天你能适应活动节奏快速地组团，将来你在新单位里也能以最快的速度展示你的工作能力。

（2）你在过程中对他人做出的行为，是令别人愉悦的还是不舒服的？思考一下你做出此行为时考虑的出发点是什么。提示学生在接下来的课程中用心体验、用心感悟，让学生对服务的理解有个由浅入深的过程。

6. 活动中的风险点预告

在分组中，若班级同学原本存在无法调和的矛盾，在活动过程中又机缘巧合地成为同一团队成员时，也许会导致接下来的课堂活动无法顺畅开展，因此教师需要特别留意分组过程中犹豫不决者的迟疑程度与原因，或是教师需要提前了解班级同学关系现状，以备任

活动中调整应对方案。

8.7　专题的其他建议与提示

本课程的重点是通过分析职场中对被服务者类型的识别、理解和应对过程，引导学生学会服务思维与习惯：不要急于处理，而是先观察对方的状态，避免用自己的标准来服务对方。专业服务往往会通过建议、方案的方式输出或呈现。

本课程专题在开场就需要提示学生用心体验、用心感悟。通过情景模拟、案例讨论、视频分析等活动形式，为学生理解服务提供一个由浅入深的认知过程。本课程结束的时候，可以让学生回顾一天的体验、互动和感受。从服务的重要性，升华到建设服务和谐环境中的责任与义务，提示学生应该用实际行动参与社会服务。从点滴做起，从现在做起。用我们互为支撑的爱，共建和谐校园、和谐未来。

8.8　思考题

在海明威[①]的《丧钟为谁而鸣》中有这样的诗句："谁也不能像一座孤岛，在大海里独踞。每个人都像是一块小小的泥土，连接着整个陆地。如果有一块泥土被海水冲去，欧洲就会缺其一隅，这如同一座山峡，也如同你的朋友和你自己。"谁也不可能离群索居，都要与人相处。在与人相处中，如果你想要受到别人的欢迎，首先应该做的就是要真诚地去关心别人、重视别人，这就要你具备高尚的情操和磊落的胸怀。你诚挚的心灵，会使对方在情感上感到温暖愉悦，在精神上得到充实和满足。这样，你就会体验到一种美好的工作和生活的氛围，就会拥有和谐的人际关系。你发自内心地重视别人，才可以受到别人的重视。重视别人是文明的表现，你看重别人，别人就看重你，就会有越多的机会走向成功。重视别人，实际上就是重视自己。

问题：如何成为一个令大家喜欢又被社会所接纳的人？

8.9　拓展学习资源推荐

1. 电影：《泰囧》

推荐理由：《泰囧》是一部较为成功的喜剧电影，讲述了主人公徐朗、高博、王宝三人

[①] 海明威（1899—1961年），美国作家、记者，被认为是20世纪最著名的小说家之一。

跨出国门远赴泰国，一路遭遇"敌人"狙击，在泰国冒险的传奇故事。影片中王宝一直以"二"的姿态出现，尽管他对徐朗真诚相待，但在相处过程却往往做出一些让徐朗哭笑不得、甚至厌恶的事情。但是他真诚的付出最终还是获得了被接纳的回报。徐朗后来为完成王宝的心愿，邀请范冰冰与他共度蜜月。这个充分考虑了王宝深度需求的举动，让王宝"开心死了"。通过将电影中两人为对方提供的服务进行对比，突出"服务是真诚的将心比心"这个主题。

2. 书籍：《完美服务：确保完美服务的 101 个方法》

推荐理由：书中内容环环相扣，内含 101 个关于如何提供完美服务的方法。每个方法都通过"行动指南""如果发生以下情况"和"尝试以下方法"三个模块的结构去分析服务秘籍。能够为你提供取得成功所必须掌握的各种客户服务概念和技巧，可以启发你建立自己的"服务个性"，使客户真正感受到你对他们的价值，让你轻松应对不同类型的客户并掌控复杂多变的局面，帮助你快速提高有关客户服务方面的专业技能。

3. 电影：《北京遇上西雅图》

推荐理由：影片看上去是轻松温暖的故事，却包含着严肃的主题。影片男主角内敛细致的"收"与女主角跋扈热情的"放"互成对比。影片塑造的内敛却又温暖坚强、甘愿牺牲的萌叔形象打动了无数观众的心。"金钱能买到游艇和法餐，也能买到周一到周五的豆浆油条，这就得看人怎么想了"，你思考的角度，决定了你的生活。

4. 宣传片：《移动营业厅的个性化服务》

推荐理由：片中展现了移动营业厅的工作人员在面对不同类型的顾客时做出的灵活应对策略，体现了服务的境界与原则：与顾客同步，用你的方式与你沟通。

5. 视频课程：金正昆服务礼仪讲座

推荐理由：金正昆教授善于通过风趣幽默的语言表达思想观点。金教授诙谐而明确地阐述了服务礼仪的内涵：服务是什么，服务就是有求必应，不厌其烦。金教授从服务人员应具备的基本素质和应遵守的行为规范谈起，结合服务案例的解读，系统地介绍服务礼仪的相关内容，并针对服务工作中容易出现的问题，有的放矢地给出了解决方案。

第 9 章　如何销售自己

9.1　案 例 导 读

> **老太太买枣儿**
>
> 　　一个老太太去卖水果的地方，从一家走到另一家，结果都没有买到想要的东西。原来每当老太太说要买枣儿时，销售人员们便立即向她推销自己卖的枣儿是"山东的"（"北京的""河北的"），又脆又香又甜。这个老太太听了都摇摇头离开了。
>
> 　　有一位小伙子凑过来问："阿姨，您到底需要什么样的枣儿？"老太太说，她的儿媳妇怀孕了，想要的不是甜枣儿而是酸枣儿。小伙子明白了，说："我们有一种酸枣儿，您可以买一点尝尝。但我们还有一种水果，营养好，略带酸味，那就是猕猴桃。有澳洲和新西兰的……"尽管价格有点贵，但老太太还是非常高兴，买了猕猴桃和枣儿。
>
> 　　第二天，老太太又前来买猕猴桃。因为儿媳妇说，猕猴桃比枣儿更好吃……

【思考题】

（1）老太太为什么不买销售人员推荐的又脆又香又甜的枣儿呢？

（2）老太太为什么不但买了小伙子推荐的枣儿，还要买猕猴桃呢？你从中得到什么启发？

【课程导语】

　　案例中，推销又脆又香又甜枣儿的销售人员，只是自己有什么卖什么，并没有关注老太太的需求是什么。一旦了解了老太太的需求，销售人员的建议和想法都会得到很好的反馈。让自己的产品被别人接受，自己的建议被别人接纳，都是一个销售的过程。

　　在校园中我们发现，学生经常好心地给别人出点子提建议，但对方并不接纳。因此在学校是否被教师和同学接纳，在企业中是否被同事接纳，在社会服务中是否被客户接纳，这些都是学生面向未来要思考的问题。如何销售自己专题课程是引导学生思考：成功的销售应该考虑什么，是销售自己有的还是对方需要的？销售自己其实是一个明确自己的角色，理解对方的需求，成功让社会、他人接纳自己的过程。学生在学校的三年中应学会将自己的优势与环境对接，在未来才能更好地被社会认可和接受，将自己卖个好价钱。

9.2 专题定位与核心理念解读

无论是在企业的经营中，还是在社会各种场合的服务中，成功的销售并不在于我们拥有什么，而取决于社会需要什么。不论是三大产业中的任何行业，还是不同类型的企业，他们的存在都是因为对接了社会某个方面的需要。比如，人们有了更优生活品质的需要，才有了衣食住行各行各业的不断升级；人们有随时沟通的需要，就有了手机通信各种服务的存在；人们有了简便快捷生活的需要，于是就有各种快餐企业、物流企业、移动支付服务的出现与不断更新……我们只有懂得捕捉他人的需求，才能为他人提供便利、适合、优质的服务。社会认可、接纳的销售行为，其标准是：不能你有什么，就给社会销售什么，而是要分析周围环境的需要。分析、理解社会环境、他人需要的过程与能力才是我们的成长重点。

基于这样的认识，一个理解"销售"的人，一定不会自以为是地固守自己的专业、能力、爱好或特长，而应看企业的岗位需求是什么。一个人如果能够在了解岗位的职责需要，理解企业发展目标的需要，理解客户和市场的需要的基础上，以有意识对接需求的状态主动履行工作职责，那这样的人一定是受企业欢迎的人。

中职二年级的学生已经熟悉校园的学习生活，他们加入了学校的学生会、团委会或者各种社团，成为校园里的活跃分子。在校园活动中，展示才华，锻炼能力。他们在与他人相处过程中往往会比较自我，说话做事还不太关注身边的亲人、朋友、教师、同学的需求，习惯性关注自己的内心感受，与周围人互动的质量并不太不稳定。个人形象特点不太鲜明，语言、表情、行为等习惯比较随性，原生态。要提升销售自己的能力，这样的认知和习惯是需要调整的。作为17岁的孩子，可以有意识对接社会的需求，通过2～3年的时间，学会观察他人、社会的需求，在学习和生活中培养个人魅力，让自己的核心内涵与环境的发展和变化自然对接。

中职二年级的职业素养主题是"思动"，即引导学生在行动中学会思考，思考之后再采取行动。中职一年级的五个专题偏重于基础职业行为能力，中职二年级的五个专题内容则开始贴近职场中的思维应用能力。"如何销售自己"专题是中职二年级学生的职业素养课程。按照职业素养课程体系的设计思路，把"如何销售自己"排在"服务意识"专题之后。"服务意识"专题是让学生认识服务是无处不在的，我们需要关注怎样才能提供高效的服务让他人满意，使校园、社会更加美好和谐。"如何销售自己"专题聚焦于让学生掌握在未来与社会进行有质量互动的成长思维方式与方法，实现被社会接纳的目标。学习的重点是结合具体环境，明晰自己适应环境发展与变化的核心内涵。

本章核心理念：将自己卖个好价钱！从表面看，好像是将自己的身价抬高就是卖个好价钱。其实在与他人互动的过程中，首先要先了解对方真正的内在需要，然后转化为具备相应内涵的服务或产品，这样才有可能被他人接受。如果你有什么就销售什么，不在意他人的内在需求就进行销售，这是没有人会买单的。

将自己卖个好价钱，一定要知道好价钱的内涵是什么。"如何销售自己"专题的课程内涵就是引导学生能够在外界变化、多元的情况下，换位思考自己应该做哪些合于环境、他人和事情的需要所指向的服务与行为。学会做人是销售自己的前提和基础。

9.3 专题目标解读

本专题的目标是帮助学生明确理解销售的内涵，学习面对一个事实：进入社会，不是由社会来迁就我们、接纳我们，而是社会需要什么，我们就销售什么。只有销售了社会需要的内容，社会才会接纳我们。有了这样的基础认识，有了符合需要的服务和行动，社会才有可能认可我们。为了培养这样的销售思维与习惯，我们在成长过程中，要学会认识他人、社会的需求，结合需求培养自己的"卖点"，将自己的优势与环境对接；能为他人提供便利、提供合适服务、能根据环境变化合理调整自己的行为输出。这样社会才能更好地接纳我们。

在校园里学习、生活，学生经常有自己的观点、建议，希望他人能够接受；有爱心、好心，希望能为他人提供帮助；有特长，希望能够得到展示。但这些观点、建议、爱心、特长，只是站在自我的角度产生的。当自己的做法不被外界接受时，学生还不明白究竟发生了什么。

其实，每个学生都有自己的长处和优势。但在后续的学习中，他们只关注自己喜欢的内容和擅长的内容，而忽略了自己的所学是否能与校园人际有效互动，忽略了应在校园里为未来做好综合素质储备。否则进入社会之后，如果自己的"特长"不能与工作岗位的需求匹配，就容易产生怀才不遇的感觉。为了获得成就感，就换工作、换老板，而没有意识到不是单位的问题，而是自己的能力和认识需要调整。学生一旦习惯了"自我中心"这种思维模式，就很难看清自己的问题所在了。若没有适时调整，将来进入社会，面对自己的工作依然会延续这样的做法。这个认知的转变就在于如何理解"销售"的内涵。所以，我们的课程重在引导学生在校园里就开始关注别人，体会身边人的需求，体会班级活动的需求，体会自己发展真正需要积累的内容，转化为自己的实际行为，开始为同学、老师、班级、社团、学校提供合适的服务。在这样的基础上，才能继续实践自己，积累自己，形成与他人、社会有质量互动所需要的思维、态度及行为习惯。

9.4 专题内容解读

本专题共分四个单元，如图9-1所示，其中第一、四单元各为1课时，第二、三单元各为2课时，共计6课时。

本专题内容包括"如何认知销售与销售行为""怎样的行为是被社会接纳的销售行为""如何将自己的'卖点'与环境对接""如何对接未来职场的销售'卖点'"四部分内容。通过为自己的团队做广告、"翘脚"案例演示与解读、"如果可以重来"的小组讨论等活动及相关视频解读，引导学生提升自我销售的意识。启发学生思考如何能更好地被他人、社会接纳，从自我形象塑造、捕捉需求，为他人提供便利、提供合适服务，应环境的变化合理调整自己行为输出等方面挖掘转变节点，理解销售自己的过程就是被社会接纳的过程。

```
┌─ 第一单元  如何认知销售与销售行为
│  • 销售的过程就是被社会接纳的过程
├─ 第二单元  怎样的行为是被社会接纳的销售行为
│  • 你所能期望的，也是社会所期望的
├─ 第三单元  如何将自己的"卖点"与环境对接
│  • 洞悉环境，身体力行，沉淀习惯
└─ 第四单元  如何对接未来职场的销售"卖点"
   • 长跑需要的是态度：耐力与愿力
```

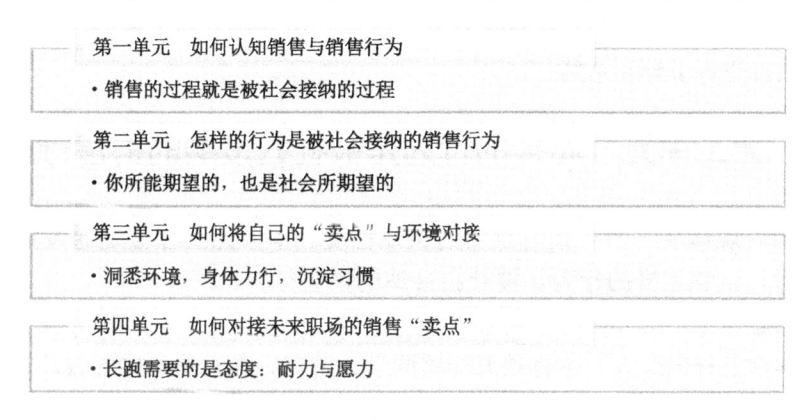

图 9-1 "如何销售自己"课程框架内容

温馨提示：

在第一次课程开场的时候，先通过"谁是最受欢迎的人"的小活动，让学生体会被别人认可和接纳的状态。随后，把全班分为 6 个组，进行分组活动。每个组为自己团队做一个形象宣传广告，通过小组任务引入销售的话题。

9.4.1 第一单元 如何认知销售与销售行为

在企业的经营中，销售是为了满足别人的需求出售产品或服务从而使企业活动有相应产出的经营行为。销售本身不仅要了解自己的产品及其优势，更要了解客户的需求。本单元的课程任务是通过活动和案例让学生认知销售是什么，销售行为是什么，从而了解销售自己的内容指向，认识到在日常生活中销售无处不在，成功销售自己的关键是需要"被接纳"。本单元有三个环节。

第一个环节：认识销售。这里进行一个讨论——"社会上存在着哪些销售行为"。学生能列举出社会上各种各样的销售现象，最常见的是卖产品的、卖服务的，还有卖特长的（运动员）、卖未来的（保险）、卖文化的（文化传播媒介）……这个环节是让学生了解"什么是销售""什么是销售行为"。销售就是为了让他人、客户或者组织接纳而付出努力的过程。销售行为是为了这个目标而付出一系列努力的行动。通过这个环节可以让学生对销售产生新的认识。

第二个环节：以讨论的方式，聚焦与学生相关的内容——"在日常生活中，我们是否存在销售自己的行为？"通过让学生讨论，引发学生思考一些问题：在家里，为了让父母喜欢、接纳，你会怎样做？在学校，为了赢得教师的认可和同学的接纳你会怎样做？为了得到朋友的接纳你会怎样做？学生讨论 5 分钟，并找同学分享。

第三个环节：总结归纳。在前两个讨论活动的基础上，学生逐渐认同了销售自己的新

理解，即让父母、兄弟姐妹、教师和同学接纳而付出的一系列努力就是在销售自己。父母、兄弟姐妹之间，我们销售的是亲情、包容、关怀；教师和同学之间我们销售的是思维、知识、观点、合作；朋友之间，我们销售的是信任、诚信、友谊。可见，在日常生活中，销售是无处不在的，销售行为千变万化，关键是实现"被接纳"。

本单元采取的主要课堂形式：爆米花式（学生自由回答）的方式，让学生自由发言。在这个基础上，进行引导和总结。

9.4.2　第二单元　怎样的行为是被社会接纳的销售行为

人的行为表现体现了一个人对事物的认知程度。本单元的任务是通过主题讨论，让学生换位思考，认识怎样的行为是被社会接纳的销售行为。

讨论的话题与学生的实际生活结合度越高，学生的参与度也就越高。我们确定的讨论主题是：你喜欢怎样的恋人？你喜欢怎样的同学、朋友？你喜欢怎样的教师？你喜欢怎样的家长？每个小组选择其中一个主题进行深入讨论。

学生在谈及自己喜欢的人时，会很轻松地梳理出自己的判断标准，各组讨论后归纳并向大家展示。这个过程是大家比较开心的状态。在分享之后，应会引导学生思考：我们喜欢这样的人作为同学、朋友、教师，那我们自己作为别人的朋友、同学，是不是也符合这样的标准呢。

这个角度，学生通常很少思考。学生的状态是向外要求的多，向内要求自己的少。最后，通过教师总结给予提示：社会接纳我们的标准与我们对别人的期待是一致的。我们喜欢的、认可的，也是社会认可的；只有做到这些，销售的过程才会很顺畅，自己被选择的机会才大；如果不是这样的人，我们被选择的概率会很小，销售难度会很大。由此可见，你期待的，也是社会期待的，你要求别人做到这样，自己首先要做到。我们要学会将心比心，换位思考。

本单元采取的主要课堂形式为主题讨论。全班同学共同参与，分组开展课堂活动。这样换位思考讨论的引导，拓宽了学生对自己和外界认知的视角。

9.4.3　第三单元　如何将自己的"卖点"与环境对接

所谓"卖点"，是指产品或服务具备了客户所需要的特色与优势。一个人有"卖点"是指他在工作上的行为表现有别人所需要的地方。本单元的任务是通过三个环节引导三种好习惯的养成，让学生在日常的学习生活中培养个人的"卖点"，并学会与环境对接。

第一个环节："翘脚"场景演练体验，目的是养成第一个习惯，即提升内涵——学会培养个人魅力。"翘脚"的动作在生活中很常见，但在一定的场景之中，这些就能体现出一个人的职业素养。通过活动体验魅力是由内而外散发的；专业的技能、良好的素养会让你有底气；自信可以通过日常的服饰、语言、表情、眼神这些细节流露出来，这就是个人魅力的体现。引导学生考虑要用多长时间掌握专业技能，培养良好的素养，建立个人良好形象。

第二个环节：分享《中国合伙人》的电影片段，引导学生养成第二个习惯，即注重积累——学会观察，学会体察。我们为自己设计了良好的形象，能不能让别人或社会接受呢？这就需要学会观察别人的情绪，体察别人的需求，进而观察社会发展的趋势，体察社会发展、变化的需求。在电影《中国合伙人》中，有"陈冬青的课堂不受欢迎"的片段和生活委员晓蓉为班级篮球运动员买饮料的片段。引导学生平时与人交往时要学会换位思考，多留意周边人的需求，这样才能被他人接纳，形成被别人需要的"卖点"。

第三个环节：通过《芈月传》的视频片段，说明要养成的第三个习惯，即讲究方法——学会策划，满足需求。在培养自己的"卖点"的同时，也要学会策划，主动满足别人的需求，这样成功对接的机会更大。在电视剧《芈月传》中有"收服军心"的片段。我们可以感受到，芈月的治国方法符合了将士们的需求，所以芈月慷慨激昂的倡议被全军将士所接纳。那一刻，也是芈月成功销售自己的一刻。

俗话说，"台上一分钟，台下十年功"。各种案例和活动，都要引导学生提前做好准备，并提示学生讲究方法，学会策划则会事半功倍，如图9-2所示。

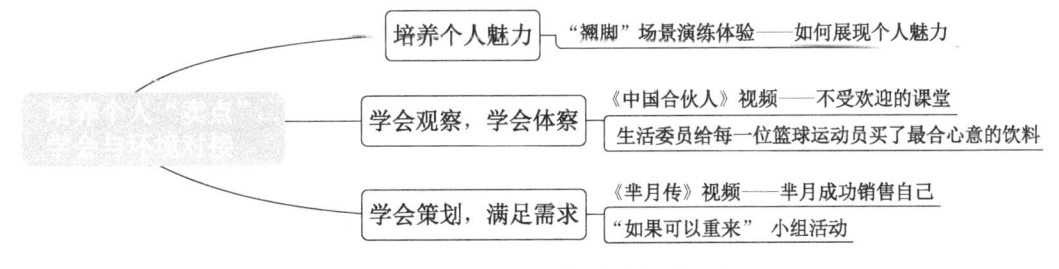

图 9-2　个人卖点与环境对接的思路示意

9.4.4　第四单元　如何对接未来职场的销售"卖点"

了解销售的内涵，知道"卖点"的意义，那么，如何销售自己"卖点"呢？本单元的任务是，帮助学生了解未来进入职场后会遇到什么样的问题，学会打造能够对接职场需求的销售"卖点"。本单元共有三个环节。

第一个环节：通过新闻事件解读学生对接职场所面临的问题。在《朝闻天下》栏目中，有"90后毕业生的跳槽"现象新闻，报道了90后毕业生就业后连续跳槽的现象。通过分析、解读职业新人要面对的诸多问题，帮助学生认识到：毕业进入社会工作，会有六个月甚至更长一段时间的适应期。从最初步入社会一直到适应社会，不同的时间段会遇到不同的问题。这需要毕业生不断学习、总结处理各种问题的方法，面对问题才能解决问题，不断提高自己的综合能力，让自己更好地适应社会、融入社会。

第二个环节：通过组织观看视频《当幸福来敲门》的三个片段，结合讨论，让学生体会，销售的成功都来自持续、稳定的努力行为。

第三个环节：直接给学生提出了"职场销售自己的 N 条建议"。同时，总结课程要点：社会不会因为"我们有什么就销售什么"而接纳我们；"社会需要什么，我们就能对接什么"才是双赢的局面。这样，社会才有可能接受我们；这样面对未来，才能真正将自己卖个好价钱！

9.5 专题核心理论解读

1. "好广告三要素"模型

这个模型的名称是"好广告三要素",来自第一单元用于认识销售与销售行为的"为自己的团队做广告"的开场活动,在播放"嘉士伯啤酒"广告环节中使用,如图9-3所示。

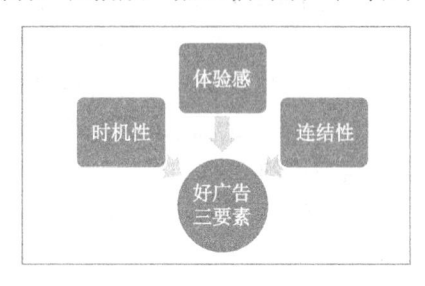

图9-3 "好广告三要素"模型

这个模型的结构是并列关系,好广告包含三要素:在合适的时机(时机性),让相关的人(连结性),有体验的感觉(体验感),产生共鸣。

在使用这个模型时的注意要点是要结合广告里的内容解说。

了解好广告被人接纳的原因是符合了三个关键要素:时机性、体验感、连结性。可延伸引导学生思考成功销售自己要考虑的三要素,如时机性:中职三年学习生涯是一个宝贵机会;体验感:在生活、学习中积极参加社团活动或参与班级、社团工作,并能让周围人感受到自身的魅力;连结性:结合周围人的需求,打造出适合环境变化的核心内涵,为周围人所接纳。

2. 培养自己卖点的三种好习惯

培养自己卖点的路径模型,名称是"培养自己卖点的三种好习惯",如图9-4所示,来自第三单元"如何把自己的卖点与环境对接",在解读培养成功销售自己的好习惯环节中使用。

- 习惯一
  - 提升内涵
  - 学会培养个人魅力
- 习惯二
  - 注重积累
  - 学会观察,学会体察
- 习惯三
  - 讲究方法
  - 学会策划,满足需求

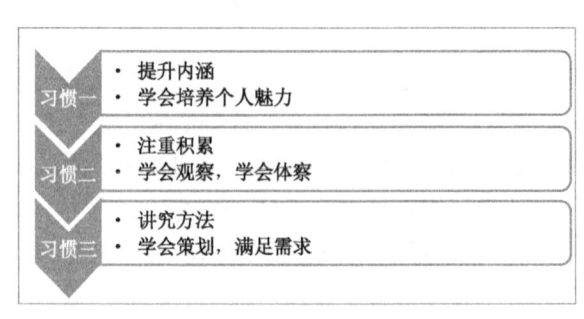

图9-4 培养自己卖点的三种好习惯

这个模型的结构是递进关系,首先要从自己做起,提升个人内涵;其次关注周围的人,学会观察情绪,体察需求;最后做事情要讲究方法,学会策划,满足需求。

在学习时需注意，这三种能力是逐层递进的，有能力但不了解需求，无法对接，销售失败；了解需求但无能力满足，也无法对接，销售失败；有能力又了解需求，能为他人提供合适服务，并能根据环境变化而调整自己适合的行为输出，满足需求，对接成功，这才是销售成功。

这个模型很清晰地展示了三种习惯在培养过程中的逻辑关系，便于学生理解和学习。

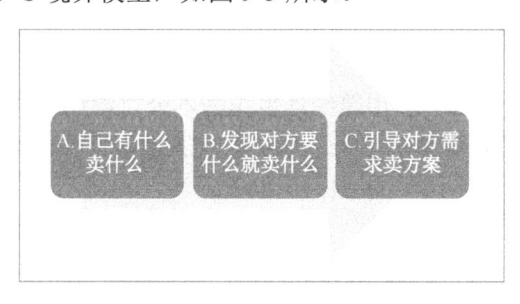

3. 销售行为的 A、B、C 境界

销售行为的 A、B、C 境界模型，如图 9-5 所示。

图 9-5　销售行为的 A、B、C 境界模型

这个模型的名称是"销售行为的 A、B、C 境界"，来自第三单元"如何把自己的卖点与环境对接"，在用视频解说销售行为三种版本销售级别的环节中使用。

这个模型的结构是递进关系，生活中销售自己通常存在三种类型的销售行为 A、B、C，这三种销售行为所指向的能力在难度级别上是逐层递进的。

在使用中的要注意的点是结合相关的视频、案例解说会更生动，现阶段学生争取做到 B 类型的销售境界。

这三个境界是一个总体的认识，目的是引导学生从低的层级向高的层级提升，最终指向是培养学生与社会有质量、长期稳定互动的良好习惯与态度。

9.6　经典活动解读

9.6.1　"为自己的团队做广告"活动解读

1. 活动背景与目标

"为自己的团队做广告"活动是课程的开场活动。这个阶段学生的状态是在生活和学习中比较自我，爱表现自己，关注自己内心感受，不太留意身边的亲人、朋友、老师、同学的感受和需求，与周围人互动的质量不算太高。通过体验为团队做广告的活动，让学生感受自己平时是否留意身边同学的特点，了解最受欢迎团队有什么特点，为什么最受欢迎。

2. 活动内容与操作步骤

【活动名称】 为自己的团队做广告。

【活动目的】 认识到最受欢迎的团队，其每一位成员都能看到相互的优点或特点，能为他人提供合适的服务，而不是由个人能力很强却很自我的成员组成。认识到一个广告、一个人、一个团队要想销售成功，都要学会关注他人的需求，懂得个体服务整体，时刻以团队目标为重。

【活动时间】 30分钟。

【活动道具】 无。

【活动规则】

（1）每个小组组建一个公司，由总经理组织为本公司设计一个广告，用大白纸写下来。要求把公司所有成员的特点都呈现出来，尽可能让其他人记住公司的特点。

（2）每个公司选出一位同学，根据大白纸的内容，为自己的公司做广告。

（3）时间：30分钟。

（4）活动的优胜组标准：画面美，内容全；全体策划，人人参与，合理分工；表达自然流畅。

【活动步骤】

步骤一：宣布任务：请以小组为单位，用10分钟时间按要求设计一个广告；由组长进行分工，组员人人参与；

步骤二：请每个小组派一位代表进行分享，每组呈现5分钟；

步骤三：结合学生的分享，与学生观看一则"啤酒广告"；

步骤四：教师综合点评。

3. 活动重点步骤引导说明

（1）从步骤二到步骤三，学生容易出现只有一位或两位同学在写、在画，其他同学无所事事的情况，所以步骤二须要求组长进行分工，提示学生如何让全组同学共同参与小组的广告设计。

（2）在步骤三中，教师播放嘉士伯啤酒广告视频之前，需要在学生分享的基础上请同学们思考：一个好广告的特点是什么？这些铺垫可以让学生很清晰地理解好广告的标准，同时也为学生设计广告和评价广告提供了基础。

播放视频后，通过讨论达成共识——好的广告应该要在最适合的时间、最适合的地点，向适合的人呈现出广告的关键要素。好广告有三要素，即时机性、体验感、连结性。结合视频分析：在美国，每年都有火热的橄榄球赛季。视频中的广告虽短，但要素都齐备。通过巧妙设计，把看橄榄球比赛与嘉士伯啤酒结合在一起，就能让大家有体验的感觉，在观众心目中引起共鸣，从而会形成一种印象或者理念：看球赛，欢乐的时刻，都要有嘉士伯啤酒。

4. 活动中的学生表现与教师引导

"为自己的团队做广告"活动重点步骤中的学生表现与教师引导关键词，如表9-1所示。

表9-1 "为自己的团队做广告"活动重点步骤中的学生表现与教师引导关键词

活动步骤	活动要求	学生表现	教师引导关键词
步骤一	请用10分钟时间为小组设计一个广告	在写团队成员特点的时候,学生很热闹,平时没留意的细节都想起来了,那一刻气氛特别融洽。有的同学听到别人说自己的优点,很开心;有的同学发现自己给别人的印象不尽如人意,有点失落	请把小组和小组成员的特点呈现出来
步骤二	请每个小组派一位代表出来介绍	出来发言的学生受到团队的信任,语言表达能力比较强,可用不同的方式展现团队同学的特点。有的同学自荐发言,有的同学不敢当众发言,怕丢人	代表的发言是否引起了同学们的共鸣
步骤三	教师播放视频:嘉士伯啤酒广告	被广告的画面吸引了,当看到画面里观众们喝嘉士伯啤酒的时候,很多同学都露出了笑容	好广告的三要素,即时机性、体验感、连结性
步骤四	教师点评,然后让同学选出最优秀的广告并分析	有的组发言代表会选择用风趣幽默语言说出团队里每一个成员特色的组,就算说的是糗事,他们也很开心,有共鸣。有的组发言代表说了很多自己的优点,组里成员的特点轻描淡写,团队气氛比较沉闷	团队广告如何体现时机性、体验感、连结性

5. 针对学生表现,教师的引导方式

在步骤二中,请每个小组派一位代表分享本组的成果,很多同学不敢代表自己组发言。这时教师会引导:"希望各组选派代表把本组的广告内容向大家做分享,代表分享之后,其他组员也可以做补充,要求是把事情说清楚即可。当然,我们也期望同学们有更好的表现。现在哪个小组的同学愿意分享呢?"如果学生不敢发言就用这样的内容引导和鼓励。鼓励学生在平时学习和生活中抓住锻炼的机会。

如果学生分享得很全面,并有特点,教师则可以用如下方式引导:"我们发现这一组解说的同学对同伴的特点十分熟悉,语言表达能力也很强。由此可见,这位同学平时很注意观察周围的同学,同时也注意锻炼自己的表达能力。"

在步骤四教师最后总结时,应把画面、内容结合广告三要素进行点评。对最佳广告可以做如下评价:"大家已经选出最受欢迎广告了,所在的团队和负责解说的同学也满足了全班同学的需求。他们关注到的团队成员特点,也是大家平时在学习、生活中留意过或者是曾经体验过的,这符合好广告的第一个要素连结性;在介绍的过程中,会想象出某个同学的口头禅、容貌特点或者当时的感受,这符合好广告的第二个要素体验感;全班都很认同,产生共鸣,这是符合好广告的第三个要素时机性。正因如此,这个广告得到了大家的认可和接纳,所以是最受欢迎的广告。"

6. 活动中风险点预告与建议

在讨论时,会出现学生冷场的风险。学生不愿意说,也有可能是不知道该怎么说。对于不愿意说的学生,用鼓励的方式;对于思考不深入的类型,可以提示给出方法,让学生有切身的感受,并对学生表达能力的训练提出建议:

（1）在家里镜子前，大声朗读自己喜欢的文章，或多跟朋友说说自己的观点或看法。

（2）在学校积极参加学生会、团委会、班委或者社团；在组织活动，或者为同学服务的公众场合里多发言，有意识锻炼自己的口才和胆量。

9.6.2 "翘脚"场景演练活动解读

1. 活动背景与目标

"翘脚"场景演练活动是在第三单元"如何将自己的卖点与环境对接"的环节中，具体用于培养提升自己卖点的第一个习惯，即提升内涵——学会培养个人魅力的活动，其案例场景如下：

如果你是一名公司外派的计算机维修工程师，这一天，你来到用户的公司里，看到那个用户（这个用户是公司的大客户，是你所不能得罪的客户）正翘脚放在办公桌上，而这台坏的计算机刚好放在脚的旁边，也就是客户的脚底正对着计算机。如果这样你去修理计算机的话，你的头就刚好对着客户的脚底。在这种情况下，你会如何办？你会对那个客户说什么呢？

大家一起来思考，如果遇到这种情况，你会如何设计开场白？

这个阶段的学生普遍状态是在与人相处的过程中，没有留意自己说话的语气、眼神、表情会带给别人什么样的印象；做事凭感觉，常会有头无尾，没有责任感；觉得个人魅力很神秘，是长大以后才需要考虑的问题。

2. 活动内容与操作步骤

【活动名称】"翘脚"场景演练。

【活动目的】让学生通过现场表演"翘脚"的场景，体验如何设计自己的开场白，解决职场上遇到的尴尬，从而明白个人魅力并不神秘。技术的专业、良好的素养可以通过你的服饰、语言、表情、眼神流露出来，这就是个人魅力的日常展示。

【活动时间】30分钟。

【活动道具】一张桌子、一把椅子、一个工具包（书包）。

【活动规则】

（1）场景简介：一个学生扮演上门服务的计算机维修工程师，一个学生扮演公司的大客户，这位大客户翘起的脚正好在计算机附近，影响了计算机维修工程师的工作。那么，计算机维修工程师为了便于自己工作该怎样进行沟通呢？

（2）要求：扮演计算机维修工程师的同学，想办法让大客户把脚放下来，或者在维护自己尊严的情况下，完成维修计算机的工作。

（3）时间：10分钟。

【活动步骤】

步骤一：说明故事演练的场景内容，提出关键问题；

步骤二：请一个同学来扮演公司的大客户，一个同学来扮演计算机维修工程师；

步骤三：在一轮表演结束后，问是否还有同学愿意扮演计算机维修工程师，挑战出现的问题；可以多请几位同学上台演示；

步骤四：教师综合点评。

3. 活动重点步骤引导说明

（1）在活动开始之前，教师可以铺垫一下：我们不要觉得这个事情不会发生。在实际工作中，遇到的问题可能比这个还要困难，还要糟糕。有没有谁主动上台，每组推荐一名代表，我们一起来演绎一下。比一比，看哪个组能把这个问题顺利解决。

（2）步骤二、步骤三，教师的关注点如下：学生常规礼仪是否做到，对待大客户语言表达是否完整清晰，说话的态度、语气、神情是否自然、得体，是否完成了维修计算机的工作。

4. 活动中的学生表现与教师引导

"翘脚"场景演练活动重点步骤中的学生表现与教师引导关键词，如表9-2所示。

表9-2 "翘脚"场景演练活动重点步骤中的学生表现与教师引导关键词

活动步骤	活动要求	学生表现	教师引导关键词
步骤一	请一个同学来扮演那个翘脚的大客户	扮演大客户的同学把脚翘得高高的，眼神很傲慢，语气很轻蔑，对计算机维修工程师极尽刁难，表演很到位。大部分表演大客户的同学都能想尽办法刁难计算机维修工程师，学生说是"本色"出演，可见为难别人很容易，生活中也会出现这种状况	扮演大客户的不要那么容易就把脚放下来了；为什么为难别人很容易，被别人为难的时候，你有什么感觉
步骤二	请一个同学来扮演计算机维修工程师	能够在进门前敲门；没有进行自我介绍；讨好地夸赞大客户的鞋子漂亮，想仔细看看鞋子，结果大客户不买账，他很生气就走了；忘记工作任务是维修计算机	想办法让大客户把脚放下来，完成维修计算机的工作
步骤三	多请几位同学扮演计算机维修工程师，尝试不同的解决方案	有的比较迂回地让大客户把脚放下来，如您的脚不舒服吗？要不要去医院看看？想通过开玩笑的方式解除尴尬，没成功，只好在脚边修计算机；有的直接很强硬地把大客户的脚搬下来，一边被骂一边维修计算机	也可以在维护自己尊严的情况下，完成维修计算机的工作
步骤四	教师综合点评	进办公室前调整好心态，是否有自信？良好的礼貌、坚定的眼神、温和的语气和完整的表达，会让大客户因为你的专业、自信流露出的魅力，把脚放下来，你可以顺利完成维修任务	如何展现个人魅力，如何完成修计算机的工作任务

5. 针对学生表现，教师的引导方式

（1）在步骤二、步骤三中，学生通常表现为恭维领导、没有原则地赞美对方。但在这样的场合中，此做法不是计算机维修工程师工作的意义。教师引导：良好的礼貌、坚定的眼神、温和的语气和完整的表达，会让大客户因为你的专业、自信流露出的魅力，把脚放下来，你就可以顺利完成维修任务了。因为客户需要的是维修顺利完成，这一点与维修工程师的想法是一致的。在工作的时候，个人的行为不仅代表自己，更代表公司。公司并不

希望你用这种委曲求全的方式解决问题，而是用平等互利的方式进行。用专业的做法保护好你的形象，这更会树立良好的企业形象。只有通过持续的行为来强化自己的意识，我们才能在平时的生活中保持自己的个人魅力。

（2）步骤四，根据各组学生的表现，教师做综合点评：个人魅力来源于自信。作为一名公司的外派计算机维修工程师，要知道自己的工作职责和工作使命。外出到其他公司执行工作任务就应当时刻意识到，个人代表的不仅仅是自己。所以，我们要有信心去面对一切问题。

工作的专业性体现在工作任务执行的完整性。从一进门声音洪亮的问好和自我介绍开始，就要与客户交流与互动；在确保工作效率的情况下完成维修工作，并让客户确认。

注意细节魅力也是服务人员的重要内容。一定要穿得体，可能是工作服，也可能是自己的衣服，但要适合自己的身份。在行为上要体现出自己的自信和自尊，说话不要唯唯诺诺，要语气温和，但语意坚定。我们可以态度非常好地直接说："您好！我是某某公司的计算机维修工程师。我是来修理计算机的，请问是哪台计算机要维修。"然后走到要维修的计算机前说："麻烦您把脚挪一下，我要修理这台计算机，请您配合。"这样，对方如果是有素养的人一定会把脚放下来的。技术的专业、良好的素养都会通过你的服饰、语言、表情、眼神流露出来，这就是个人魅力的体现。

6. 活动中的风险点预告与建议

在"翘脚"场景演练的过程中，经常会遇到一些学生不知道如何展现个人魅力而无法完成的情况。这时，教师注意引导学生关注以下两点：

（1）个人魅力来源于自信，自信源于实力。你的实力（技能+素养）可以在学校这三年通过学习知识技能、参与社团活动，以及为学校、同学服务中得到锻炼和培养。

（2）平时注意个人形象的维护，如外表是否干净整齐，行为是否能换位思考，与别人交流的时候，语言表达是否完整，说话时自己的眼神、表情、语气是否到位，这些都是细节魅力所在。一个人的魅力是在日常的学习生活中慢慢积累起来的。

9.6.3 "如果可以重来"活动解读

1. 活动背景与目标

"如果可以重来"活动是在第三单元"如何将自己的卖点与环境对接"的小组活动中使用的。这个阶段的学生常有以下表现：做事情容易冲动，往往凭感觉；一腔热情直来直往，被别人拒绝之后，不是自我反省，而是埋怨别人，觉得对方不可理喻，不体谅、不理解自己。没有考虑过别人的需求，没有考虑自己的行为是否让人信任或放心，做事没有章法和节奏。

2. 活动内容与操作步骤

【活动名称】如果可以重来。

【活动目的】通过活动让学生体验，在做一件事情之前，如果能够考虑会遇到的困难或阻碍，多关注别人的需求、担心和顾虑，提前做好准备，讲究方法，学会策划，事情的结果就会事半功倍。这是一种让事情往"成功的方向"靠近的意识习惯。

【活动时间】30分钟。

【活动道具】无。

【活动规则】

（1）请每位同学回忆一下你曾经特别想完成的事情，或者希望别人来支持、配合、参与共同完成，却因种种原因没能完成的事情。

（2）今天请你重新思考，重新组织，再进行沟通，确保这件事情能够按照你的期望完成。

（3）时间：30分钟。

【活动步骤】

步骤一：每位小组成员逐一在小组内部进行分享。

步骤二：每组选出一位最优者作为代表，最终在课堂上进行分享。

步骤三：每组有一位同学进行3分钟的现场呈现。

步骤四：教师综合点评。

3. 活动重点步骤引导说明

在这个讨论活动中，学生对活动要求的理解度不同，回忆的程度和组织语言的能力也不同，一般不会那么快发言，大家会互相看着对方保持沉默。教师要预留足够的时间让学生思考，鼓励每一位同学都说出来。教师可以给一些启发或引导，如在生活中有没有试过对爸爸、妈妈提出要求却被拒绝，在学校里好心帮助同学却被忽视，请假被怀疑逃课，你现在是否有办法消除他人对你的顾虑，等等。

尽可能地让学生放松下来，在分享的过程中，不管学生表达得如何，只要有了分享的举动就是值得鼓励的。也相信学生经过多次训练，能慢慢提高口常表达的能力。

4. 活动中的学生表现与教师引导

"如果可以重来"活动重点步骤中的学生表现与教师引导关键词，如表9-3所示。

表9-3 "如果可以重来"活动重点步骤中的学生表现与教师引导关键词

活动步骤	活动要求	学生表现	教师引导关键词
步骤一	小组成员逐一在小组内部进行分享	学生一般不能立刻说出来；思考之后，学生分享了生活、学习中的一些梦想或者是自己没能完成的事情；对于他人需求的捕捉、个人平时行为习惯、如何对接他人需求推进事情发展等，由于理解不到位，讲得不太深入	学生不太理解，需要通过举例说明进行引导
步骤二	每组选出一位最优者作为代表，在课堂上当众进行分享	代表分享的事情，大家觉得比较典型，有代表性；学生还帮助代表完善内容，协助组织语言，确保完成部分内容	不成功的原因是什么？自己哪方面还需要努力

(续表)

活动步骤	活动要求	学生表现	教师引导关键词
步骤三	每组有一位同学进行3分钟的现场呈现	学生分享案例,重新回想整件事情,都能考虑到对方的顾虑,大体知道努力方向,有一定思路去推动事情按期望完成。有位同学说:他上学期想让爸爸给买部新手机,爸爸没答应。他当时的理解是,因为他学习成绩不好,爸爸不爱他,心里为此很难过。现在知道原因了,想再试一次说服爸爸。有位同学说:他上次病了想请假回家,班主任百般阻挠不让他回去。他觉得班主任不关心学生,不是好教师。现在知道班主任的顾虑了,下次请假时知道怎么沟通了。	对方的顾虑是什么?自己该如何消除对方顾虑,促成事情的发展
步骤四	教师点评	重新思考了过去未成功事情的失败原因,初步知道以后该如何思考、策划、实施,并且意识到还需要实践	是否关注对方的需求?如何促进自己的成长?个人的能力是否能与需求对接

5. 针对学生表现,教师的引导方式

(1)在步骤一中,有的学生不太理解活动的要求,教师可举例说明。

比如在你读初二那年,本打算参加学校团委组织的露营活动,但妈妈竭力反对,结果没去成。要是今天重新有机会跟妈妈说要去露营,你会怎样说服妈妈呢?妈妈不让你去的原因是什么?担心你个人能力还是担心安全问题?那你要怎么做才能消除妈妈的顾虑,让她放心让你去露营呢?首先你在生活中要能照顾好自己,有独立生活的基础能力;然后告诉妈妈这次露营是学校团委组织的,露营地点在哪里,负责教师是哪位,联系电话是多少,与哪些同学一起去,等等。妈妈听了如果感觉足够放心,就一定会让你参加的。

大家也可以回顾课程开始之前"为自己的团队做广告"的活动,当时你团队策划的广告没有成为最受欢迎的广告,如果现在有机会重新再做一次策划,你们是不是就多了些思路,多了些关注点呢?同学们的需求、广告的内容、发言代表等都需要考虑和策划。

(2)在步骤三学生分享之后,教师根据学生的发言进行引导:在生活中,爸爸、妈妈是关心、爱护你的,那你呢?是否也关注过爸爸、妈妈的需求呢?当你提出的要求被拒绝时,第一时间想的是他们不爱你,从来没想过是不是自己做得不够呢?父母的需求是什么?他们担心什么?如果能换位思考,也许你能把事情做得更好,同时你自己的能力也会不断提高。

(3)在教师总结的环节,注意对学生进行引导。

教师需要关注学生在活动参与和呈现的过程中,是否考虑了听众的需求或顾虑。也请学生有意识思考:如何调整自己的行为,才能让自己更容易被对方接纳,推进事情的发展,同时促进自己的成长。另外,教师也可以抓现场,即在刚才各组代表分享的过程中,哪位同学给你的印象最深刻、最好?他在哪些方面的"卖点"打动了你?你觉得得体的,往往也是别人认可和社会接纳的。

我们期望别人拥有的,也应该是我们在未来应该拥有的。如果是在合适的时间、合适

的地点对方给了我们都想要的信息，那么他的分享就能打动我们，销售就成功了。

9.7　专题的其他建议与提示

在素养教学过程中，教师说话的语气不要太生硬，避免使用命令的语气。注意在与学生交流时，语气带来的良好效果，尽量选用恰当的语气沟通。如在游戏、讨论、案例演示结束后，一开口就说"大家别说话了，上课了啊！""今天上职业素养课，大家要认真听，认真参与！"类似这样的表达，与之前营造的氛围就不太协调了，所以需要尽量柔和表达。

可以采用约定口令，如每次活动结束后，教师说："高素质！"学生回答："静悄悄！"这样就可以迅速回到安静状态。

9.8　思考题

（1）张振明同学是校学生会干事，他的目标是担任学生会主席。下学期就要换届改选了，张振明同学应该如何努力，才能在换届选举演讲的时候成功地"销售"自己呢？

（2）现在很多同学抱怨，在学校里找不到知心朋友。同学之间不说话都是发微信或自己玩手机。同学、朋友之间如何相处，才能让别人更好地接纳我们，喜欢我们呢？

9.9　拓展学习资源推荐

1. 书籍：《习惯的力量》[美]查尔斯·都希格 著　吴奕俊 陈丽丽 曹烨 译

推荐理由：这是一本具有开创性的书籍，它将让你重新审视自己的习惯，找到自己的习惯模式，学会利用习惯的力量。作者查尔斯·都希格，是耶鲁大学历史系学士、哈佛大学企业管理硕士。《习惯的力量》汇集了各行业数十个生动的案例，告诉我们：习惯不能被消除，只能被替代。只要掌握"习惯回路"，学习观察生活中的暗示与奖赏，找到能获得成就感的正确的惯常行为，无论个人、企业和社会群体都能改变根深蒂固的习惯。学会利用"习惯的力量"，就能让人生与事业脱胎换骨。

2. 书籍：《好好说话》 马薇薇 黄执中 周玄毅 等著

推荐理由：这本书是"奇葩说"马东和选手们的诚意之作，节目组中马薇薇、黄执中、周玄毅的辩才不得不让人折服。我们一直以来被教育要"好好听话"，却又以"说话"被考核。"会讲话"是一门人人必备的技艺。在任何场合、任何领域，能观察别人的情绪，体察别人的需求，会说话就是最好的"武器"。这本书融合了马薇薇、黄执中这群话术高手的表达经验，看了之后，受益颇多。学会说话前需要做些什么，说话时的方式、措辞，书中都有谈及。大到可以改变人生，小到可以影响朋友交际，说话这门技术，一定要好好修炼。

第10章 问题伴我成长

10.1 案例导读

餐饮企业的"老鼠门"

有个记者在一个著名的餐馆聚会时拍下一些令人发指的场景：老鼠出没、扫垃圾的簸箕放在洗碗池中清洗、用火锅漏勺掏下水道等。这些照片见诸报端之后，引起众多网友的围观。

仅仅在3小时后，该餐饮企业面对危机，迅速做出回应：先是发了一篇致歉信，承认有这个事情，向公众道歉。紧接着2个多小时后，又发布了7则处理通报，大致内容如下：一是出事门店停业整改，全面彻查；二是所有门店排除隐患，避免类似事情发生，主动向政府部门汇报经过和处理方式，并配合监管部门的要求，开展阳光餐饮工作；三是欢迎顾客、媒体、政府到门店监督；四是迅速与第三方虫害治理公司研究整改措施；五是餐饮企业海外门店依据当地法律法规，同步进行严查整改；六是涉事停业的两家门店的干部和职工无须恐慌，主要责任由公司董事会承担；七是各门店在本次整改活动中应依法律、法规和公司规定，严格进行整改。

该通报体现了几个亮点：这锅我背、这错我改、员工我养、责任到高管（有联系方式），还有后续的具体措施。这些举措赢得了公众的认可，该餐饮企业从上午的"沦陷"到下午的"逆袭"，其公关能力不容小觑，堪称是2017年危机公关经典案例之一。

【思考题】

（1）每个人多多少少都遇到过一些棘手的问题。当问题来临，甚至被要求立刻解决时，我们习惯性的想法是面对承担还是解释、推托？

（2）该餐饮企业面对此重大曝光事件是否也会觉得有压力，觉得自己委屈呢？毕竟不是所有的店都如此，只是个别门店出了问题。

（3）该餐饮企业的做法有何借鉴意义，其转危为安的关键要素是什么？

（4）教师在学生管理工作中是否也会遇到类似于该餐饮企业的员工管理事件呢？

【课程导语】

这家餐饮企业勇于承认错误，不回避、不解释、不推诿。人不可能不犯错误，但对待错误的态度和行动却体现了一个人的职业化水平。面对问题，高管承担责任，同时采取了很多改正的措施——这是上述案例得以解决的根本。多年来，笔者在讲授"问题伴我成长"课程专题时，发现许多学生并不缺乏解决问题的办法与能力，只是在面对问题的那一刻，选择的是回避、对抗、解释、委屈，而面对问题的那一刻的选择恰恰是问题解决的重要起点。所以，当一个人不仅是把问题当成过失和错误，而作为下一步调整完善的起点时，事情就会开启新的局面。这也是"问题伴我成长"课程专题与学生交流的主要内容。

10.2　专题定位与核心理念解读

任何一个岗位都需要能解决问题甚至是能防范问题的人才。企业每天面对产品研发、产品质量保障、服务提供、管理梳理等事务，而且这些事务都是动态多元的。处理此类问题，企业并不会称其为问题，而是作为研发事件、管理事件、服务质量提升、制度完善等工作项目。因此，企业更重视员工在面对"事件"时的态度与责任承担。从企业运营和效益角度考虑，企业需要的是处理此类"事件"的最优经验，但这些经验和能力不是短期内能练就的，而是需要长时间的积累与锻炼形成的。职业素养课程体系中的"问题伴我成长"这个课程专题，正是希望端正学生看待问题的态度，使学生未来在职业生涯成长中少一些自我挣扎的状态，多一份坦然与从容。通常学生会认为一件事有满意的结果就是惊喜，如果出现不良的情况或超出自己的预期就是问题。其实，麻烦并非问题本身，问题本质上仅仅是我们所遇到的一个个事件。在面对这些出人意料的事情时，本专题引导学生觉察自己的认知状态，学会管理自我的情绪，从多角度看待这些事实，找到解决问题的办法，这种成长意识是个人积累和企业成长飞跃的基础。

学生在校园学习期间，是培养能力基础的重要时段。十六七岁的学生在遇到问题时，容易以自我为中心、受情绪左右；在解决问题时，不明其理、不得其法，甚至因多次、反复、错误地对待周遭的反馈而产生畏难、恐惧等心理。"问题伴我成长"专题的核心理念是使学生学会"让每一个问题都成为自己成长的契机"，改变学生害怕、担心、不喜欢问题的思维定式，进一步强化主动成长的意识，提高解决问题的能力。"问题伴我成长"专题将阐明解决问题和成长之间的关系，使学生正视问题与情绪的关系；正确认识解决问题累积的不仅仅是面对单一事件的能力和经验，而是累积内心的丰厚程度，锤炼处事不惊的淡定与从容，而这些将会带来成长的加速度。

"问题伴我成长"是职业素养第二阶段的专题课程，这个阶段的主旨是"思动"，是引导学生在行动中学会主动思考，结合环境现实系统化、结构化思考，在有了成熟的认知之后再采取行动。第一阶段的几门课偏重于行为技能，第二阶段的内容则开始贴近职场中的系统思维能力、应用与应变能力、承担责任的意识。"问题伴我成长"专题课程主要探讨的是看待问题的态度、对问题的分析和解决能力。

本专题课程的核心理念是让每一个问题成为自己成长的契机。现实中，我们已经习惯把生活中现实与预想之间的差距叫作问题，学生潜意识里会对"问题"一词带有负面理解。基于这样的负面理解，会表现为不愿意接受问题、不愿意接纳自己的状态；会关注情绪而忽略事实本身，甚至停留在这样的不满意中，而忘了下一步该如何推进和应对。如此"循环往复"，反而影响了学生后续的成长。如果我们把"问题"仅仅看成是一种阶段性的事件，是一个节点的呈现，而不是最终的结果，并且始终指向自己持续稳定有质量的成长，把问题看成是下一个阶段的起点。同时将问题作为提醒我们关注事实的机缘，促进我们提升能力、调整做法的成长契机，那我们的成长本身就有了基石。

本专题课程使学生拥有这样的觉察和认识，就会帮助他们在未来面对问题时，能够从积累成长的角度理解思考并创新性地解决问题，同时还能够在不断解决问题的过程中举一反三，精益求精地寻找问题的多种解决办法与最优解，养成面对问题时的正面心态，获得思考、拆解、沟通、应对、达成等解决问题的能力基础，提升心智，收获成长。所以，每一个问题都能让我们成长。

10.3 专题目标解读

通过小组分阶段罗列遇到或可能遇到的问题，探究归纳问题的特点，呈现学生潜意识里对问题理解认识的程序，改变学生对"问题即麻烦、问题是负面的、解决不了的事就是问题"等固化的理解，引导学生认识到问题就是我们所经历的事情。

导入自我内在观察方法，练习换框表达，重构学生看待问题的心智模式，让学生能够有良好的心态来面对问题与解决问题，坦然面对和承担。一个人相对周全、系统地解决问题，需要有端正的心态，同时具备专业技术、逻辑分析、自我管理、沟通协调等能力。解决问题的高手能用积极乐观的态度看待问题的始末，能准确判断问题的根源，搜集解决问题的方法，选择合适的策略，总结解决问题的更优解，甚至是通过不断总结，做到"上医治未病"，防患于未然。

借助问题聚焦环节，引导学生明白在解决问题时需积累哪些知识与能力，如专业知识与技能、人际沟通能力、自我管理能力、应变能力等，学习解决问题的方法论，掌握处理问题的基本步骤，突破"一题一解"的钻牛角尖式新人思维，多维度探寻问题解决的路径，做到有反思、有成长、有收获。让学生体会遇到一个问题就是获得一个成长的机会。

10.4 专题内容解读

本专题共分三个单元，如图 10-1 所示，每个单元 2 课时，共计 6 课时。

"问题伴我成长"专题旨在引导学生从成长积累的角度重新看待问题，让学生认识到：问题就是我们所经历的事情，每一个问题都是自己成长的契机。如果遇到一件事超出了自己的想象，要学会调整情绪，关注事情本身，聚焦当下需要做什么。不要在每个阶段遗留和制造问题，要想办法突破自我。既能把喜欢的事做好，也能把不喜欢的事做好。把问题的解决作为做人做事的一种状态。调整了自己的状态，我们的情绪耗能就会少一些。作为自己成长的第一责任人，每个人都需要有意识地、持续稳定地积累解决问题的能力。

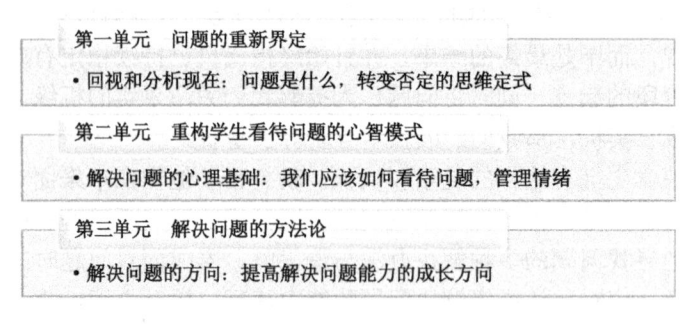

> 第一单元　问题的重新界定
> ・回视和分析现在：问题是什么，转变否定的思维定式
>
> 第二单元　重构学生看待问题的心智模式
> ・解决问题的心理基础：我们应该如何看待问题，管理情绪
>
> 第三单元　解决问题的方法论
> ・解决问题的方向：提高解决问题能力的成长方向

图 10-1　"问题伴我成长"课程框架内容

10.4.1　第一单元　问题的重新界定

本单元的教学目标是呈现学生潜意识里对"问题"理解、认识、界定的程序，改变学生对问题的固化理解，引导学生认识一个重要事实：问题本质上是我们所经历的事情、事件。在这单元，我们会通过三个环节，让学生体验和学习，并通过小组讨论和学生代表发言的课堂组织形式，由教师点评引导，借助"问题过山车"活动翻转学生对问题的理解。

第一个环节是"问题罗列"。让学生分小组在 A3 纸上罗列人生各个阶段遇到或可能遇到的问题，并在规定时间内贴到展板上。

第二个环节是"定义问题"。各小组探究归纳全班罗列出来的问题有何规律，并为"问题"一词下个定义，即回答"什么是问题"。这个环节能本色呈现学生潜意识里对问题理解认知的心智程序，帮助学生观察自己对待问题的态度、基本认识背后隐含的思维定式。学生罗列出来的内容大都能够真实反映各自在人生阶段的经典"困扰"，归纳出来的结论也有深度，如"人生的每个阶段都有问题存在，年龄越大遇到的问题就越复杂""有些问题在现阶段解决了就不再困扰我们，不解决则会滞留到下一个阶段""小时候遇到的问题更多集中在精神和情感层面，长大后最令人头疼的反而是物质方面的压力了"。学生给"问题"一词下的定义普遍有一个特点，那就是字里行间充斥着否定的、负面的词汇，如"问题即麻烦""解决不了的事就是问题""需要解决，但自己做不到、没办法的事就是问题"等。

第三个环节是"观他自省"。这时，我们可以通过《对于同一问题，不同年龄的女生会有什么看法》的视频及教师的点评分析，阐明"问题是我们所遇到的事情"，引导学生正面认识问题，改变潜意识里对问题的固化理解。通过呈现思维定式，剖析成因，帮助学生从根本上扭转害怕、担心、不喜欢问题的思维定式与固有观念，重新界定问题。

10.4.2　第二单元　重构学生看待问题的心智模式

本单元的教学目标是通过课堂体验练习，帮助学生重构问题界定的心智模式，引导学生掌握不带情绪看问题的方法，坦然面对"它"只是我们需要经历的一件事。让学生明晰一个人应该用什么样的状态去面对问题和解决问题。本单元会安排三个环节展开教学，主要采用小组探究法、图示法、讲授法，全班学生都需要参与到换框练习体验中。

第一个环节，教师播放《走近企业》视频片段：叶小琼第一天上班因领员工卡而没能及时赶上部门会议，迟到了的叶小琼很尴尬；第二天叶小琼的师傅李晓梅有事晚来，领导非但没有批评李晓梅的"迟到"行为，还高度赞赏李晓梅解决问题的综合能力。这让叶小琼很难理解，也有了自己的小情绪。通过解读这个案例，阐明人面对问题时的心智模式，以及这样的模式对未来行为的影响。

第二个环节，我们会借助一个发现自己情绪的起伏图，增强学生的体验感。各组在每个阶段里按时间顺序罗列出开心的4件事和最不开心的4件事，并把这8件事的情绪点按程度标在图表上，点与点之间连接成线，共同绘出人生情绪的版图。通过这个活动让学生明白解决问题与情绪管理之间的联系，学习客观看待情绪的产生，不放大情绪点的影响，警惕将生命中出现过的好情绪或坏情绪作为参照坐标的情绪驻留，警惕驻留引发的逃避、抱怨情绪，避免停滞不前。情绪点的变化，取决于自身心态和行为的调整能力。

第三个环节，导入"B 情绪模式产生"的原理，让学生体会自己的情绪模式对解决问题的影响，并且后续将通过"自我谈话"模型的练习训练，改写自己原有的语言模式，找到自己内心期望发生，并且下一步行为也可以对应的模式。从而重构学生看待问题的心智与行为模式，提示学生觉察：解决问题不仅仅存在会不会的问题，重点是如何对待会不会之后产生的情绪阻力，让学生能够有良好的心态面对问题，进而解决问题。引导学生察觉，负面情绪是一个信号灯，它告诉我们这个坎还是过不去；我们可以有情绪，但无须纵容情绪，更没有必要被情绪漩涡困住。当一个人学会控制情绪，聚焦目标和下一步时，才容易产生继续前进的动力。

此处教师可适当增加一些真实的案例分析，如"西安奔驰女车主维权事件"，女车主从一开始的情绪激动，坐在奔驰的引擎盖上哭诉维权。到后来的坐在谈判桌前，面对奔驰女高管的官方说辞，思路清晰、有理有据地维权。最后借助相关政府部门和媒体力量的介入，顺利地打赢了这场维权战。同时掀起了汽车行业中不合理收费项目的彻底清查、整改，维护了更多消费者的利益。我们可以透过案例让学生感受到女车主"有掀桌子的能力，更有不掀桌子的素养"，形象地描绘出一个能够解决问题的人所应有的状态。

10.4.3　第三单元　解决问题的方法论

本单元的教学目标是引导学生明白在解决问题时需要积累哪些知识与能力，学习解决问题的方法论，掌握处理问题的基本步骤，多维度探寻问题的解决路径。所谓的方法论，即方法的方法。本单元安排了三个环节。

第一个环节通过"去北京有多少种方式"这个问题打开学生的思路。学生会答出至少五六种答案，如坐飞机、开车、搭高铁、骑单车、走路等，这时我们可以顺势问学生"你是如何知道这些方式的"。知道如何去北京是方法，知道如何获取前往北京的交通方式的思考过程、思维方式、方法验证等行动就是方法论能力了。解决问题，除了锻炼解决具体问题的专业能力，同时还在累积一种看不见的能力，就是方法论能力，即找到解决问题方法的能力。问题伴我成长，成长的能力之一就是积累解决问题的方法论的能力。这是隐性能力，容易因隐含在显性专业能力中而被人们所忽略。

第二个环节是"聚焦问题"，由各小组投票表决，在第一单元"问题罗列"环节各组罗列出来的问题中，选出他们心中最迫切想解决的问题。最终会聚焦在以下三个方面：一是人际忧虑。不会处理与父母、同学、同事、异性、上司或客户的关系，与上级、平级群体，不知如何相处。二是能力困境。对还不会做的事有过高期望，希望自己立刻就会，周围人的看法也对自身形成压力。三是价值认可。将金钱作为主要标准来衡量人生成功与否，认为凡是能用钱解决的问题就不是问题，而主要的问题就是没钱。

第三个环节是"解决问题"，各小组先认领其中一个问题，尽可能地写出详细的解决方案。小组呈现答案后，教师首先肯定其中合理的、可行的解决路径，同时对学生亟待解决的问题进行全面剖析，分析其来源与成因，并阐述解决的思路，引导学生体会：解决问题本身是有科学的方法和路径的。反复发生的问题，可能是还没找到正确的方法。此处可借鉴项目管理的理论和实践，让学生用项目管理的思维来解决问题。项目管理实质上是在限定的资源及限定的时间内，运用管理的知识、工具和技术，达成项目目标。这和我们解决问题的过程十分相似，同样是在特定条件下完成事件。

在专题课程的最后，引入一个全面发展自己的"自主管理的自行车模型"，反思我们作为自己的成长责任人应该从现在起准备什么，锻炼什么，这是减少自身问题的核心办法，也是提高事务处理能力的基础。本部分主要采用任务驱动法，让各小组的学生充分体验解决问题的结构化思维。

10.5 专题核心理论解读

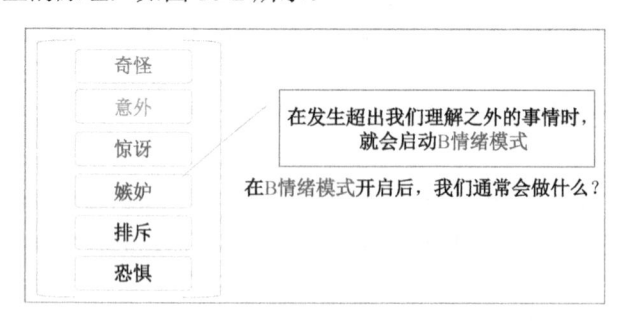

1. B 情绪模式产生的原理

B 情绪模式产生的原理，如图 10-2 所示。

图 10-2　B 情绪模式产生的原理

通常我们把认清事实、目标导向和及时应对的状态称为 A 模式；把遇到事情后，源源不断地产生了很多情绪反应而后应对的状态称为 B 模式。在 A 模式中，一个人不是丝毫情绪都不允许产生，而是面对问题的人不以情绪为关注点而快速聚焦到事实上，能快速做出应对事件的下一步行动。这时我们在 B 模式中，个人产生情绪、处理情绪会有一个起伏的过程，等情绪平复之后才能回到事情的真正应对上。这是一种需要警醒的现象。因此，B 情绪模式的产生原理可拆解情绪的来龙去脉，能让我们产生警觉，找出自己坦然面对的途径。

此原理将为学生阐述三个方面：

（1）人产生情绪的原因。当人对外界的事物产生了不满、委屈、怀疑、排斥等感受时，都是因为自己所面对的事情超出了自己经验、认识的范围，因此才会产生以上类似的情绪；

（2）人在产生了情绪后就会启动 B 模式，即人们遇到自己经验认知以外的事情后会进入到对抗、自闭、纠结、否定、灰色的心理模式中。B 模式应该是人遇到了在以往的生命经历中没有解开的事情，而进入的一种回避事情的状态，外在表现就是这个人的情绪处于低落、反抗等状况。

（3）人在启动了 B 模式后的行为表现与影响。当人启动了 B 模式后必然会进入价值判断中，判断自己吃亏与否、委屈与否等。这样的判断一出现，人们就会选择放弃、放置、躲避的行为。

总之，引入此模型就是为了让学生在面对自己不熟悉、不习惯的事情时，能够警觉自己的情绪与情绪后的行为发展，最好能够及时叫停。

2. 自我谈话模型训练

自我谈话模型训练，如图 10-3 所示。

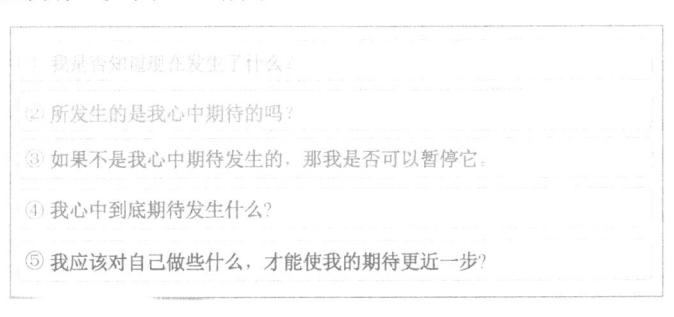

① 我是否知道现在发生了什么？
② 所发生的是我心中期待的吗？
③ 如果不是我心中期待发生的，那我是否可以暂停它？
④ 我心中到底期待发生什么？
⑤ 我应该对自己做些什么，才能使我的期待更近一步？

图 10-3　自我谈话模型训练

此模型的导入，是在学生了解了自己的 B 情绪模式下，进行重构行为的训练模型。这样的训练，需要配备四个重点场景案例进行引导训练：一是当自己觉得输了（吃亏了）时的案例；二是当自己处于不愉快受挫时的案例；三是当自己希望别人喜欢自己、尊重自己、认同自己时的案例；四是当自己觉得很失败时的案例。

3. 项目类问题解决的结构化思维模式

项目类问题解决的结构化思维模式，应该先考虑要解决的目标是什么？即要达到的目的是什么。之后需要将达成的目标拆分成子目标，并明确列出达成目标需要完成的任务清单。再根据时间、资源、能力，以及是否需要其他人员配合完成，进行先后顺序的计划安排。这样的思考过程被称为结构化思维的过程。

例 1：沏茶的过程——先明确出子目标、子事件，即洗杯子和茶壶、烧水、醒茶等。最后根据事情的先后次序决定先做什么再做什么，如图 10-4 所示。

例 2：完成一个语音版的微信软文的制作——先明确子目标、子事件，即找到能完成微信软文的人完成软文、找到能设计软文版面的人进行版面设计、找到能够录制语音作品的人完成语音录制、找到能做语音编辑的人完成语音编辑，最后根据事情的先后次序，以及可以并列完成的可能性，进行有效的计划制订。

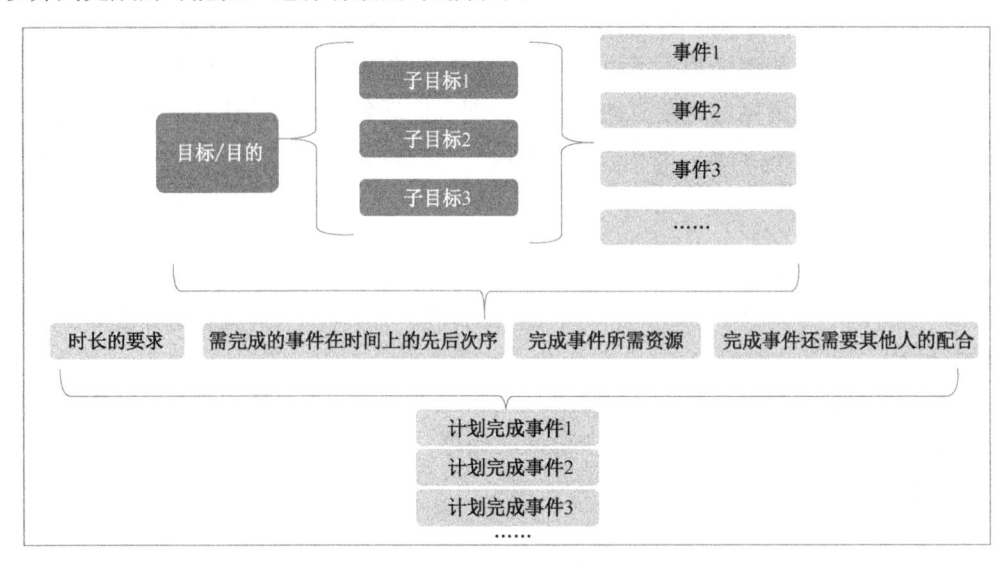

图 10-4　项目类问题解决的结构化思维模式

这个思维模式的导入可以引导学生更加系统化面对一些复杂问题、复杂事件、并行事件的统筹与安排。以备学生进入职场后对各类动态变化、并行事件能够有序安排与处理。

4. 自主管理的自行车模型

全面发展自己的"自主管理的自行车模型"，反思作为自己的成长责任人应该从现在准备什么，锻炼什么，这是减少自身问题的核心办法。本课程专题主要采用任务驱动法，让各小组的学生充分体验解决问题的结构化思维。

车头把手：自我管理——对方向感与自我习惯的管理；
后轮：知识技能——对事物与事物发展的学习与认知的能力；
前轮：人际关系——人与人的相处、合作、沟通的能力；
脚蹬：灵活性——人对事情节奏的把握能力和灵活应变的能力。

10.6　经典活动解读

1. 活动背景与目标

"问题过山车"活动是通过小组讨论，收集、整理问题的重要环节，是帮助学生认识、分析和识别，并着手解决问题的基础，其内容贯穿整个课程，因此我们在这里详细解读这个活动的操作过程。

当学生遇到问题又不知道如何解决时,他们可能会不开心,会逃避,会把一个问题放大去处理。既影响自己的心情和行为,还可能会影响周围人的心情和行为。这就是我们常说的一根筋、单一面、量天尺的状态。其实很多学生并没有看到问题客观的一面,他就做了决定,选择逃避或如何不理睬这个问题。首先通过活动让学生看到,每个人在人生的各阶段,都会碰到不同的事件,但学生习惯把它们称为问题。当我们对这个事件没有经验,没有全面立体地看待的时候,就会聚焦负面因素,把事件看成是很讨厌的问题。本环节将人生各阶段具象地呈现出来,让学生穿越性地理解问题和事件真正的关联,从中再细致化地讨论每个阶段他们可能面对的问题和应该积累的能力。

2. 活动内容与操作步骤

【活动名称】问题过山车。

【活动目的】"问题过山车"活动是分步骤贯穿整个课程的活动。翻转问题环节通过小组探讨、深度思考,将学生潜意识里对问题的认知呈现出来,继而有针对性地引导学生重新定义问题,明确一个事实:每个人在不同的人生阶段中都会遇到许多事,这些事很多是无法逃避的、必须经历和解决的,从根本上扭转学生对问题的负面思维定式。在情绪版图环节,让学生直观地感受到情绪对解决问题的影响,学会管理情绪,端正解决问题的心态。在问题聚焦环节,深度剖析学生迫切想要解决的问题,扩充解决问题需要积累的知识、经验、能力、思路,并掌握解决问题的方法论。

【活动时间】三环节共60分钟。

【活动道具】A3纸、油性笔、情绪工具图。

【活动规则】

(1) 步骤一、步骤二、步骤三分别应用于本专题的第一单元、第二单元和第三单元。

(2) 各小组在规定时间内,积极讨论并写出答案,派出小组发言人上台进行呈现。

(3) 在发言评价他人时不能说负面的语言,上台同学可获得全班"爱的鼓励"掌声。

(4) 台下同学管理好自己的情绪,不能讥讽或者用不屑的表情面对台上同学。

(5) 组内发言要依顺序逐一发言。

(6) 如要提问,需一个问题附一个建议,绝不能无理取闹。

【活动步骤】

步骤一:翻转问题。

① 问题罗列:请学生分组罗列不同阶段自己遇到的或可能遇到的问题,第一组列举幼儿园阶段,第二组列举小学阶段,第三组列举中学阶段,第四组列举大学阶段,第五组列举就业后,第六组列举成家后。各组列举后,写在大白板纸上,张贴展示。

② 规律探寻:请学生对本组的问题进行归纳总结,并选派代表进行分享。

③ 定义问题:在各小组全部分享后,再为"问题"下定义,并选代表分享讨论成果。

④ 发现异同:各小组请学生归纳各组答案的异同,并达成相对一致的结果。

⑤ 引导点评:教师根据学生答案引导点评。

步骤二:情绪版图。

① 事件罗列:我们把人的一生划分为六个阶段,请各组分别着重分析一个阶段。学生以

小组为单位进行讨论,在所负责的人生阶段中,按时间顺序罗列出印象最深刻的 8 个事件。

② 连点成线:把这 8 个事件的情绪按程度高低用点标在情绪工具图上,点与点之间连接成线。各组将答案贴到白板上,共同绘就人生情绪版图,如图 10-5 所示。

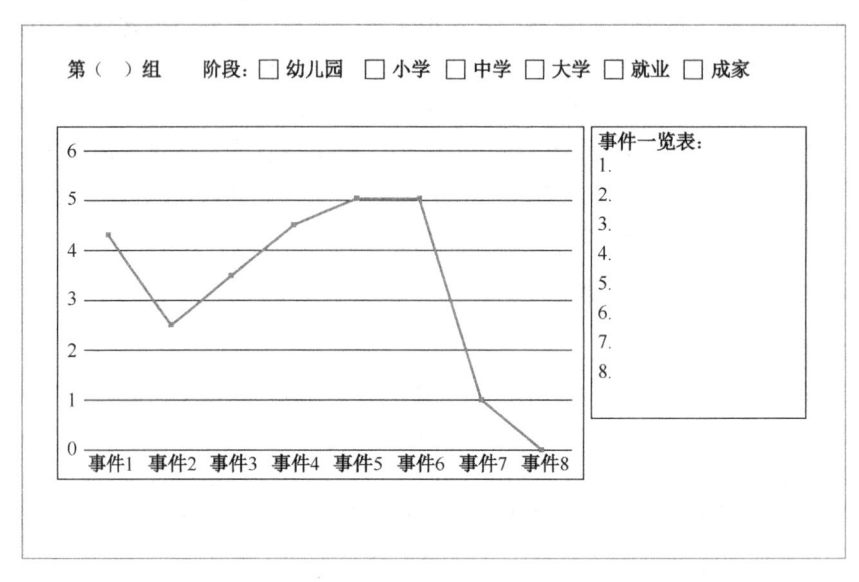

图 10-5 情绪工具图

③ 分享感悟:小组派学生代表上台分享感悟。

④ 换框练习:各组选择一个其他小组罗列出来的情绪低落事件,并对该事件进行换框练习。

步骤三:问题聚焦。

① 票选问题:各小组在各组罗列出来的问题中投票选出最想解决的 3 个问题。

② 解决问题:各组认领其中一个问题,讨论并给出详细的解决方案。教师分析问题原因,并提供解决问题的思路。

③ 结构思维:体验用项目管理的思维来解决问题。

3. 活动重点步骤引导说明

每个环节都要让学生进行充分讨论、分享表达,教师不要急于引导,要听清楚学生的需求,找准教育落脚点再进行点评。可参考以下学生的重点表现,提前预设可能的引导点和教育落脚点。

教师在剖析学生关注的问题时,需逐条讲明事情的来龙去脉。如问题聚焦环节的步骤二,教师的引导可参考以下思路。

(1)人际忧虑是自我设限的。很多时候,别人不是这个意思,只是自己认为,就产生了不必要的焦虑。改善方式是,通过练习获取更多的"确定性"。

(2)能力是需要积累的,心急吃不了热豆腐。需分清问题的核心,有些事情确实是还没有能力,如小孩子的手还没有灵活到自己扎头发;有些事情是还没有找到正确的方法,可尝试把事情拆解,分步骤完成,并持之以恒。

(3)富与穷不仅仅是财富拥有量的区别,更是习惯的区别。可引导学生思考财富是怎么来的，讨论社会对人的价值认可标准是否真的如此单一。

学生特别迫切地想知道问题的答案，而教师在引导时要注意一个原则，很多问题不能直接回答，解决路径需要引导。例如，学生关注没有钱的问题如何解决时，教师应该看到穷与富的区别并非是单纯的量的问题，继而引导学生思考"钱从何来"，实现从量到质的探讨。

4. 活动中的学生表现与教师引导

"问题过山车"活动"翻转问题"步骤中的学生表现与教师引导关键词，如表10-1所示。

表10-1 "问题过山车"活动"翻转问题"步骤中的学生表现与教师引导关键词

活动步骤	活动要求	学生表现	教师引导关键词
①问题罗列	各组在纸上罗列出个同阶段自己遇到的或可能遇到的问题。第一组列举幼儿园阶段，第二组列举小学阶段，第三组列举中学阶段，第四组列举大学阶段，第五组列举就业后，第六组列举成家后	各组答案能现实地反映人生各阶段可能遇到的问题。如幼儿园阶段不会扎辫子、不会拿筷子；小学阶段不会写作业、放学爸妈没来接；中学阶段不会与同学相处、校园欺凌、中高考压力；大学阶段考证压力、就业压力、单身压力；就业后不懂得如何与上司、顾客、同事相处、绩效考核压力；成家后担心儿女的奶粉钱、儿女的教育问题和婚恋问题、自己的养老问题	教师可举例说明，让各小组注意换位思考，聚焦自己所负责的人生阶段。组内尽可能详细地讨论罗列已经遇到或可能遇到的问题，最终选择最具代表性的4~5个问题即可
②规律探寻	请学生归纳各组罗列的问题有何规律，并派代表上台进行分享	归纳规律时，学生会发现"人生的每个阶段都有问题，越长大遇到的问题越复杂""有些问题在现阶段解决了就不再困扰我们，不解决则会滞留到下一个阶段""小时候遇到的问题更多地集中在精神和情感层面，长大后最令人头疼的反而是物质层面的压力"	每个阶段都有亟待解决的问题，我们要把每个问题看作成长的契机，在每个阶段积累解决问题的动能，尽量不让问题升级和进入紧急阶段
③定义问题	各小组为问题下定义，探究"什么是问题"，并将答案写在A3纸上	学生给"问题"一词下的定义普遍有一个特点，那就是字里行间充斥着否定的、负面的词汇，比如"问题即麻烦""解决不了的事就是问题""需要解决，但自己做不到、没办法的事就是问题"等	教师不干涉学生的思考和答案，不通过语言或动作给予暗示，需让学生充分讨论，写出心中的答案
④发现异同	请学生归纳各组答案的异同，并派代表上台分享	学生能找出"解决""没有""不"等高频词	提示学生找出各种答案中出现的高频词，并思考这些词语有何特点
⑤引导点评	教师根据各组呈现出来的答案，分析每组学生对问题的认知程度，阐明"问题就是我们所遇到的事情"，重新界定问题	学生在观看《对于同一问题，不同年龄的女生会有什么看法》视频时，认真听讲，积极思考	播放视频。教师点评时需要将高频词圈出。指出"否定词"反映了大家普遍对"问题"的认知存在负面情绪，引导学生正面认识问题，改变潜意识里对问题的固化理解，明确每个人在成长过程中都会遇到许多事，引导学生从根本上扭转害怕、担心、不喜欢问题的思维定式

"问题过山车"活动"情绪版图"步骤中的学生表现与教师引导关键词,如表 10-2 所示。

表 10-2　"问题过山车"活动"情绪版图"步骤中的学生表现与教师引导关键词

活动步骤	活动要求	学生表现	教师引导关键词
①事件罗列	通过情绪工具图,各组按照本组所负责的人生阶段,在每个阶段里按时间顺序罗列出4件开心事和4件最不开心的事	学生罗列出来的事件,其实就包含了他们在各阶段所遇到的问题,或成功解决的问题	经历过的阶段请尽力回想,尚未经历的阶段请尽可能地换位思考
②连点成线	把这8件事的情绪点标在工具图上,点与点之间连接成线,形成各阶段的情绪图,共同绘就人生的情绪版图	按照本阶段的时间顺序,在对应的时间上,画好情绪点,并连接成线,贴到白板上	请按时间顺序,并在每个点边上标注好事件的序号,要与图表右边罗列的序号相对应
③分享感悟	请各组讨论看完以上的情绪版图后有何感悟,并派代表上台发言	学生在这个环节会说出:人的情绪有好有坏,不管情绪如何,该经历的事还是要经历。尽管情绪会起起伏伏,但终究还是过来了	通过这个活动让学生明白解决问题与情绪管理之间的联系,客观看待情绪的产生,不放大情绪点的影响,警惕将生命中出现过的好情绪或坏情绪作为参照坐标的情绪驻留,继而逃避或抱怨现状,停滞不前。不要放大情绪的影响,在觉察到驻留时,要学会喊停,提示自己"这件事我想多了,我想要怎样,我应该干点什么"
④换框练习	各组选择一个其他小组罗列出来的情绪低落事件,对该事件进行换框练习,每个人先写在纸上,组内再推选最优的答案,并派代表上台进行发言	学生学习词语换框法、环境换框法、意义换框法、时间线换框法,练习换框表达。通过改写困境,分析因果,做出假设,提出下一步行动来体验换框所带来的变化	导入B情绪模式产生的原理和自我谈话模型训练,引导学生重构界定问题的心智模式,让学生明白解决问题不仅仅是会不会的事情,还涉及有没有面对情绪阻力的调整过程和调整能力。当一个人学会控制情绪,聚焦目标和下一步时,才有可能积蓄继续前进的动能

"问题过山车"活动"问题聚焦"步骤中的学生表现与教师引导关键词,如表 10-3 所示。

表 10-3　"问题过山车"活动"问题聚焦"步骤中的学生表现与教师引导关键词

活动步骤	活动要求	学生表现	教师引导关键词
①票选问题	各小组投票表决,从"翻转问题"环节罗列出来的问题中,选出他们目前心中最迫切想解决的问题,最终聚焦到3个问题	学生选出的问题普遍集中在: ①人际忧虑。与父母、同学、同事、异性、上司或客户的关系;同上级、平级群体,不知如何相处; ②能力困境。对不会做的事,有过高期望,希望自己立刻就会做,周围的人也希望他马上就会做; ③价值认可。用钱来定义成功,凡是能用钱解决的问题就不是问题,而主要的问题就是没钱	教师引导各小组遵循内心最真实的想法进行选择

(续表)

活动步骤	活动要求	学生表现	教师引导关键词
②解决问题	各小组先认领其中一个问题，尽可能详细地写出解决方案	学生会以当前的认知状态来回答，很少有学生能够系统地分析问题。他们能写出部分可行的方案，但缺乏解决问题的过程	教师肯定合理、可行的解决路径。最后，对学生们选择的亟待解决的问题进行全面剖析，分析其来源与成因，并阐述解决的思路
③结构思维	借鉴项目经理对项目的结构化思考模式，从"4W+QM"着手思考问题，学习寻找高效解决问题的方式	优化步骤二中的解决方案，写之前先回答"4W+QM"中的6个问题。再根据答案，制订完成目标的执行计划，然后按部就班地完成它。期间可能会有新的问题产生，那么可以重复进行"4W+QM"的思考	引导学生体会：解决问题本身是有科学的方法和路径的，反复发生的问题，可能是还没找到正确的方法。好的思考工具可以使我们事半功倍，但光有工具也是不够的，还需要有能力支持。因此，此处可引入一个全面发展自己的"自主管理的自行车模型"，反思作为自己的成长责任人应该从现在起准备什么，锻炼什么，这是减少自身问题的核心办法

10.7　思考题

（1）如果一个和你很要好的同事，在工作中出现了重大失误，而这件事只有你和他知道，你会如何处理？

（2）上级领导安排你承接一项重要任务，但这项任务你从来没有做过，你会怎么解决？

10.8　拓展学习资源推荐

1. 电影：《功夫熊猫》

推荐理由：《功夫熊猫》中阿宝练功后发现学不到其他五侠的技能，有点自暴自弃，独自在桃树下闹情绪，被乌龟大师撞见。阿宝从一开始的否认情绪，到放大情绪，最后决定放弃练功回家卖面，学生可以体会情绪对我们决策和行为可能带来的影响。乌龟大师与阿宝进行沟通，帮助阿宝逐步意识到自己的情绪变化与情绪驻留，觉察到自己在不理智状态下做出的决定绝非明智之举。

2. 电影：《"拜托啦学妹"番外篇》

推荐理由：这是一个采访小女孩、女大学生、女白领、中年妇女、老年妇女的纪录片，摄制组分别问她们同样的一组问题，记录她们不同的回答。我们可以透过视频，看到人生各个阶段对同一事件因视角不同，理解和抉择就不同。使得学生能够贯穿性地、较为全面地看待人生各阶段要面对的事件。

3. 书籍：《我不惧怕成为这样强硬的姑娘》 刘媛媛 著

推荐理由：本书作者刘媛媛是安徽卫视《超级演说家》第二季总冠军，北京大学法律系研究生。本书提供了一个草根少女绝地反击的真实、鲜活的成长案例。可用于本课程专题环节三问题聚焦中教师引导学生的参考。

第 11 章　企业生存记

11.1　案例导读

爱若和布若

爱若和布若差不多同时受雇于一家超级市场。开始时,两人都从底层干起。可不久爱若就受到了总经理的青睐,连连被提升,布若却还在底层默默无闻。终于有一天布若向总经理提出辞职,并抱怨总经理用人不公。

总经理耐心地听着,他了解这个小伙子,工作肯吃苦,但似乎缺了点儿什么。缺什么呢?三言两语也说不清楚,说清楚了他也不服。他忽然有了主意。

"布若先生,"总经理说,"您马上到集市去,看看今天有什么卖的。"

布若很快从集市回来,说:"刚才集市上只有一个农民拉了车土豆在卖。"

"一车大约有多少袋,多少斤?"总经理问。

布若又跑去,回来后说有40袋。

"价格是多少?"布若再次跑到集市上。

总经理望着来来回回跑得气喘吁吁的布若说:"请休息一会儿吧,看看爱若是怎么做的。"说完,他叫来爱若,对他说:"爱若先生,您马上到集市去,看看今天有什么卖的。"爱若很快从集市回来了。他汇报说:"到现在为止只有一个农民在卖土豆,有40袋,价格适中,质量很好,带回来几个土豆让总经理看。这个农民一会儿还会弄几箱西红柿过来,价格还算公道,可以进一些货。我估计这种价格的西红柿咱们大约会要,所以不仅带回来几个西红柿做样品,我还把那个农民也带来了,他现在正在外面等回话呢。"

总经理看了一眼红了脸的布若,说:"请他进来。"

【思考题】

(1) 您认为布若缺的是什么?

(2) 请思考一下如果同样的任务交给您,您又会如何做。

(3) 在教学过程中,您是否留意过与案例类似的现象?有的学生会系统地思考一个问题,或周全地完成一件事;而有的学生做事时"做一步是一步",不会多想多做。这两种状态，哪种更容易被社会、企业接纳是显而易见的。如何养成这样的系统思维习惯与周全行为习惯呢？

（4）请您回忆一下，在学校的教学过程中，有哪些内容、方法是引导学生像爱若那样系统地学习新事物或周全地完成一件事的。

【课程导语】

每个人都会进入新的环境，如升学、就业。哪怕是从一年级升到二年级，都属于进入一个新的环境。很多人在开始时不知道整个环境的"全景图"，也不知道应该做什么、不应该做什么。就像故事中的"布若"，总经理要求他到集市上调研，他却不知道任务全景是什么、重点是什么，没办法合理地安排工作的流程和步骤，只是按总经理下达的任务单项执行，效率低，效果差。因此，在"企业生存记"一章中，我们力求为学生搭建一个俯瞰新环境"全景图"的平台，引导学生探寻面对新环境、新任务的有效方法与职业化的思维方式。

11.2　专题定位与核心理念解读

无论是新员工还是老员工，企业都需要他们在工作中不断地明确自己的工作目标与职责，不断地简化或优化工作流程和降低综合成本。这并不是一个静止的标准化需求，而是一个动态的需求。企业在发展过程中，工作任务是纷繁复杂的，第一个任务和第二个任务不会完全一致，除非是在流水线上。凡是在配合性强的组织里面，上次任务与这次任务就不会完全一致，这意味着企业员工要时时处在一个求新和了解全局的状态中。因此企业对员工的环境应变能力要求是比较高的，尤其是要求员工能够很快地辨识工作重点、目标、方向，具备识别全景、明晰下一步行动内容的综合能力。但这种能力往往并不能作为一种硬性的技术技能进行培养，而需要辅以一种软性引导与实践。所以我们在学生已经有了一定职业认知的情况下，开设了本专题。

"企业生存记"中的"企业"并不是一家实体企业，而是泛指一种环境——一种走出校门后需要面对的社会环境。二年级的学生或多或少面对过各种新环境，如刚开学时在新校园办理注册和入住、在图书馆借书、在实训中心实操等。在新环境中，很多人都想第一时间证明自己有能力，可通常的结果往往是"上手就干，干了就错，错了被批评，被批评之后就一走了之"。在进入新环境之初就想证明自己的念头或行动都是不可取的。面对新环境，职业化的做法是：看、问、模仿、练习。"企业生存记"专题通过模拟企业的运营，为学生创造一个面对新环境、新任务的情景，引导他们看、问、模仿、练习，培养他们在职场中的思维应用能力与实践能力。

"企业生存记"专题是为二年级学生开设的职业素养课程。二年级的主题是"思动"，引导学生在行动中学会思考，思考之后再采取行动。按照职业素养课程体系的设计思路，"企业生存记"是二年级的最后一个内容，可以说是对过去学过的9个专题的一次综合应用。本专题通过模拟公司运营，让学生理解在面对新的环境、新的任务时应该做什么、怎么做，以达到更快地适应企业、适应环境与工作要求这一目标。

本专题课程的核心理念是掌握面对新环境、新任务的方法论。

面对新环境、面对环境变化，是每个人都有的经历。例如，一个人在一个岗位上，从执行岗升迁到了管理岗，看似他的工作单位和部门都没有变化，甚至业务范围也没有变化，但管理岗和执行岗聚焦的问题、牵动的范围等都不一样。其实这个升迁就意味着他已经进入了新环境。这时他就需要掌握新的工作方法、新的思维方式。因此系统思维的方法论是面对这些新环境和新任务时需要掌握的一种全新的思维模式、流程办法和应用能力。

11.3 专题目标解读

本专题课程通过模拟公司运营，为学生搭建一个俯瞰新环境"全景图"的平台，让学生进行角色扮演，深入了解公司的整体运营，引导学生在面对新环境时提升对运营"全景图"的关注意识，进而掌握面对新环境、新任务的方法论。通过过程复盘，让学生更稳定地识别这种系统思维方式，为将来更从容地面对新环境做好准备。

第一，对新环境和新任务的认识。刚毕业的学生进入企业就职时，多数是在企业一线岗位承担工作。在没有经过专门训练与引导的情况下，很难在自己的岗位上觉察到企业业务全流程。没有全局观、全流程感的员工，做事时一般会陷在自己工作好坏、得失上，而不会理解自己的岗位职责与企业的全流程、全局有什么关联，更无法理解自己的举动会对企业产生哪些影响。因此，通过模拟公司运营，引导学生认识企业，掌握企业运营全流程，让学生对新环境的全局有初步的认知与思考，也为学生以后的工作打下良好的基础。

第二，掌握一套面对新环境和新任务的方法论。隔行如隔山，但隔行不隔理。虽然职业院校的各个学科专业是不同的，但未来学生进入任何行业、任何企业都需要具备一种综合思维能力，即掌握一套面对新环境、新任务的方法论的能力。这种能力体现为：掌握认识企业运营全流程、实践岗位价值的方法与路径，能够识别出企业的运营"全景图"与自己岗位职责的关联，在本职工作中具备全局观，具有大局意识。

第三，从当下开始持续实践，逐步塑造自己。企业需要的是勤奋、刻苦、不断地做很多相互关联的事情（企业需要的是持续和稳定的输出）。不少学生在面试时表现很好，但在企业实习期间，做人做事的方式方法暴露出较多薄弱处，并不像在面试中表现的那样好。企业要的是长久的合作伙伴，我们需要与企业同步成长、发展。通过本专题课程，我们除了认识企业，掌握一套面对新环境和新任务的方法论，还意识到在学校期间就应在职业素养、行为习惯等方面持续实践，逐步把自己塑造成企业需要的人才。

11.4 专题内容解读

本专题共分三个单元，如图 11-1 所示，每个单元 2 课时，共计 6 课时。

第一单元 模拟公司运营

- 通过模拟公司运营，引导学生理解岗位、岗位职责及企业中的常规部门

第二单元 我的体会

- 通过前面的模拟公司运营，让学生体会到岗位职责、工作内容、企业组织结构、业务流程等概念

第三单元 科学的工作方法

- 让学生理解处理各种事务，都有一定的技巧和方法。而PDCA就是一种很好的方法，适用于多个方面

图 11-1 "企业生存记"课程框架内容

本专题课程是通过一个大型活动——"公司运营模拟实战"呈现的。

先通过第一单元"模拟公司运营"，引导学生理解岗位、岗位职责和企业中的常规部门组成。

再通过第二单元"我的体会"，让学生认识企业中岗位职责、工作内容、企业组织结构、业务流程等概念。

最后通过第三单元"科学的工作方法"，让学生理解处理各种事务都有一定的技巧和方法。PDCA 就是一种很好的方法，适用于多个方面。

11.4.1 第一单元 模拟公司运营

（1）本单元目标：通过模拟公司运营，引导学生理解岗位、岗位职责及企业中的常规部门。

（2）本单元主要内容说明：公司运营由图 11-2 所示的 12 个步骤组成，详细活动解读在本课程专题的"经典活动解读"部分有详细说明。

1.分组 → 2.公司成员职位确定，小组分享 → 3.公司背景信息介绍 → 4.岗位职责说明

8.公司运营业绩计划 ← 7.客户第一次下订单 ← 6.试制飞机 ← 5.飞机展示及制作示范

9.按订单采购原材料 → 10.制作飞机 → 11.交单验收 → 12.公司运营业绩统计

图 11-2 公司运营流程

11.4.2 第二单元 我的体会

(1) 本单元目标：通过前面的模拟公司运营，让学生体会到岗位职责、工作内容、企业组织结构、业务流程等概念。

(2) 本单元主要内容说明如表 11-1 所示。

表 11-1 本单元主要内容说明

环节	内容描述	具体做法	备注
1	让每个公司的成员来讲自己的感受	引导学生思考的问题： ● 在正式生产前，是如何制订计划的？ ● 对最后的结果满意吗？ ● 你的岗位是什么，你的工作内容是什么，你具体做了什么？ ● 大家的分工是什么样的？ ● 你的工作对别人有影响吗？ ● 在这个过程中，你看到了什么？ ● ……	谈感受的顺序：先基层员工，然后部门经理，最后总经理。可以让学员先把感受写出来，然后分享，也可采用自由发言的方式。在学生分享的过程中，给予肯定，不批评
2	学生分享感受后，教师结合学生的表现给予点评	点评的内容： (1) 公司的运营结果让人满意吗，为什么？ (2) 我们公司的运营目标明确吗？如何确定一个公司的运营目标？总经理有没有带领大家思考？ (3) 我们的部门或我本人，有没有明确的目标？如何确定部门目标或个人目标？ (4) 我对公司的贡献是什么？有没有更多地思考我的工作对其他人的工作有什么影响？有没有全面考虑公司的整体业务流程？ (5) 对各公司不同职位的人进行提问，他们是否清楚自己的岗位职责，是否知道自己的工作跟其他的部门有接触？公司运营中，是否考虑到了其他人的情况吗？考虑了应该是什么样子，没有考虑又会是什么样子？	(1) 对于小组分享中提及这些问题的组，请该组同学回答"为什么"；对于小组分享中未提及这些问题的小组，向他们提问这个问题，并请其中1~2个小组发言。 (2) 需要从哪些方面来分析？（如客户的订单数量、价格和要求、原材料的价格和供应情况、自身的生产能力、产品的合格率等方面） (3) 有没有清楚地读懂和理解工作职责？读懂和理解工作职责意味着对自己工作的理解和熟悉。 (4) 我对公司最大的贡献就是按照职位要求合格地完成了自己的任务吗？ (5) 考虑了其他人的情况：我能够把自己的工作做到位，同时，关注下游的人的工作，看看是否能实现预期工作目标，如果不能，就要考虑改变。 没有考虑其他人的情况，只低头做自己的事，不管其他人的情况，结果就是自己很辛苦，公司却没有实现理想的目标

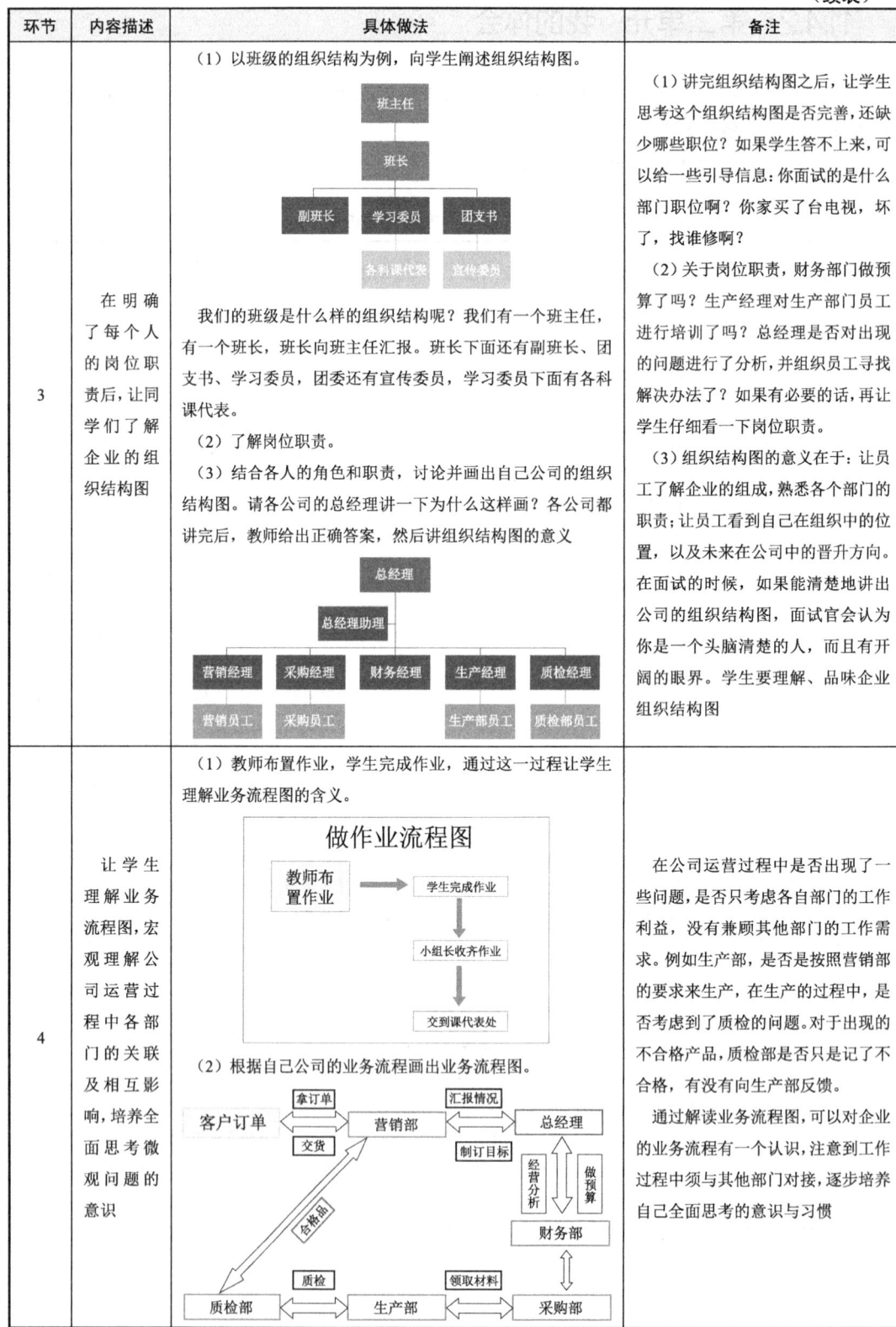

（续表）

环节	内容描述	具体做法	备注
3	在明确了每个人的岗位职责后，让同学们了解企业的组织结构图	(1) 以班级的组织结构为例，向学生阐述组织结构图。 班主任→班长→（副班长、学习委员、团支书）→（各科课代表、宣传委员） 我们的班级是什么样的组织结构呢？我们有一个班主任，有一个班长，班长向班主任汇报。班长下面还有副班长、团支书、学习委员，团委还有宣传委员，学习委员下面有各科课代表。 (2) 了解岗位职责。 (3) 结合各人的角色和职责，讨论并画出自己公司的组织结构图。请各公司的总经理讲一下为什么这样画？各公司都讲完后，教师给出正确答案，然后讲组织结构图的意义 总经理→总经理助理→（营销经理、采购经理、财务经理、生产经理、质检经理）→（营销员工、采购员工、生产部员工、质检部员工）	(1) 讲完组织结构图之后，让学生思考这个组织结构图是否完善，还缺少哪些职位？如果学生答不上来，可以给一些引导信息：你面试的是什么部门职位啊？你家买了台电视，坏了，找谁修啊？ (2) 关于岗位职责，财务部门做预算吗？生产经理对生产部门员工进行培训吗？总经理是否对出现的问题进行了分析，并组织员工寻找解决办法了？如果有必要的话，再让学生仔细看一下岗位职责。 (3) 组织结构图的意义在于：让员工了解企业的组成，熟悉各个部门的职责；让员工看到自己在组织中的位置，以及未来在公司中的晋升方向。在面试的时候，如果能清楚地讲出公司的组织结构图，面试官会认为你是一个头脑清楚的人，而且有开阔的眼界。学生要理解、品味企业组织结构图
4	让学生理解业务流程图，宏观理解公司运营过程中各部门的关联及相互影响，培养全面思考微观问题的意识	(1) 教师布置作业，学生完成作业，通过这一过程让学生理解业务流程图的含义。 **做作业流程图** 教师布置作业→学生完成作业→小组长收齐作业→交到课代表处 (2) 根据自己公司的业务流程画出业务流程图。 客户订单—拿订单→营销部—汇报情况→总经理 营销部—交货→（合格品） 总经理—制订目标、经营分析、做预算→财务部 质检部←质检—生产部—领取材料→采购部	在公司运营过程中是否出现了一些问题，是否只考虑各自部门的工作利益，没有兼顾其他部门的工作需求。例如生产部，是否是按照营销部的要求来生产，在生产的过程中，是否考虑到了质检的问题。对于出现的不合格产品，质检部是否只是记了不合格，有没有向生产部反馈。 通过解读业务流程图，可以对企业的业务流程有一个认识，注意到工作过程中须与其他部门对接，逐步培养自己全面思考的意识与习惯

（续表）

环节	内容描述	具体做法	备注
5	通过第一次模拟公司运营，活动我们共同梳理一下大家的感悟要点	在面对新环境与新任务的时候，不着急上手，但是需要快速学习和理解	学习岗位职责、专业技能、业务流程……体会到自己的工作不仅关乎自己，同时对工作的整体推进都会有影响；做好自己的事情，并且应该了解别人正在做的事情
6	第二次模拟公司运营	第二次模拟公司运营，需要分成几步来操作： 1. 商量第二次模拟公司运营过程 2. 订单公布 3. 各公司根据自身情况确定订单数量 4. 模拟公司运营开始	（1）在第一次模拟公司运营结果的基础上，结合之前的情况开会5分钟，商量第二次模拟公司运营过程 （2）本次订单按照第一次的业绩排名确定，订单情况看PPT （3）各公司根据自身情况确定订单数量。各公司的订单数量不能多于（可以少于）客户给的订单数量。未按要求完成任务的，赔付违约金 （4）模拟公司运营开始，按照第一次的操作模拟公司运营。在整个公司运营过程中，教师要对各组的情况进行巡查，并对出现的情况进行记录，梳理后面的点评要素
7	学生分享后，教师结合学生的表现给予点评	（1）让每个公司成员来讲述自己的感受。 （2）点评的内容：①公司运营结果让人满意吗，为什么？②公司运营目标明确吗？如何确定一个公司的运营目标，需要从哪些方面来分析？总经理有没有带领大家思考？③本部门或本人，有没有明确的目标？如何确定本部门或本人的目标？依据就是工作职责，那么我们有没有真正读懂和理解工作职责？④我对公司的贡献是什么？我对公司最大的贡献就是按照职位要求合格地完成自己的任务吗？是否还可以有其他贡献？有没有更多地考虑我的工作对其他人的工作有什么影响？有没有全面考虑公司的整体业务流程？	（1）需要引导学生思考的问题：商讨出来的计划实现了吗，为什么？在这个过程中，出现了什么新情况？第二次模拟与第一次相比有哪些变化？ （2）对于小组分享中提及此问题的组，提问"为什么"，请该组同学回答。对于小组分享中未提及此问题的小组，提问这个问题，并请其中1~2个小组发言

11.4.3 第三单元 科学的工作方法

（1）本单元目标：让学生理解处理各种事务都有一定的技巧和方法。PDCA 就是一种很好的方法，适用于多个方面。

（2）本单元主要内容说明如表11-2所示。

表 11-2 本单元主要内容说明

环节	内容描述	具体做法	备注
1	通过提问引导学生，得出结论：各公司经过对第一次模拟的反思和改善后，表现更好了	提问：通过两次模拟，大家对自己公司业绩还满意吗？在第二次模拟的时候，我们比第一次有进步吗？有没有发现其他问题？请学生分享	问题总结语：第二次模拟，各公司结合第一次模拟中的反思进行改善，整体表现更好了。大家的体会比之前更深刻，自己能看到公司运营中的不足，不是只看到自己部门的工作。相信如果再来一次，大家可以做得更好。大家两次模拟中，有一些经验是可以总结和借鉴的
2	分享一种科学的工作方法："PDCA 循环"	在企业中，有一种工作思维方式——PDCA 工作法	"PDCA 循环"在"课程专题核心理论解读"部分有详细介绍
3	结合运营过程，论证 PDCA 工作法。这个工具可以始终应用于我们的工作	前两次模拟中，有没有用这一方法开展工作（计划、检查、解决问题）？	重点讲"检查"这个环节。检查分为两个层面：第一个层面，有没有在自己的部门内部进行检查，寻找问题，争取提升效率？有没有在部门之间进行沟通？如生产部门和质检部门的沟通、营销部门和生产部门的沟通等；第二个层面，有没有在业务流程方面进行检查，想办法改进业务流程，把企业的整体效率提上来？是采购决定生产，还是生产决定采购？
4	让学生明白：以后要进入企业中实习或工作，也要有这样的意识：用科学的方法让自己把工作做得更好	把第二次模拟中大家的体会总结一下：PDCA 是一种很方便的工具。无论是在企业、学校，还是在其他新的环境中，都是可以应用的	课程不仅讲解该如何生产，而是结合模拟过程帮助大家体会，在面对新环境、新任务时，工作是有可遵循的检验流程与方法的。掌握了这些方法及方法论，我们才能在新的环境中做得更好

11.5　专题核心理论解读

1. 班级组织结构图

班级组织结构图，如图 11-3 所示，在 11.4 节中第二单元的第 3 环节（以班级的组织结构为例，向学生阐述组织结构图）中使用。

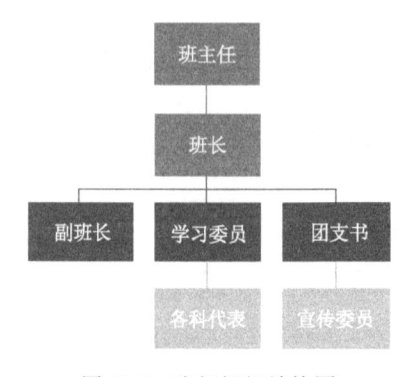

图 11-3　班级组织结构图

这个模型的结构是把班委组织结构以分层的方式呈现，形象地反映了班委内各机构、岗位间的关系。

使用的效果：让学生更容易理解一般组织结构图的呈现方法或提取思路。

2. 企业组织结构图

企业组织结构图如图 11-4 所示，在第二单元的第 3 环节（结合各人的角色和职责，讨论并画出自己公司的组织结构图）中使用。

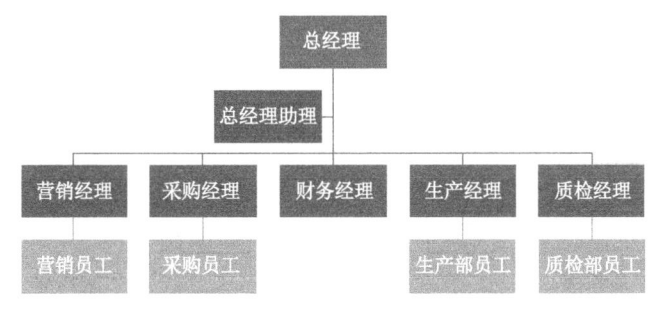

图 11-4　企业组织结构图

企业组织结构图是组织架构的直观反映，是最常见的表现雇员、职称和群体关系的一种图，它形象地反映了组织内各机构、岗位间的关系。企业组织架构图是可从上至下自动增加垂直方向层次组织单元的、以图标列表形式展现的架构图。它以图形形式直观地表现了组织单元间的关联，可通过企业组织架构图直接查看组织单元的详细信息，还可以查看与组织架构关联的职位、人员信息。

使用的效果：一方面让学生了解企业的组成，熟悉各个部门的职责；另一方面让学生看到自己在组织中的位置及与自己岗位有关联的部门。

3. 做作业流程图工具方法

做作业流程图如图 11-5 所示，在第二单元的第 4 环节（让学生理解流程图）中使用。其中把做作业的整个事件拆分成 4 个流程，依次是教师布置作业、学生完成作业、小组长收齐作业、交到课代表处。

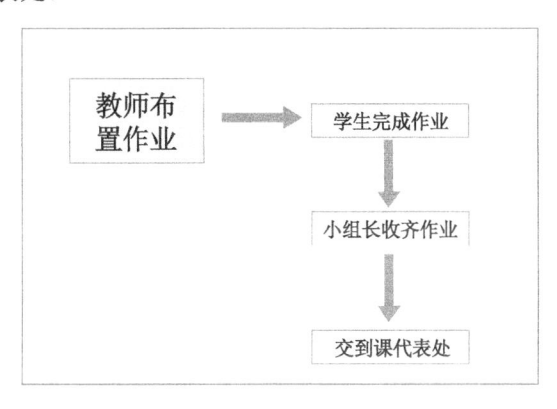

图 11-5　做作业流程图

使用的效果：让学生更直观地理解流程图的含义。

4. 企业流程图工具方法

企业业务流程图（见图11-6）在第二单元的第4环节（根据自己公司的业务流程画出业务流程图）中使用。

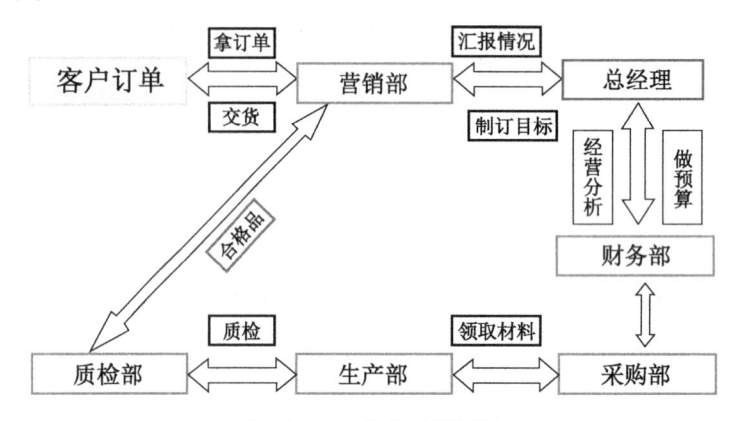

图 11-6　企业业务流程图

该企业业务流程图中，把企业的业务拆分成若干流程，依次用流程线连接。

使用的效果：让学生对企业业务流程、过程有一个整体认知，引导学生体会自己岗位的工作与其他岗位工作的内在联系，培养宏观视角，构建系统思维。

5. PDCA 循环

PDCA 循环（见图11-7）是美国质量管理专家休哈特博士首先提出的，由戴明采纳、宣传，获得普及，所以又称戴明环。全面质量管理的思想基础和方法依据就是PDCA循环。在本课程专题引导科学的工作方法环节中使用。

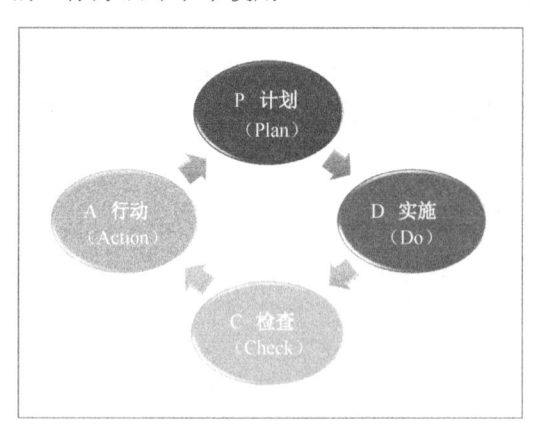

图 11-7　PDCA 循环

PDCA 循环将质量管理分为四个阶段，即 P 计划(Plan)、D 实施(Do)、C 检查(Check)、A 行动（Action）。在质量管理活动中，对各项工作做出计划，进行计划实施、检查实施效果，然后将成功的纳入标准，不成功的留待下一循环去解决。这一工作方法是质量管理的基本方法，也是企业管理各项工作的一般准则。

使用中的注意要点：在两次模拟公司运营过后，能看到运营中的不足，经过反思和改善，处理技能得到提升。如果再来一次，一定可以做得更好。这时，教师可以指出：有一些经验是可以总结和借鉴的。在企业中，有一种叫 PDCA 循环的工作方法，从而引出 PDCA 循环的核心理论。

引导内容：想一想，在我们前两次的模拟中，有没有这样的步骤（计划、检查、解决问题）？教师可以对课堂中全体学生提问，提示学生思考当时有没有实施或只实施了其中的一部分。重点讲"检查"这个环节，检查分为两个层面，可参考表 11-2 中的相关内容。

使用的效果：PDCA 循环紧贴课程专题的两个活动环节，让学生深刻地认识到 PDCA 循环这个工具及该工具所体现的思维方式是始终应用于工作全程的。作为一个职场新人，以后要进入企业实习或工作，也需要具备这样的职业意识，利用科学的工作方法把自己的工作做好。

11.6 经典活动解读

1. 活动背景与目标

本活动叫"模拟公司运营（第一轮）"，是一项集趣味性、仿真性、对抗性和模拟演练于一休的实践教学活动，该活动贯穿本章的主体内容。活动首先让学生分组模拟运营一个飞机制造企业。学生通过飞机制造企业核心业务环节的实际操作，体验进入新环境、面对新任务过程中员工适应环节的情景，品读和掌握合格员工在面对新环境、新任务时应具备的职业素养，了解应该做什么、怎么做，从而更快地适应企业、适应环境与工作要求。

2. 活动内容与操作步骤

【活动名称】模拟公司运营（第一轮）。
【活动目的】根据客户需求及自身能力采购材料、生产和销售飞机，赚取最大利润。
【活动时间】80 分钟。
【活动道具】模拟公司运营（第一轮）活动道具如表 11-3 所示。

表 11-3 模拟公司运营（第一轮）活动道具

序号	道具	备注
1	飞机模型	A、B 型飞机模型每组一套，注意学生用纸须用颜色区分
2	岗位职责说明	PPT 呈现
3	A4 纸	每组至少两种颜色，各 50 页
4	计划表单	业绩计划表、原材料采购单、业绩统计表
5	现金（代金券）	可手写或打印一些代金券，盖上专用章
6	白板	每组 1 块
7	大白纸	若干，小组分享
8	扑克牌	一副，用于分组

【活动规则】

活动现场布置如图 11-8 所示。

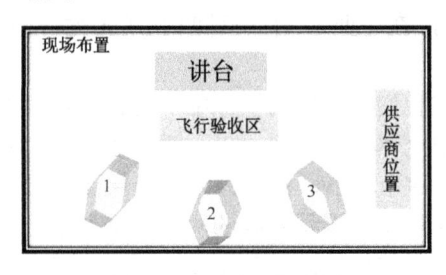

图 11-8 活动现场布置

① 每个公司初始资金 100 亿元。

② 每张 A4 纸可做 2 架飞机模型，每张 4 亿元。

③ 各公司根据客户需求（10 分钟内生产的合格飞机模型客户都可收购，限时不限量）及自身能力采购材料、生产和销售飞机模型。

④ A 型飞机模型，最短飞行距离为 4 米（最短直线距离）。

⑤ 合格飞机模型要求一次成型，机体无伤痕。

⑥ 全体同学听从教师的口令，做到令行禁止，违规者每次扣 5 亿元。

⑦ 每组至少 12 人（其他人可以放在生产和质检环节，每组控制在 15 人以内）。根据学生数量，确定 2 人为供应商，4~6 人为客户，每人负责一个机型/颜色（供应商和客户需要提前培训）。具体人数与组数可根据各班人数来确定。

⑧ 公司成员须按照要求履行自己的工作岗位职责，不得超越自己的工作范围帮助其他成员工作。违反规定每次罚款 5 亿元，每组派有监督员（由扮演供应商及客户的成员按要求执行）。

公司组织架构如图 11-9 所示。

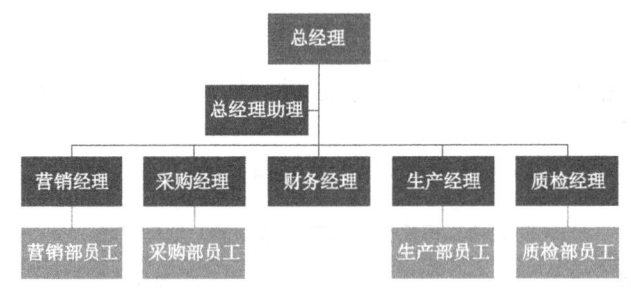

图 11-9 公司组织架构

公司职位信息及岗位职责如下。

总经理职责及任务：

（1）召开公司部门经理级会议并安排工作；

（2）召开公司全体员工会议；

（3）听取各部门经理的汇报，并安排下一步工作；

（4）每轮游戏后，公开公司业绩。

总经理助理职责及任务：
（1）根据总经理的要求联系各部门经理参加公司会议；
（2）填写会议纪要；
（3）总经理安排其他工作；
（4）向总经理建议召开会议。

财务经理的职责及任务：
（1）对公司的资产进行管理；
（2）根据总经理的签字来发放资金；
（3）为总经理提供公司经营业绩及相关分析结论；
（4）向总经理建议召开会议。

营销经理（员工）的职责及任务：
（1）根据客户需求，制订销售方案，并上报总经理讨论；
（2）将质检部提供的合格产品支付给客户；
（3）向总经理建议召开会议；
客户需求：A型飞机模型可飞行4米以上；B型飞机模型可飞行3米以上，合格飞机模型机翼上要有公司的名称（或统一盖本公司的标志章，各组用不同的图章）及质检经理的签字。

生产经理的职责及任务：
（1）根据总经理的签字安排生产任务；
（2）从采购经理处领取生产资料；
（3）将生产资料交由生产部员工进行生产并进行指导（不能参与生产工作）；
（4）将产品交给质检经理；
（5）向总经理建议召开会议。

生产部员工的职责及任务：
（1）根据生产经理的要求进行生产工作；
（2）将产品交给生产经理。

质检经理的职责及任务：
（1）接收生产经理提交的产品；
（2）按照质检要求向本部门员工传达检验标准；
（3）若有不合格产品，则需要通知生产经理追加生产；
（4）在合格产品的机翼上签上公司名称及本人姓名；
（5）将检验合格的产品提交给营销经理；
（6）向总经理建议召开会议。
质检标准：A型飞机模型可飞行4米以上；B型飞机模型可飞行3米以上；每架飞机模型最多可检验2次。

质检部员工的职责及任务：
(1) 根据质检经理的要求进行产品检验；
(2) 将合格的产品交给质检经理；
(3) 将不合格产品上报给质检经理。

采购经理（员工）的职责及任务：
(1) 根据总经理安排，从财务部领取资金并购买原材料；
(2) 将原材料交给生产经理；
(3) 向总经理建议召开会议。

【活动步骤】

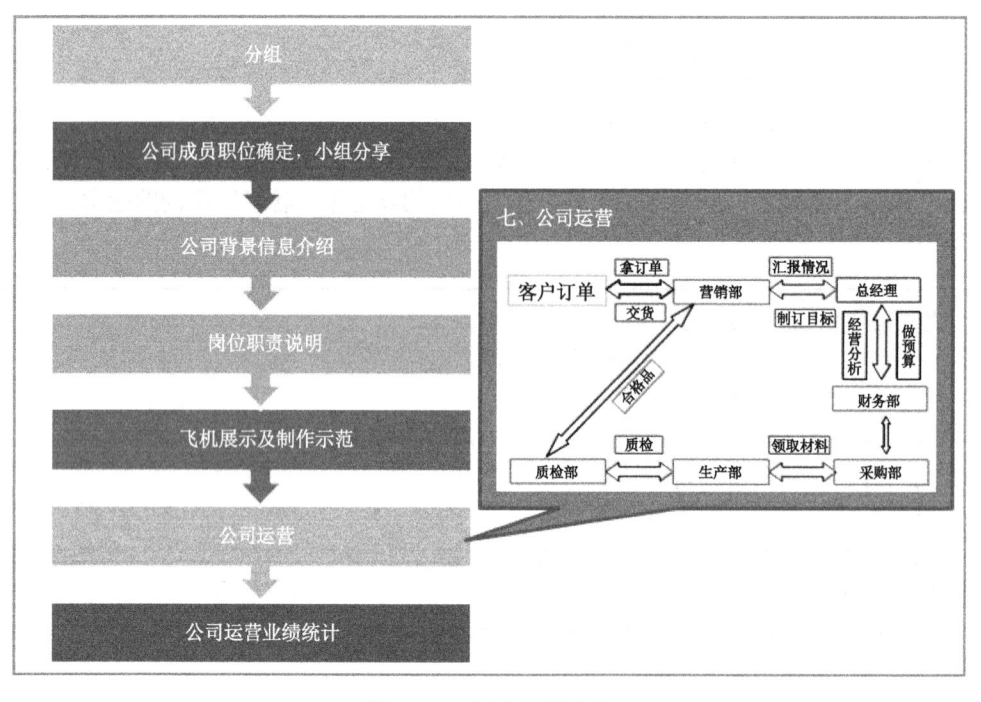

活动步骤如图 11-10 所示。

图 11-10　活动步骤示意

3. 活动重点步骤引导说明

步骤一：分组。

根据后续游戏开展需要，可采用报数分组（扑克牌分组）的方式分组，每组至少 12 人（其他人可以放在生产和质检环节，每组控制在 15 人以内）。根据学生数量，确定 2 人为供应商，4～6 人为客户，每人负责一个机型/颜色（供应商和客户需要提前培训）。具体人数与组数可根据各班人数来确定。

步骤二：公司成员职位确定，小组分享。

岗位职责说明中强调公司成员须按照要求履行自己的岗位职责，不得超越自己的工作范围帮助其他成员工作。

步骤三：公司背景信息介绍。

一个飞机模型制造企业，根据客户需求及自身能力采购材料、生产和销售飞机模型，赚取最大利润。

步骤四：岗位职责说明。

在介绍公司各职位信息的同时，强调各学员须按自己的岗位职责履行，违反规定的每次罚款 5 亿元，每组都有监督员（由扮演供应商及客户的成员按要求执行）监督。教师到各小组，把职位信息条随机分发给各小组。学生拿到之后，由总经理组织本小组讨论 5 分钟。讨论的内容是：总经理带领大家熟悉岗位职责，让每个人都把自己的岗位职责读一遍，同时把自己岗位职责内的关键点找出来，和所有成员讲清楚。

步骤五：飞机模型展示及制作示范。

教师代替客户，每组发一套标准飞机模型（A、B 型各一架），说明符合此标准的飞机模型才会被收购。接着播放飞机模型制作演示视频。再明确划分好试飞区和验收区，并进行 A、B 型飞机模型飞行演示。强调营销经理及生产部成员要掌握飞机模型制作工艺，质检部要明确飞机模型质量标准，严格把控飞机模型质量。讲清合格飞机模型的质量标准及要求：A 型飞机模型，最短飞行距离为 4 米（最短直线距离）；B 型飞机模型，最短飞行距离为 3 米（最短直线距离）；合格飞机模型要求一次成型，机体无伤痕。

步骤六：公司运营。

第一步，根据营销经理提供的客户需求，在公司内部进行交流，让公司全体成员了解飞机模型制作流程。让生产部门熟悉飞机模型的制作过程。由营销经理演示试制飞机模型，演示从一张完整的 A4 纸开始，到分别制作完成 A、B 两个型号的飞机模型为止（用时 5 分钟）。

第二步，客户第一次下订单：5 分钟内生产的合格飞机模型客户都可收购（限时不限量）；然后公司营销经理根据客户的订单情况向总经理汇报。总经理组织召开会议进行 5 分钟内部讨论，确定自己公司的目标，这些目标涉及销售收入、采购数量、生产数量、合格数量等指标。讨论完成后统一采购（用时 5 分钟）。

第三步，各公司统一行动，到供应商处排队采购。各公司根据本公司讨论确定的原材料采购数量，由财务人员带上现金和采购人员一起到供应商处采购原材料。供应商收取现金，并根据采购数量发放原材料。所有公司的原材料发放完毕后，采购人员暂不能走，待教师重申下一步工作重点之后，供应商才允许各公司采购人员把材料运回自己的公司（用时 3 分钟）。

第四步，公司运营开始（用时 10 分钟）。

每组都完成了生产前的准备工作后，再确定各公司是否清楚工作的内容、原材料是否正确。告诉各公司：合格的飞机模型，由销售经理提交给客户。客户由学生扮演，每个客户负责接收一种型号的飞机模型。在接收时也要进行验收，对验收合格的飞机模型进行登记。公司成员按自身职务岗位进行工作，违反规定的每次罚款 5 亿元。所有的规定都确认一遍之后，教师宣布公司正式开始运营。

步骤七：公司运营业绩统计（见表 11-4）。

表 11-4 公司运营业绩

项 目 名 称	金额（亿元）
现金	
销售收入	
原材料	
库存飞机	
合计	

现金：目前各公司的现金。不包括已经实现了的销售收入。

销售收入：由客户根据公司提供的订单数量统计的，以票据的形式发给各公司。

原材料：还没有进入生产环节的原材料。以半张 A4 纸为单位，每单位 2 亿元。

库存飞机：已经生产完毕或处在生产过程中的飞机模型。这些飞机模型包括质检合格的和未进行质检的。每架按 2 亿元计价。

合计：将上面 4 个数字进行累加。

4. 活动中的学生表现与教师引导

"模拟公司运营（第一轮）"活动重点步骤中的学生表现与教师引导关键词如表 11-5 所示。

表 11-5 "模拟公司运营（第一轮）"活动重点步骤中的学生表现与教师引导关键词

活动步骤	活动要求	学生表现	教师引导关键词
步骤一	分组	(1)学生在分组时会选择同宿舍或同性别学生，导致各组人员特征比较单一。(2) 分组后，角色如何确定	(1) 新环境、新身份，跨越过往关系和性别差异方能给自己带来真实的模拟情景，确保体验深刻。(2) 没有天生的领导，也没有天生的职员，大胆尝试，成就自我
步骤二	制订业绩计划	盲目自信；好高骛远	量力而行，按照自己的能力制订计划，不要盲目贪多求快
步骤三	制作飞机模型	有速度，没质量	欲速则不达；请体会"质量是企业的生命线"
步骤四	岗位职责说明	不熟悉岗位职责，只顾及大体内容，不注重细节和关键点；关键时刻掉链子	细节决定成败，意识决定行为。本活动强调各学员按自己的岗位职责开展工作。这在实际工作中必须成为一种本能。所以现在应对此切实重视，为培养自己的职业习惯奠定基础
步骤五	飞机模型展示及制作示范	看几眼示范就以为自己学会了，没有耐心关注每一个细节，甚至制作流程、细节有错漏而不自知	为了保证各组人员理解到位，可以让营销经理再示范一遍。建议：教师要事先制作两架飞机模型，并每组发一套（A、B 型各一架），便于给学生演示和开展试飞工作

(续表)

活动步骤	活动要求	学生表现	教师引导关键词
步骤六	公司运营	（1）分工不明确，个别组员超越自己的工作范围帮助其他成员工作。个别组员抢先于教师的指令行动。 （2）利用样板飞机模型交单或暗地里将其他纸张作为原材料。 （3）对验收结果存在争议	（1）每组都有监督员（由扮演供应商及客户的成员按要求执行），对违反规定的行为每次罚款 5 亿元。 （2）发给学生的样板飞机模型用纸不同于学生制造所使用 A4 纸，所有道具使用的 A4 纸建议做记号，并明确告知学生。 （3）飞机模型的验收工作由扮演客户或供货商等第三方的同学完成。他们与企业不存在竞争关系，同学容易信服，可确保活动进行顺利
步骤七	公司运营业绩统计	只关注业绩数据，忽略业绩成因	引导学生分析各项数据的成因，发现问题，为后续经营做好技术支撑

5. 活动中的风险点预告

在制作飞机模型的过程中，为了增加利润，个别同学可能故意使用非道具用纸，甚至盗取他组纸张。教师可以提前引导的内容有：

（1）和学生强调活动最终目的不是输赢，而是体验新环境、新任务的过程，不要舍本逐末。也请学生体会并思考：在内心摇摆时刻，自己需要坚守什么。

（2）所有道具 A4 纸做上记号，并明确告知学生。提示学生：在企业，很多关键时刻未必有人会告知，但不代表企业没有防范意识或行动。

11.7 思考题

（1）思考本课程专题期望引导学生体会哪些重点内容及原理。
（2）阅读课程目录，并梳理课程逻辑。从企业角度品味课程目录及内容隐含的引导逻辑。
（3）掌握课程要点，思考在课堂上应如何引导学生理解这些内容，并讲解核心点。
（4）熟悉课程所用清单，掌握课件逻辑，熟悉教学内容。
（5）本课程专题结束时需要升华的是什么？
（6）当一个学生初入或即将进入职场时，我们能给出哪些建议？
（7）当到了新的环境或接到新的任务时，职业化的思维与工作方法有哪些？

11.8 拓展学习资源推荐

1. 书籍：《职场感悟——写给初入职场的人们》黎雅 著

推荐理由：作者针对女儿在工作中遇到的 20 个困惑，基于自己在职场中的经历和摸索，告诉读者在如何解决这些问题的过程中实现快速成长。《职场感悟——写给初入职场的人们》能够帮助新人加深对职场规则的了解，使他们在成长的道路上少走弯路。本书适合职场新人与处于职业困惑期的在职人士阅读，也可作为企事业单位新员工的培训手册，以及大专院校的职业指导参考书。

2. 书籍：《创业生存记——如何经营好一家初创企业》[美]贝恩德·舒纳（Bernd Schoner）著　汤懿 译

推荐理由：我们身处由新兴技术引领的变革时期。这个时期充满创新气息，从互联网、大数据、物联网到生物科技，各式各样的新技术集中爆发，各种新兴需求和新兴市场伴随而来。本书作者为美国麻省理工学院的工科博士，走出实验室就与4名同学涌入创业的大潮中，根据自己亲历的10年创业奋斗史写成了这本书。本书描述了作者从初创公司启动到发展融资，直至最后成功退出的整个过程，毫无保留地揭示了创业过程中的挑战、失败、胜利及反思，是一本创业生存指南。如果你能在创业的不同阶段参考此书介绍的法则，或许能避开诸多陷阱，从而真正成就自己的创业梦想。大家可以透过书中的真实素材，体会作者对初创企业发展历程与关键节点的整体把握与理性总结，体会企业运营流程及流程背后所需要的综合能力。

3. 书籍：《创始人：新管理者如何度过第一个90天》[美]迈克尔·沃特金斯（Michael D. Watkins）著　徐卓 译

推荐理由：人生，总是处处都充满变化，尤其是在职场中，跳槽、晋升、岗位调动……变化总在发生。即使不是被动接受这样的变动，日复一日的重复工作也会激发我们去主动寻求这样的变动。不管是大的变化，还是小的变化，我们所面临的情境和挑战不尽相同。在不断强调应该提升自己适应力之后，有什么更好的方法让自己快速适应这种变化，然后激情昂扬地投入新的工作和生活中呢？来自美国的全球著名职业转型指导专家迈克尔·沃特金斯编著了《创始人：新管理者如何度过第一个90天》一书。迈克尔·沃特金斯是领导力发展咨询公司创世纪顾问的联合创始人，先后在瑞士洛桑国际管理学院、欧洲工商管理学院法国分校、哈佛商学院、哈佛大学肯尼迪政府学院任教。《创始人：新管理者如何度过第一个90天》一书迄今在全球销量超过120万册，被誉为管理者角色转变圣经。

4. 书籍：《精益制造042：PDCA精进法》[日]川原慎也 著

推荐理由：本书介绍了PDCA管理实施过程中的要点及难点，可使管理者对企业存在的种种生产问题把握得更为精准。PDCA是Plan（计划）—Do（实行）—Check（评价）—Action（改善）的简称。重复这种管理循环，进而提高工作效率，这就是PDCA循环管理。企业人员都明白PDCA循环管理在完善企业运营中的巨大作用，若想利用PDCA出成果，实际操作起来并不顺利：P、D很好落实，但C、A很难做到。问题究竟出现在哪里？如何顺利推进PDCA？管理者如何让PDCA发挥作用？本书对以上三个问题做了深入、透彻的分析。本书中各章节总结均以图幅形式呈现，直击核心，简明易懂，实用性非常强，这对于认识到PDCA循环管理的作用却无法顺利推进的中国企业家而言，无疑是最好、最有效的咨询顾问。

职业素养三阶课程
——对接篇

第 12 章　职业规划

第 13 章　成功面试

第 12 章 职 业 规 划

12.1 案 例 导 读

人生需要自我规划

每个人都在为职业发展而不懈努力。而这个努力是否是围绕一个明确的目标而在做持续的积累呢？

杨澜[①]，电视节目主持人、媒体人、传媒企业家……在成功的光环背后，是她一步一个台阶的稳步发展历程。1990 年 2 月，中央电视台《正大综艺》节目在全国范围内招聘主持人。杨澜以其自然清新的外形、镇定大方的台风及出众的才气脱颖而出，应聘成功。凭借自身的努力、实力与魅力，杨澜随后获得了"十佳"电视节目主持人、金话筒奖等。4 年央视主持人的职业生涯，开阔了杨澜的眼界，更确立了她未来的发展方向：做一名真正的传媒人。

当人们还惊叹于杨澜在主持方面的成就时，她做出了一个令人惊讶的决定：辞去工作，去美国留学。1994 年，26 岁的杨澜远赴美国哥伦比亚大学，就读国际传媒专业。她的视野开阔了许多，接触到了许多成功的传媒人和先进的传媒理念。业余时间，她与上海东方电视台联合制作了《杨澜视线》。这是一个关于美国政治、经济、社会和文化的专题节目，是杨澜第一次以独立的眼光看世界。她同时担当策划、制片、撰稿和主持，实现了自己从底层"垒砖头"的想法。40 集的《杨澜视线》发行到国内 52 个省市电视台，杨澜借此实现了从一个娱乐节目主持人向复合型传媒人的过渡。

1997 年回国后，杨澜加盟了刚刚成立的凤凰卫视中文台。1998 年 1 月，《杨澜工作室》正式开播。作为《杨澜工作室》的当家人，在随后的两年时间里，杨澜一共采访了 120 多位名人。与来自不同行业、不同背景的嘉宾交流，也让她吸收的信息量不断攀升。凤凰卫视的两年，在杨澜的职业发展上起到了重要作用。

1999 年 10 月，杨澜辞去了凤凰卫视的工作，由电视界转向商界。对于这次转变，杨澜表示，她投身商界不是简单地为了赚钱，而是为了实现过去不能实现的媒体理念。在报纸杂志网站上经常可以看到关于杨澜的报道，她变成了传媒名人。2001 年夏，杨澜作为北京申奥的"形象大使"参加了在莫斯科的申奥的活动。同年，她的"阳光

---

① 杨澜，（1968—）电视节目主持人、媒体人、传媒企业家、慈善家。阳光媒体集团主席和阳光文化基金会主席。

文化"接手了中国最大的门户网站——新浪网，又与四通合作成立"阳光四通"，开始进军IT界。

很多人都说她太幸运了。由央视的名主持到远涉重洋的学子，再到凤凰卫视的名牌主持，最后到阳光卫视的当家人。从传媒界到商界，她一次次成功实现了人生转型。杨澜的角色在不断变化，但她从没有偏离媒体这个大方向。这是她百分百付出的结果，她在做每一件事时都秉持"必须做百分之百的准备，哪怕最终要浪费百分之九十九的努力"这一信念。就这样，她的职业发展方向始终不变，但目标层次一直在提升。

（本文来自网络，有节选）

【思考题】
（1）从杨澜的成功历程可以得到的重要启示有哪两方面？
（2）请回想自己做事用心、全力投入，最终获得良好结果的一段经历，分析一下自己哪些做法值得继续发扬，哪些地方还有提升空间。

【课程导语】
一个人日常做事的状态往往决定着他一生的职业发展。有些人只关注眼前的事，而忽略了前进方向和发展目标，也不知道自己要成为怎样的人；有的人总以成功人士为自己的榜样，热衷畅想未来，却不能踏实做事，忽略了自己现在的积累；只有少数人有明确的目标，认真做好手边的每一件事，他们知道这些小事能够给未来带来无限的可能。杨澜，无疑就属于后者。我们可以看到，当"做一名真正的传媒人"这个目标确定之后，杨澜尽管换了很多职业，工作内容也随之变化，但她一直在传媒界，做任何事都百分之百努力的状态也始终如一。在各种繁杂的事项中，她持续地积累自己的经验、能力、人脉、资源，这使她的职业发展视野越来越宽，内涵越来越厚重。着眼于未来的职业发展，立足现在，成长自己、发展自己，这是职业素养课程体系中"职业规划"专题的重要学习内容。

12.2　专题定位与核心理念解读

企业和员工都在关注职业规划。企业的职业规划主要在人力资源管理方面，要"招得来，留得住，干得好"；员工个体的职业规划则希望自己"能力强，薪酬高，晋升快"。企业评价一个员工，不会看他的理想和抱负，不会看他的学历和经验，只会通过工作成果评估其岗位胜任情况。员工经培训后才能胜任岗位工作，是自己主动学习、快速胜任，还是已经胜任工作了但仍继续摸索提升工作质量和工作效率的方法……这既是员工自我发展、主动成长的梯次与层级特征，也是企业内部人力资源管理人才选用的测评依据。

企业是由很多岗位有机结合而构成的组织体系。每个工作岗位在工作流程中都有特定的内容要求、质量要求和效率要求。企业之所以重视岗位绩效评定，是因为岗位绩效是企业业务发展的基础，也是员工职业发展态势的体现。一个人的职业发展是在企业中某个部门的岗位上实现的。所以，立足现在、立足岗位，了解企业的发展方向和所在岗位的基本职责，主动学习、主动承担，提升自己的工作能力，超越岗位职责标准，这才是真正的职业规划举动。这样才能成为企业抢手的人才，才能使自己的职业发展变得更稳定、更持久。

谈到"好工作"，很多职业院校的学生都有"好工作就是钱多、事少、离家近"的误解。在他们看来，工作单位没名气自己就没面子，工作环境不好就会不舒服，需要加班或出差就会太辛苦。带着这样的职业观念进入职场，会给自己的职业发展带来更多干扰和消耗。当工作中遇到的情况超出自己的预期时，心里就起了波澜，不再关注工作本身而轻易地选择离职。于是，职场新人频频跳槽的现象屡见不鲜。毕业生会误以为，换工作或换老板就能让自己的职业境况有所改变，或者就能让自己的职业天地焕发新活力。这种频频跳槽的行为背后，实质是回避、逃避心态在作祟，这恰恰是因为他们没有真正理解职业规划原理而绕了弯路。

其实，初入职场，对职场环境、工作内容、人际交往、技术操作等方面不熟悉、不适应是正常的。毕业生融入团队的起点就是了解组织和制度，熟悉产品和客户，接纳领导和同事。还需要思考的是：在企业这个平台上，自己能学到什么，能得到什么，能为企业做些什么……

在职业素养课程体系中，第一阶段的课程定位是行动，第二阶段的课程定位是思动，第三阶段的课程定位是对接。第三阶段由"职业规划"和"成功面试"两个职业素养专题构成，希望在学生面临实习、就业或升学时，为其提供更有针对性的学习内容。

学生对职业的认知水准决定了他们职业选择的起点。在"职业规划"中，需要引导学生认识自己、发展自己，严肃审视自己的好工作标准。引导学生理解：立足岗位、有序地实践与积累，才是真正提升自己职业竞争力的捷径。引导学生把企业的岗位看作自己职业发展的平台，立足现在，着眼 60 岁，用个人的努力和付出对接职业规划；在对自己职业规划的实践中，缔造好工作、好未来、好人生。

"职业规划"专题课程的核心理念是"在规划中缔造好工作、好未来、好人生"。规划是一个人全面、长远的发展计划。确定清晰的目标，是一个人职业生涯规划成功与否的前提。职业目标是一个重要的引导方向，却不是一个取舍标准，因为宏伟计划的实现要依靠一个个小事项、小事件的实现。曾经有一个剧组的导演让两名实习生去买盒饭，实习生当场拒绝，理由是"我是来当实习导演的，不是来买盒饭的"。这两名实习生混淆了对职业目标和职业事件的认识。若我们能够把个人的长期发展目标与企业的发展目标、阶段性的工作目标进行通盘考虑、规划，日常生活与工作中的事件就会成为增强我们多方面能力的契机。只有在大大小小、各种类型的事情中安心工作、自如应对，一个人的职业发展态势才会变得更为立体、更有张力。没有谁的职业生涯是等来的，所有的好工作都是自己全力以赴实践来的。动态规划才能精雕细琢地缔造个人的实力与品牌，才有可能在赢得好工作的基础上，迎来好未来、好人生。

12.3　专题目标解读

在"职业规划"专题中，会通过体验活动、视频案例分析、互动分享等活动形式，达成两个目标：帮助学生纠正职业认识误区，树立对职业发展的正确认知；确立职业规划要立足现在的观念，用有质量的行动找到成长自我、发展自我的切入点。

首先引导学生思考"未来五年自己是什么样的""我要成为什么样的人""我如何成为那样的人"等问题，引导学生对自己的职业发展进行基本的定位。其次，探讨常见的一些问题，如"兴趣、性格与职业冲突该怎么办"，讨论"什么样的工作是好工作"。最后，引导学生制订自己的目标，分阶段、按步骤实施，关注平时的每个细节，精耕细作，积累自己的资本，夯实自己的根基。

12.4 专题内容解读

"职业规划"专题课程共分三个单元，如图 12-1 所示，每单元 2 课时，共 6 课时。

第一单元　成为怎样的人
- 面对未来，问问自己，我要到哪里去

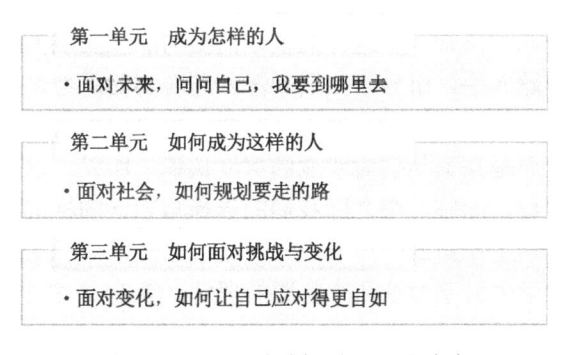

第二单元　如何成为这样的人
- 面对社会，如何规划要走的路

第三单元　如何面对挑战与变化
- 面对变化，如何让自己应对得更自如

图 12-1　"职业规划"专题课程内容

12.4.1　第一单元　成为怎样的人

"成为怎样的人"是一个人的发展目标。目标不清晰，就不知道学什么，不知道怎么学，做事的动力也不会长久。学习"职业规划"课程，首先要让学生明确个人的发展目标和方向。

按照职业素养课程常规的做法，我们每新开一门课，在开场时要向学生做"5 预告"，即预告课程的主题内容、所用的形式、时间、主要安排、需要学生配合的地方，让学生有初步的心理准备。在第一次课，按照本专题的要求进行分组活动，把学生带入新主题的学习中来。

让学生清晰地知道自己要成为怎样的人，这部分采用"生涯幻游"的方式让学生思考、分享和讨论，找到自己对职业期望的方向，深入思考、理解自己有此期待的原因。这部分有五个环节。

第一个环节，开始冥想，思考题："你是否想过五年后自己会是什么样子呢？"

这个活动让学生在放松的情况下冥想自己理想中的职业。在具体操作时，注意引导学生安静下来，闭上眼睛。学生最初会有好奇心，或者觉得好笑，因此需要耐心地引导学生。

教师需要准备完整的引导词，还可以播放舒缓的背景音乐，引领学生全员参与。例如，"请安静地闭上眼睛，保持平静的呼吸。下面我们要透过时空旅行的活动，带你到我们的目的地。五年后的某一天，感觉一下那时的生活……"

第二个环节是幻游分享。

学生的职业认识基于他们现在的经验，他们通常认为要成为老板、工程师、营销专家等。在冥想环节结束后，请愿意分享的学生进行分享。操作如下：请学生说说自己"想到的"或"看到的"，并提示其他学生，每个人都有很多职业发展机会。机会，一方面取决于外界的职业环境，另一方面取决于自己对职业的认知和所做的职业积累。我们可以带着欣赏的目光去欣赏他人对自己职业的畅想，这对我们是有启发的。对于分享想法的学生，提示他们详细描述，如理想中"自己五年后是什么样的"。在学生分享过程中，教师不评价，只引导学生把细节描述得更清晰。细节，往往具有令其他学生有所触动或深入思考的力量。

第三个环节是问题聚焦。聚焦未来职业发展过程中可能出现的问题：

（1）如果工作和你的兴趣发生冲突，你想过如何处理吗？

（2）如果工作和你的性格有冲突，你想过如何处理吗？

学生虽然有自己的职业认知，但这样的认知需要与职业发展的真实要求对标。因此，我们可以从上面两个问题入手，引导学生展开深入而现实的思考，引导学生思考如何面对现实问题，将目标达成。学生的想象虽然天马行空，但也包含着认知的自然规律。让学生冥想的目的不是放松，而是探索他们对职业的深度认识。所以，这两个问题是为了引导学生思考：为实现职业目标，面临冲突之际我们的选择与隐含的标准。这两个问题是供学生参考的，教师还会结合学生在第二个环节中的经典话题来带动学生思考。

第四个环节是安排学生分享对这两个问题的理解。请 2~3 名学生分享自己的理解，再请其他学生谈谈他们听后的感受。

第五个环节是教师总结。

每个人的性格是不一样的，需要我们平时多观察、多关注一下别人是怎么处理事情的。性格不是最大的阻碍，调整意愿才是最大的阻碍。如果找到与性格相匹配的职业，每一种性格的人都能成功。这一部分的教学目标是引导学生正视现实：未来在与职场对接过程中，并非我们不合适，甚至绝大多数情况下都不是我们不合适，不要为自己找借口，应从调整自身开始。

在活动之前问学生这类问题，学生会感到比较抽象，学生的回答也未必严谨，有的学生甚至根本没有想过未来要做什么。提供相关的情景，伴随着音乐，思绪不断涌现，"我想要的是什么样的生活""我要成为什么样的人"，目标渐渐清晰……如此操作，营造氛围，方能实现教学预期目标。

12.4.2 第二单元 如何成为这样的人

规划的前提是有方向、有目标，之后才能谈步骤。本单元以"如何成为这样的人"为主题，引领学生梳理达成目标的具体步骤与关键节点，尝试迈出实践的下一步。这部分内容包括五个环节。

第一个环节，生活中成功案例分享。

在案例分享的过程中思考:"要实现理想,你是否想过先做什么,再做些什么?"学生可以根据第一次课程中自己冥想的结果谈谈具体步骤,也可以谈谈自己生活中的其他案例和经验。学生在生活中会有一些达成目标的小经验、小案例,会有确定目标、制订计划、行动、见效果的生活体验。教师也可以举例说明:一个女孩想要做点心,她需要准备一定的材料,按照一定的方法,执行一定的步骤,之后才能吃到美味的点心。又如减肥,若要半年减掉5公斤(原来体重70公斤),应选用什么方法,运动还是节食?所以我们要实现理想,也要有一定的步骤和方法。只有找到了实现理想的平台,按照平台的规则操作并融于其中,才能实现我们的理想。

在第一个环节中穿插名为"口香糖"的小游戏,让学生体会:有的目标很难实现,有的目标很容易实现。

第二个环节,对职业目标的思考。

有了职业目标,还需要明确达成目标的步骤。这里通过一个活动让学生来体验。活动的主题是"我成为_____(理想或职业目标)的规划思考"。请学生明确并描述自己的理想或职业目标,然后完成表12-1。

表12-1 我成为_____(理想或职业目标)的规划思考

必须完成几个关键阶段	可能需要的资源与渠道	所需的时间

这个活动中,学生可以拆解自己的某个目标,也可以采用教师建议的主题:以"我要用7年时间成为一位房地产营销专家"为例进行分析。在与学生互动的过程中,分享一些学哥、学姐的案例。同时提出问题:我们可以借鉴的是什么?我们可以规避的是什么?这个环节中的分享内容,会令学生对职业发展过程中的现实问题有切实体会,引发感触。

第三个环节,讨论"什么样的工作是好工作"。

当问起"什么样的工作是好工作"时,很多人都有自己的答案。把学生的答案汇总、梳理,会发现这些答案是社会上关于职业的流行说法。经过讨论,教师引导学生重点分析人生中的3个职业阶段,即18~30岁、30~50岁、50~60岁。在不同的阶段都有该阶段的重点任务:18~30岁的重点任务是提升阅历,锻炼能力;30~50岁的重点任务是使自己的职业价值最大化,实现稳定收入,平衡生活;50~60岁的重点任务是实现自我价值。对应每个阶段的使命与任务去拼搏并持续耕耘,才会有相应的成长与收获。成长的事情不能拖延,没有捷径,也不能错位,必须"有序"成长。社会是一个舞台,每个人都身在其中,每个人的功课都只能由自己完成。

第四个环节,如何规划角色的转变。

人在不同的阶段会有不同的角色、不同的职责。如何规划角色的转变?如果我们希望职业发展得顺利,应该如何一步一步规划?这是本环节探讨的重点。

这部分会安排情景剧,展现一名毕业生在工作中出现失误后与朋友对话的场景。让学生体会在从学生向企业员工转变过程中认知上的"差距",再分享感悟。之后欣赏电影《喜剧之王》片段,思考如下问题。

（1）周星驰的理想在他自己心中是否清晰？你是从哪里看出来的？

（2）周星驰为理想做了哪些前期准备？他是怎样学习并逐步对接演员这一职业的需求的呢？

（3）《喜剧之王》是周星驰成名后对自己成名前追求理想的回忆与追溯，你是否能从电影中找到下列问题的答案：周星驰为追求理想需要完成哪些关键事情？他在实现理想的过程中，遇到了困难，他是怎样应对的？他为什么没有那么多抱怨？

（4）周星驰是通过哪些渠道、哪些途径实现梦想的？

（5）（大家一起讨论）周星驰当初设计跑龙套的小角色"死去"，为什么会因此被杜鹃儿痛骂，你认为是怎么回事？

电影分享通常是学生比较关注、愿意参与的环节。

第五个环节，深度理解职业的讨论活动。

在职业探究时，学生对"职业""工作""职位""岗位"等名词的辨析不够清晰，甚至有混淆的情况。通过解读篮球运动员的工作系统，辅导学生理解职责（角色）的"深度"。这些讨论是为了引导学生认识：理想应该是具体的、分阶段实施的；实施过程中的"学习"本身，要求也是全面的。

第二次课程之后，学生会对职业成长的阶段、职业角色和职业内涵有更深入的理解，对如何实现自己的职业目标有了基本思路与方法。

12.4.3　第三单元　如何面对挑战与变化

"职业规划"专题不仅可以帮助我们规划在某一段时期的发展目标，还会通过对职业规划思路的拆解，为我们进行人生长期规划提供方法论！"职业规划"专题第三次课的目标是让学生敢于面对现实的挑战和变化。这部分包括三个环节。

第一个环节是分享新人初入职场或社会时的心路历程。

对新环境的认识、对新职业的了解、对新工作内容的熟悉，诸多情况需要去一一应对。而这样的过程容易引起人们情绪有规律的波动：速成、无序（刚刚进入社会）、自卑（进入社会前3个月）、浮躁（进入社会6~12个月）、迷惘（进入社会1~2年）、清晰（进入社会3~5年）……其实情绪并不重要，我们的目标是什么才最重要。

观看电影《时尚女魔头》中"找书稿"的片段，结合剧情解读对"情绪"和"工作目标"的认识。帮学生理解：工作中肯定会出现情绪反应，但不能陷于一直无法解脱的情绪中；要尽快去厘清"我们能改变的是什么"，也就是下一步该如何走，这才是最重要的。可以结合学哥、学姐的案例一起理解和解读。

第二个环节，找准自己发展的根本。

我们会用"枝繁叶茂"来形容树的状态，而"根深蒂固"是大树茂盛的原因。我们用这个例子让学生理解，一棵树的高低取决于什么（暗喻，一个职业人的发展成就取决于什么）。

在"大树成长模型"中，职业化能力就像一棵大树——先有根，树干才会长得结实，树才会枝繁叶茂，才能最终长成参天大树。树根：指人的自我学习和管理能力，这里提到的"学习"，不单指知识性学习，还包括态度、意志、责任心，以及体验、观察、参与、总结、学习等能力的学习。树干：指思维能力、动态的发展能力。树枝：指沟通技巧、工作经验、专业技能等通过后天的学习和积累可以得到的东西。通过分析让学生明白：只有根扎得深，树才能长得高；树根发达，树的生命力就强。引导学生关注平时的每个细节，精耕细作，积累资本，沉淀自己生命之树的根基。

第三个环节，故事《蝴蝶的启示》。

用化茧成蝶的过程类比一个人敢于面对成长中的问题，最终成就自己的过程。每个人都会遇到障碍，这是很正常的；若没有这些障碍，我们会很脆弱。进行职业规划是帮助我们"坦然"地"化茧成蝶"的途径，是帮助我们不断超越自我进而得以升华的必经之路。一个人最痛苦的时候也是成长最快的时候。

大多数人潜意识里回避规划行为，并不是不乐于见"质变"的结果，而是幻想自己可以侥幸逃避"量变"进程。逃避者忽视了一个事实：无规划的人生，放纵性量变也会带来放纵性质变。同理，规划性量变则带来规划性质变。进行职业规划，有利于从职业生涯中的规划性量变走向职业生涯中的规划性质变。

在课程结束时，通常可以看到学生眼睛里的平和、自信。"职业规划"专题课程能帮助学生不苛求外界，懂得积累自己、沉淀自己，从而让自己快速成长。

12.5 专题核心理论解读

1. 大树成长模型

在第三单元讲"工作中可能出现的挑战和遇到的问题"使用了"大树成长模型"。目的是让学生理解职业能力的培养过程就像一棵大树的成长过程。

这个模型（见图12-2）中，底部是本原规律，宽而稳，是"树根"。系统、方法、体系是"树干"；知识、经验、技术是"树叶"。

树的位置	认识层次	人的状态	生活层次
树叶	表象	知识 经验 技术	有饭吃
枝干	内在	系统 方法 体系	有品质
树根	深层	本原规律	给别人饭碗

图12-2 大树成长模型

学生通常更关注事情的表象,正如看大树时最先看到的是茂盛的树枝和树叶一样,在职业方面,会关注工作环境、福利待遇、职业光环等表象。茂密的枝叶源于发达的根系源源不断地在吸收和输送营养,取得职业成就也需要对职业规律和职业特性进行深入把握。

探究职业规划中遇到的各种问题时,是关注目前的结果、关注情绪问题,还是关注下一步该怎么做,关注点越靠近事物的根本,越有可能进行有质量的思考。在工作中,因遇到困难而心理波动甚至产生消极情绪都是正常的,而弄清事实,应对我们能改变的事,明确下一步应该关注的方面才是最重要的。这个模型用大树的形象引导学生,使学生理解人的生活层次和职业发展层次取决于"树根"。

2. 职业人的职场角色与发展任务(见图12-3)

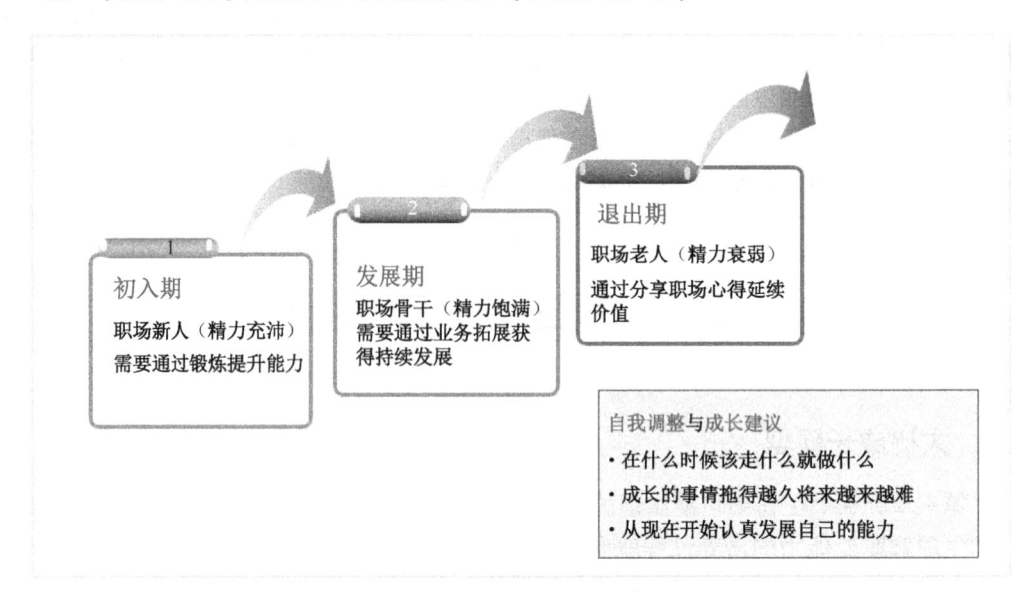

初入期
职场新人(精力充沛)
需要通过锻炼提升能力

发展期
职场骨干(精力饱满)
需要通过业务拓展获得持续发展

退出期
职场老人(精力衰弱)
通过分享职场心得延续价值

自我调整与成长建议
- 在什么时候该走什么就做什么
- 成长的事情拖得越久将越来越难
- 从现在开始认真发展自己的能力

图12-3 职场角色与发展任务模型

职场角色与发展任务模型是在讨论"什么样的工作是好工作"环节中使用的。目的是让学生辨析"好工作"的真实标准,树立正确的工作观。

这个模型把职业成长阶段分为初入期、发展期、退出期,每个阶段由两部分组成:一是这个阶段的职业角色,二是这个阶段的发展任务。这两部分共同构成了我们对工作的全面的认识。

谈到工作时,学生往往想到的是福利与待遇,很少考虑自己的付出与积累。在学生进入企业的最初几年,也就是职业生涯发展初期,承担各种工作事项,挣能力、挣阅历方为主要任务。所以,对于年轻人而言,能够得到充分锻炼的工作才是好工作。

这个模型是以台阶的形式展现的,一目了然。学生学习这部分内容后,往往有豁然开朗之感。配合这个模型,便于把职业人"自我调整与成长建议"传递给学生。

12.6 经典活动解读

12.6.1 "冥想未来"活动解读

1. 活动背景与目标

职业发展方向或目标是职业规划的重要前提。方向不明确、目标不清晰,所做的职业决策和行动就存在很大的盲目性。限于目前的校园环境和学习环境,中职学生对自己的兴趣特长与职业发展的关联知之甚少,而每个学生都希望自己有良好的职业发展。因此,在课程开始,通过冥想帮助学生对已有的职业认知和职业积累做一个系统的梳理。

2. 活动内容与操作步骤

【活动名称】冥想未来。

【活动目的】通过"冥想未来"活动,让学生自我梳理一下自己心目中期待的职业状态、工作状态的要点。这个活动中分享的内容会贯穿全课程,为后续对职业和工作的理解做好内容方面的铺垫。

【活动时间】15 分钟。

【活动道具】轻音乐、引导词。

【活动规则】

(1)学生以端正、舒服的姿势坐好,平静地呼吸,闭上眼睛;
(2)在教师引导学生冥想的过程中,保持安静;
(3)根据教师的引导词"看"清自己脑海中的画面……

【活动步骤】

步骤一:说明活动名称和活动规则;
步骤二:伴随着轻音乐,听完教师的引导语后,在脑海中勾画自己 5 年后的样子;
步骤三:该环节结束后,每组派出代表上台分享,每人 3 分钟;
步骤四:学生听完分享后谈谈感想。

3. 活动重点步骤引导说明

"冥想未来"活动需要平和的气氛,教师在介绍规则时注意保持语气平和,即便学生好奇或有疑问。引导时,声音清晰、语速平稳,给学生留出思考空间。引导词中最好有参考素材,便于学生在脑海中勾画得更细腻。例如:"五年后你在公司中是什么角色呢?如果你认为自己是老板,要想清楚自己是什么行业的老板,公司主要经营什么,公司在什么地方,规模如何,资产有多少,有多少员工等。"

4. 活动中的学生表现与教师引导

"冥想未来"活动重点步骤中的学生表现与教师引导关键词如表 12-2 所示。

表 12-2 "冥想未来"活动重点步骤中的学生表现与教师引导关键词

活动步骤	活动要求	学生表现	教师引导关键词
步骤一	说明活动的名称和规则	学生会有好奇、开心、兴奋等表现	引导学生安静、平和
步骤二	以一个舒适的姿势坐好，放松自己，跟随教师的引导语想象自己5年后的样子	闭眼、趴着、半躺……自我感觉舒适、放松就行。伴随着轻音乐，跟随教师的引导语进行冥想	舒适、放松；能清晰地描述或清晰地"看"到
步骤三	分享自己5年后的样子	想象自己5年后是老板还是某个领域的佼佼者，要达到什么程度	知道自己以后要成为什么样的人很不错，有理想就值得肯定
步骤四	说感受；同学点评	觉得大家说得都很好，想象归想象，重要的是能不能实现，还需要行动	肯定学生：有了方向或目标是好事，这样才知道现在要开始做什么

5. 针对学生表现，教师的引导方式

让我们一起来想象：5年后的你将变成怎样的人，那时的你会在哪里，在做什么。

平静地呼吸，呼吸……想象我们穿越时空来到了5年后的某一天，让我们一起进入未来。这是在公元2024年。算一算，那时的你多少岁了？容貌有变化吗？请尽量想象5年后的情形，越详细越好。

这是一天的清晨，和往常一样，你从睡梦中醒来，你躺着床上慢慢地睁开眼睛，首先看到的是卧室里的天花板。看到了吗？它是什么颜色？

接着，你准备下床。尝试去感觉脚趾接触地面那一刹那的温度，凉凉的还是暖暖的？

经过一番梳洗之后，你来到衣柜前面，准备换衣服上班。今天你要穿什么样的衣服？穿好衣服后，在镜子前看一看自己。

你来到了餐厅，早餐吃的是什么？一起用餐的还有谁？你和他们说了什么话？

接下来，你关上家里的大门，准备前往工作地点。回头看一下，你家房子是什么样的？然后，你将搭乘什么交通工具上班？

你即将到达工作的地方，首先注意一下，这个地方看起来如何？好，你进入工作的地方，你和同事打了招呼，他们怎么称呼你？你注意到有哪些人出现在这里？他们正在做什么？

你在自己办公桌前坐下，安排一下今天的工作，然后开始上午的工作。上午的工作内容是什么？跟哪些人一起工作？工作时用到了哪些东西？

很快，上午的工作结束了。午饭如何解决？吃的是什么？跟谁一起吃？还愉快吗？

接下来是下午的工作，和上午的工作内容有什么不同吗？你在忙些什么？

快到下班的时间了，或者你没有固定的下班时间，但你即将结束一天的工作。下班后你直接回家吗？还是先办点什么事？或者做一些其他活动？

到家了。家里有哪些人呢？回家后你都做些什么事？晚饭时间到了，你会在哪里用餐？和谁一起用餐？吃的是什么？晚餐后，你做了些什么？和谁在一起？

就寝前，你正在计划明天参加一个典礼的事。那是一个颁奖典礼，你将接受一项颁奖。想想看，会是哪方面、什么内容的奖项？将是谁颁奖给你？如果你将发表获奖感言，你打

算讲什么？

晚上，你躺在床上。回忆一下今天的工作与生活，今天过得愉快吗？渐渐地，你很满足地进入梦乡。睡吧！1分钟后，我会叫醒你……

（1分钟后）我们渐渐地回到这里，还记得吗？你现在的位置不是在床上，而是在教室。现在我从10开始倒数，当我数到0的时候，你就可以睁开眼睛了。好，10—9—8—7—6—5—4—3—2—1—0，睁开眼睛。你慢慢地醒过来，静静地坐着。

学生在教师的指引下想象，而不是凭空乱想。这样静下心来以后才可以深度思考自己的未来。随着场景的"切换"，学生会意识到："哦，原来我要的生活是这样的，我希望5年后的我是这样的！"

【说明】针对表12-2的步骤三中学生的表现，教师引导的内容可以是：我们可以看出，有了目标或理想，并且能够清楚地描述出来，我们至少知道自己的第一步往哪里走。肯定每个同学的目标。

6. 活动中的引导风险点预告

一个人能闭上眼睛代表他感觉到安全或信任。"职业规划"专题第一次课中就安排"冥想未来"活动，教师从课程一开始就应有意识地去营造温馨、平和的气氛。尽管如此，部分学生好奇也是正常的。开始引导后，学生可能依然无法马上闭上眼睛或进入安静的状态。这时可以给这些学生一个适应过程，鼓励他们去体会和尝试。随着教师平和的引导，学生会越来越入戏，逐渐进入自己想象的世界里。

12.6.2 "制订目标"活动解读

1. 活动背景与目标

学生知道自己想要什么，但现在如何做准备、用什么样的思路去规划和实现还比较模糊。职业规划的立足点是明确目标，然后面向未来，规划现在。"面向未来"就要细分自己达成职业目标需要哪几个具体的阶段；"规划现在"就要盘点现在自己可以利用的资源有什么。这里就利用表格让学生理解实现理想或职业目标要先进行阶段和任务划分。

2. 活动内容与操作步骤

【活动名称】制定目标。

【活动目的】通过制定目标，细化实现目标的步骤，更清楚地认识为实现目标需要有哪些里程碑，每一步具体该怎么做。

【活动时间】8分钟。

【活动道具】A4纸大小的表格、便笺、音乐《光辉岁月》（在学生填写表格时轻声播放）。

【活动规则】

按照自己的意愿和情况填写《我要成为×××的规划思考》表格。

【活动步骤】

步骤一：下发表格后，先在题目的横线上填写总目标，即自己要获得什么样的职位。

步骤二：看表格内容，请学生思考："在实现理想或职业目标的众多阶段中，哪些事情需要先做，哪些事情可以后做""完成这个阶段需要花费多长时间""需要什么样的资源支持"……学生通常在8~10分钟完成表格。

步骤三：在学生填完表格后，请3位同学上台分享。分享时间不少于3分钟，分享过程中需要向其他同学介绍清楚"你的理想或职业目标是什么"，说明"为什么喜欢这类事情"。最后需要详细地告诉大家"要达成这样的职业目标或理想，在各个阶段必须完成的事情是什么，需要多长时间和多少资源"。

温馨提示：如果没有学生主动分享，就在每组随机选取一位同学上台分享。

步骤四：让学生把自己的职业理想写在便笺纸上，以壁报的形式张贴出来。

3. 活动重点引导说明

学生自己确定一个目标并不难，难就难在不知道如何实现这个目标。规划要领之一是对目标进行拆解，具体到分成几个阶段或步骤，有哪些重要事项，需要以什么样的次序安排这些事项，每件事该怎么做，做到什么程度才算合格，等等。

这部分有一定的难度，可以先举生活中的例子进行理解。例如，自己想吃菜了，需要准备好相应的食材，按照一定的步骤和方法去做，最后才能品尝到美味。所以，做事情有一定的步骤。这部分是引导学生细致思考职业规划的开始。

4. 活动中的学生表现与教师引导

"制订目标"活动重点步骤中的学生表现与教师引导关键词如表12-3所示。

表12-3 "制订目标"活动重点步骤中的学生表现与教师引导关键词

活动步骤	活动要求	学生表现	教师引导关键词
步骤一	写目标	很容易、很快完成，大多学生会写一个总目标（为成为_____的规划思考）	肯定学生，有目标说明迈出了第一步
步骤二	分阶段、写步骤	有一定难度，需要列出先做什么再做什么、什么时间完成。学生会写得比较抽象，大致分为在校期间与在职期间。以表格的形式来呈现会更直观	鼓励学生写具体，请学生思考在实现理想或职业目标的众多阶段中，哪些事情需要先做，哪些事情可以后做？写出各阶段所需要的资源与时间
步骤三	各组代表分享	不敢上台，害怕自己分享来后遭到别人的嘲笑	看看学生所写的内容，鼓励学生说出来（有分享意愿的先上台）
步骤四	贴目标树	用不同颜色的便笺纸写好自己的目标、签名并贴好	有了目标，然后付诸行动，才能实现职业目标

5. 针对学生表现，教师的引导方式

针对步骤二，具体写出分为哪些阶段、具体要求做什么，如果学生无从下手，教师可以列举几个例子作为参考。例如，在7年后成为一名房地产行业的全方位营销专家，为实现这样的理想，我们要经历哪些不同的阶段，需要做哪些事情。具体的引导关键词见表12-3。通常需要说明几次，有的学生动作快，也可以请他对这部分做针对性分享，以启发其他学生。

学生对事情进行系统性思考的经验并不多，所以针对步骤三学生分享环节，可采取自愿原则。同时降低标准，能分享一点儿就说一点儿，教师需要鼓励学生。也可以提示一下思路，如从初级、中级、高级的层级角度去分析，也可以从新手、合格、优秀的业务熟练角度去分析。这个阶段需要汇聚所有人的思想，让学生互相启发、互相借鉴。

6. 活动中的风险点预告

活动中，把大目标分解成多个阶段和多个事项，是职业规划的基本动作。分享的时候采取自愿原则，不嘲笑、多鼓励。学生填写表格的时候，教师需要播放音乐或走下讲台来观察学生所写的内容，细心引导，切忌不要急于求成。有的学生实在写不出来或不想写，可不强求。

12.7　思考题

（1）"职业规划"专题的课程内容，您认为有亮点的是（　　）。
　　A．对企业用人的理解部分，这是职业规划课程定位的前提
　　B．对学生定位的部分，了解学情是课程目标达成的前提
　　C．对课程内容印象深，感觉内容很丰富
　　D．对案例解读印象深，条理清晰、便于操作
　　E．案例中对学生的引导很到位
　　F．其他
（2）您认为本章中的哪些内容可以转化到未来的教学中。
（3）如果由您来教授本课程，您认为需要做哪些准备？
（4）您认为学习本课题还需要哪些支持？

12.8　拓展学习资源推荐

1. 电影：《喜剧之王》

推荐理由：《喜剧之王》是讲述周星驰成名之前真实经历的一部作品。虽然是喜剧形式的，但真实地反映了职业规划的真谛。

2. 影片：《百鸟朝凤》

推荐理由：这部电影讲述了唢呐老艺人焦三爷培养唢呐艺人，尽力推动传统文化传播、传承的故事。无论是人的培养，还是技艺、文化的传承，都不是一朝一夕的事情，都有对应的周期、节奏与节点。生涯规划、职业规划并非静止的计划，而是动态的过程。焦三爷

对传承人的培养，对唢呐文化传承危机的忧虑，对传统文化的守护，饱含着老艺人对传统文化的热爱与守护之情，传递出老艺人对自身价值及后辈成长规划的深刻认知与民族智慧。

3. 书籍：《优秀到不能被忽视》[美]卡尔·纽波特（Cal Newport）著　张宝 译

推荐理由：这本书是关于职业生涯规划的书籍，里面的观点有些与众不同：与其追求激情和梦想，不如脚踏实地、专注发展自己的技能和核心竞争力，让你在工作中优秀到不能被忽视。

4. 书籍：《远见》[美]布赖恩·费瑟斯通豪 著　苏健 译

推荐理由：一本关于职业生涯规划的书籍，介绍了职业生涯的三阶段及每个阶段的突破点和方向，帮助你在面对职场中的重大选择时做出正确决策，平衡好工作和家庭，引导你去建立充满幸福和激情的生活方式。

第13章 成功面试

13.1 案例导读

大国工匠之深海钳工

管延安,因其精湛的操作技艺被誉为中国深海钳工第一人,是中交港珠澳大桥岛隧工程V工区航修队的一名钳工,负责港珠澳大桥岛隧工程沉管舾装和管内压载水系统安装等相关作业。他所安装的沉管设备,已成功完成16次海底隧道对接,无一次出现问题。

E15沉管第三次浮运安装期间,管内压载水系统突发故障,水箱不能进水,沉管安装只能暂停,必须安排人员进入半浮在海中的沉管内维修。危急时刻,管延安带领班组人员快速开启人孔盖板进行检修。从打开密封的人孔盖板进入管内检修、排除故障,到完成人孔盖板密封全程没超过3小时,效率之高令人惊讶。"这都得益于之前无数次的演练,我们在每节沉管沉放前都要至少做3次演练。这是第15节沉管,至今完成了45次演练,我记得远远不止。"管延安谦虚地说。

1996年初,管延安跟随师父学习电机维修。在做完一次发电机常见故障维修后,他胸有成竹,没有进行检查,结果发电机刚装上就烧坏了。虽然师父并未责罚,可他自己却羞愧难当。自此,维修后的机器在送走前,他都会至少检查3遍,这已经成为烙在他头脑里的习惯。

管延安习惯给每台修过的机器、每个修理过的零件做笔记,将每个细节详细记录在个人的"修理日志"上,遇到什么情况该怎样处理都记录在案。从入行到现在,他已记了厚厚四大本,闲暇时他就会拿出来温故知新。这些"文物"里,除了文字还有他自创的"图解"。如今他也将这个习惯传授给了徒弟。

"我平时最喜欢听的就是锤子敲击时发出的声音。"二十多年的钳工生涯,让他不仅把钳工当作了自己的事业,也深深地体会到了其中的乐趣。

【思考题】

(1) 管延安的哪些工作习惯和工作准备会有助于实现"零误差"的工作目标?

(2) 1996年初,管延安跟随师父学习电机维修,这让他认识到了什么?他又是如何行动的?

(3) 能够被称为中国深海钳工第一人,是因为企业和社会认可管延安身上的什么精神?

【课程导语】

管延安，一个只有初中文化的普通钳工，凭着高超的技艺和精益求精的匠心，成为中国深海钳工第一人。要完成港珠澳大桥这种超级规模的工程，需要无数的专业技术人才和技术工匠，管延安只是建设团队中的一员。他专注于事业和岗位的需求，潜心打磨技术，确保自己的岗位所负责的工程环节的输出质量，为成就大事业、大工程默默奉献。对本职工作的热爱和责任感，对工作质量的高要求，对技术水平持续打磨的耐心与韧性，让管延安先后荣获港珠澳大桥岛隧工程的"劳务之星"和"明星员工"。社会对他的认可与尊重，不是因为什么惊天动地之举，而是源于他对岗位职责的持恒守护，源于他对所在行业、岗位和集体事业的热爱与尊重。管延安在工作中体会到了社会和企业对工作质量的重视，也领悟了每一颗螺丝钉对于大桥的意义，他专注于解决每一个问题，投身于每个细节难题的突破，在自己的职业道路上，交出了让人民满意的答卷，在人生的面试中走向成功，成就了"大国工匠"的传奇！

现在很多学生大多时候只看眼前的利益得失，特别是在这个信息时代，似乎任何问题的答案都能轻而易举地被找到，平时的坚持和努力好像没有意义了。这样的思想会让学生走入社会和职场后在真正遇到问题时陷入手足无措的局面，在快速达到目的的过程中，学生不关注事情本身，而是更关注能让自己少付出、多收获的捷径。同样，这样的思想还会导致学生无法意识到真正的成功最终还是要靠自己的综合素养和扎实能力，令他们误以为学生时代的积累对未来不一定有重大影响，总想着长大了自然就会处理各种事情了。

13.2　专题定位与核心理念解读

学生经过 3 年的高中学习后即将步入下一阶段，不管是走入大学还迈向社会，对于即将年满 18 岁的他们来说，都需要学会承担责任，规划自己的人生。当走向社会时，十几年的学生思维习惯是需要调整的。所以，本课程专题会引导学生展望未来，不管是升学还是就业，最终都要步入社会，需要学会用职业人的思维习惯来面对事情、承担责任、创造价值。对于 18 岁左右的学生，我们有义务、有责任让他们深入了解社会需要，从当下做起，储备能力素养。

"成功面试"专题课程是整个职业素养通识课程体系的收尾课，这个专题设置在高中阶段的结束期，为学生升学或就业开启一扇认知社会的窗。本专题既与"成长的翅膀"首尾呼应，又是对前面 11 个课程专题的小结和综合实践。

"成功面试"专题课程不仅教会学生面试当天的面试技巧，还教会学生注重自身的专业学习与素养积淀。该专题侧重让学生理解：企业是想通过面试找一个能够长期合作的伙伴。企业在面试过程中会通过求职者的行为表现考察他（她）与所竞聘岗位的适合度、匹配度，以及求职者的内心意愿、做事的耐力、自觉自律的能力等。学生是不可能用表演式的面试技巧蒙混过关的，企业考察的一定是应聘者长期积累的能力，以及心理素质极限。

因此"成功面试"专题课程将引导学生关注在校期间应该学习、积累、储备的内容。让学生体会到面试看似只是一个面谈的过程，实际上能够通过学生的行为表现分析出学生在校期间的学习和积累成果。通过这些内容引导，让学生学会谋职，而不是单纯的求职。

为此，本课程专题的核心理念是：知己知彼，精妙谋职。

13.3　专题目标解读

本专题的目标是引导学生系统地了解企业的属性，了解企业需要什么样的人；掌握面试中企业关注的重点与要求，以及企业关注这些重点与要求的原因。使学生清晰、系统地理解"成功面试"并不是一时的表演，而是来自长期的"内功"。因为，面试实际上无处不在，学生需要从现在就开始积累，让自己时时处于"成功面试"的状态中。

13.4　专题内容解读

"成功面试"专题课程共分三个单元，如图 13-1 所示，每个单元 2 课时，共计 6 课时。

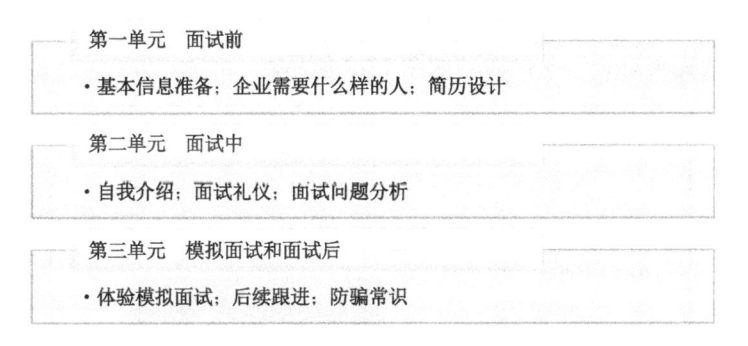

```
第一单元　面试前
 ·基本信息准备；企业需要什么样的人；简历设计

第二单元　面试中
 ·自我介绍；面试礼仪；面试问题分析

第三单元　模拟面试和面试后
 ·体验模拟面试；后续跟进；防骗常识
```

图 13-1　"成功面试"专题课程内容

课堂形式多为实战模拟，以企业面试案例分析、模拟演练与分析为主要形式。

"成功面试"专题课程不仅可以让学生在企业面试过程中脱颖而出，更多的是引导学生站在他人、企业、社会的角度上看待岗位需要，并且回顾自己的能力素养积累过程，认识到自己此时的状态与能力都是之前积累的体现，企业最终面试的是内在的能力素养，而不是面试时所表现出来的表面内容。所以本课程设置了 3 个不同阶段的内容，通过这 3 个阶段中面试者该如何准备、企业需求等引导学生逐步深入认识企业，认识自己，从而为自己的职业生涯做好准备。

13.4.1　第一单元　面试前

在面试前准备个人信息简历时，一定要先了解企业的需求，针对竞聘岗位来准备个人信息和简历。

面试前的准备如图 13-2 所示。

本单元准备了两个活动：第一个活动是"我心目中的完美班长"。让学生写出自己心目中完美班长的标准，结合学生的回答引导学生思考完美班长到底需要具备哪些能力，之后引导学生思考选班长的标准是不是和企业选员工的标准一样？接下来由教师讲述企业选人的标准，可以通过一些案例来帮助学生更深入地理解。

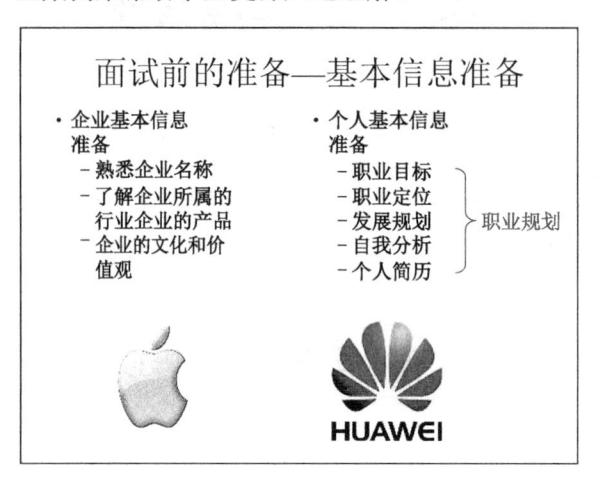

图 13-2 面试前的准备

"我心目中的完美班长"研讨活动如图 13-3 所示。

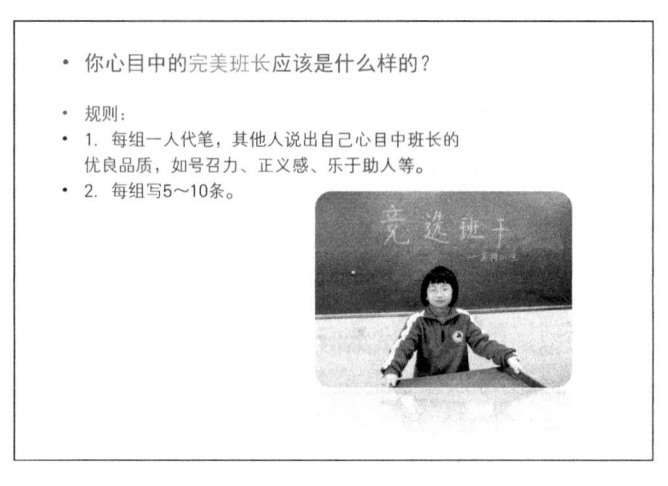

图 13-3 "我心目中的完美班长"研讨活动

第二个活动是简历设计。需要学生提前准备好一份个人简历，上课时让部分学生上台分享其个人简历。其他学生听完分享之后，简单点评各份简历的优缺点。教师结合个别简历与学生分享："写简历，写的就是你过去的经历。如果你过去的经历很空洞，简历必然也是乏味的。所以说，学习与实践是立体的，是连贯的。如果平时就没有想过、没有总结过这样的话题，靠临场的灵光一闪，很难有出色呈现。"

接下来教师和学生一起分析，企业看简历是看哪些要点，容易出现的误区在何处。最后给学生布置一个任务，根据真实的招聘信息完善自己的简历，在接下来的模拟面试中使用。这部分除让学生学会准备个人信息和简历外，还要让学生转变自己的思维习惯，学会从企业的角度思考这些问题。

13.4.2 第二单元 面试中

第二单元详细说明如何在面试中进行自我介绍。在"成长的翅膀"专题课程中，进行了自我介绍的职业化认知训练。企业面试中的"自我介绍"指导重点，有别于之前的自我介绍引导。企业面试中，需要根据具体的竞聘岗位，有目的地介绍自己的相关能力和经验，关注与岗位需求的对接性、匹配性，而不是一味地表现自我。

本单元设置了两个环节。首先由学生上台进行自我介绍。这里的自我介绍和"成长的翅膀"专题中的自我介绍有一定的区别，"成长的翅膀"专题中的自我介绍主要是个人信息的介绍，此处需要学生针对特定岗位来进行自我介绍。学生第一次上台进行自我介绍的效果一般都不会完全到位，需要教师对学生需要提升的地方进行点评。若时间允许，可以进行第二轮的自我介绍，让学生有充分的体验过程、认识过程。然后播放视频，讲解面试过程中需要注意的礼仪，包括着装、表情、语言等。

面试礼仪信息汇总如图 13-4 所示。

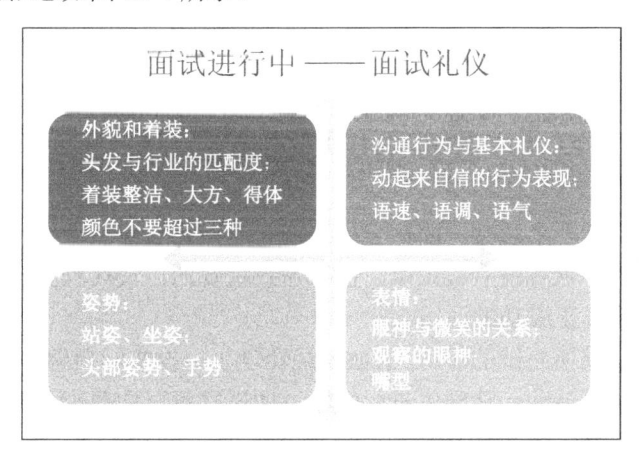

图 13-4 面试礼仪信息汇总

最后分析面试中考官经常提出的问题，帮助学生进一步思考：企业想通过这些问题了解什么，什么样的回答才是最好的。

面试中涉及的元素汇总如图 13-5 所示。

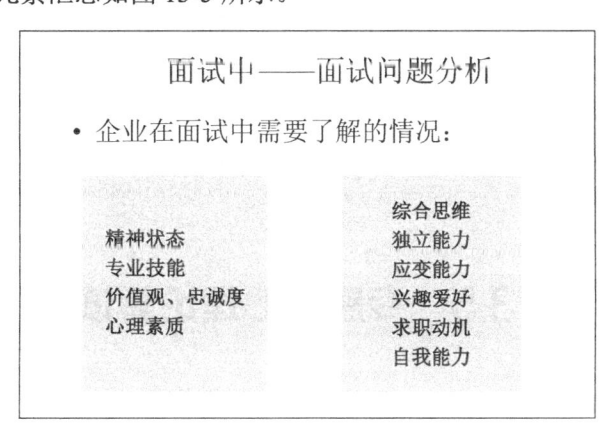

图 13-5 面试中涉及的元素汇总

面试中问题回答原则如图 13-6 所示。

```
面试进行中——面试问题分析——问题回答原则

• 事例具体，尊重事实
  — 按照STAR原则回答
    STAR是Situation（背景）、Task（任务）、Action（行动）和
    Result（结果）4个英文单词的首字母组合。

• 突出专业、突出能力
  — 重点表达你的能力与这个职位的匹配度

• 充分表达、注重细节
  — 数字和细节一定要讲清楚
```

图 13-6　面试中问题回答原则

13.4.3　第三单元　模拟面试和面试后

第三单元传递这样一个思想：面试无处不在，所以需要时刻做好准备，从现在就开始准备。一次面试之后不管有没有被录取，都不是最重要的，最终找到自己满意的岗位并在岗位上持续进步才是真正成功的面试。

这个单元设计了模拟面试的活动。前面已经让学生根据实际招聘信息准备了一份简历，这里可以开展模拟面试活动，让学生进行体验。面试官可以由教师扮演，也可以从学生中挑选合适的人选（根据班级人数及学生素质灵活决定）。

模拟面试后，教师指导学生进行总结，哪些行为表现比较好，对接了岗位的需要；哪些行为只是在表演自己的优势，比较突出的问题是什么。模拟面试之后，可以结合视频和案例素材，与学生分享在寻求面试机会的过程中应学会如何分辨是否存在诈骗行为，应该如何应对。

最后，将"成功面试"中的"面试"广义化，"面试"不仅参加企业面试，它还存在于做任何事情的每一个时刻。只要处于公众视野内，就会被人关注，就是在"被面试"。我们只有从现在就开始准备、开始积累，才能在人生的每一次"面试"中立于不败之地。我们希望达到的目标不应该只是通过面试成功求职，而是希望我们有能力去选择岗位。知己知彼，精妙谋职！

13.5　专题核心理论解读

分析面试问题的 STAR 模型如图 13-7 所示，在给学生分析如何回答面试问题环节使用。

这个模型的内涵解读：STAR 是 Situation（背景）、Task（任务）、Action（行动）和 Result（结果）4 个英文单词的首字母组合。通常，求职材料上写的都是一些结果，如描述自己做过什么、成绩怎样，比较简单和泛泛。面试官需要了解求职者是如何做出这些业绩的，做出这样的业绩都使用了什么方法、采取了什么手段。通过这样的过程，企业可以全面了解该应聘者的知识、经验、技能的掌握程度及工作风格、性格特点等与工作信息相关的信息。

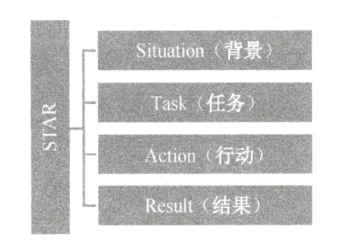

图 13-7　分析面试问题的 STAR 模型

使用中的注意要点：应通过一些案例分析来进行解读。若仅解读含义，学生是很难理解的。

使用的效果：学生在不具备这个思维方式之前，对相关问题的回答都是机械化的，在回答面试官的过程中，无法提供对方想了解的信息。通过解读这个模型，学生就理解了回答问题时应该从哪些方面去给出答案。

13.6　经典活动解读

13.6.1　"我心目中的完美班长"活动解读

1. 活动背景与目标

"我心目中的完美班长"活动是在第一单元进行的。这个阶段，学生通过讨论会提出很多"完美班长"应具备的条件，甚至苛刻条件。

活动的目的：让学生意识到选班长的过程就是我们对"班长"这种职位的职责与能力标准的界定过程，它和企业选人类似。企业选人也和挑选班长一样，需要候选者具备对应的能力，并且得到他人的认可。

2. 活动内容与操作步骤

【活动名称】　我心目中的完美班长。

【活动目的】　通过活动让学生意识到企业选人和我们选班长的道理是相通的，胜选者都需要具备相应的能力并得到他人认可。

【活动时间】　10 分钟。

【活动道具】　彩笔若干，A4 白纸若干，纸牌一副。

【活动规则】

（1）每组一人代笔，其他人说出自己心目中完美班长应具备的优良品质：如号召力、正义感、乐于助人等。

（2）每组写 5～10 个品质。

（3）完成最快、写的品质最多的小组皆可抽牌加分。

【活动步骤】

步骤一：教师介绍活动规则。

步骤二：组内讨论。

步骤三：派代表发言。

步骤四：教师小结。

3. 活动重点步骤引导说明

在活动开始前，教师要引导学生往正能量的方面思考，如号召力、正义感、乐于助人等。在活动过程中，教师要时刻观察各组的讨论情况，如果有气氛比较沉闷的组，教师要引导学生进行讨论；如果有特别活跃的组，但讨论的内容不积极，教师也应进行必要的引导。

在活动开展到步骤二时，容易出现两种情况：一种是组内没有学生带头讨论，所以整个组显得比较沉闷，活动进度受到影响；另一种是组内很活跃，但个别学生喜欢往一些负能量的标准上引导，如给同学买零食、买早餐、帮忙写作业等。教师在这个环节一定要四处走动并观察每个组的活动进行情况。一旦出现上面两种情况，必须及时介入，进行引导，保证所有同学正常参与活动。

4. 活动中的学生表现与教师引导

"我心目中的完美班长"活动重点步骤中的学生表现与教师引导关键词如表 13-1 所示。

表 13-1 "我心目中的完美班长"活动重点步骤中的学生表现与教师引导关键词

活动步骤	活动要求	学生表现	教师引导关键词
步骤一	教师对活动规则进行说明	在这个环节，学生通常都会觉得自己很了解"班长"的标准，说得比较随意。回答的内容更像是班长应做的事，而不是班长应该具备的能力与内在品德	活动规则 完美班长的标准，如号召力、正义感、乐于助人、对每件事都有始有终等
步骤二	学生分组讨论	学生根据教师的要求进行讨论，并写出自己心目中完美班长的10个标准。大部分学生可以正常讨论并得出答案，可能会出现组内沉闷，没人带头讨论的情况或者讨论积极但讨论的标准偏向负能量	关注学生情况，若发现组内没有讨论，或者讨论的标准充满负能量，教师要对该组加以引导
步骤三	学生上台分享	根据组内讨论出来的结果派代表到台上分享。上台分享时学生会比较自信，因为觉得自己比较熟悉	教师仔细倾听学生的答案，学生分享完后，要捕捉关键词，往更高的层面（如能力、品德方面）解读
步骤四	教师小结	学生在倾听班长的能力与品德标准时，会去看班长，衡量现在的班长是不是符合这样标准。教师在此要介入，告诉大家先看自己身上有没有这样的品质。当教师谈及企业招聘员工时也会依据这些标准时，学生开始反思自己的状态。有些学生反思得比较认真，也有些学生会问详细的招聘标准	教师根据刚刚听到的答案进行分析，结合学生答案中的关键词进行引导，让学生思考：企业对员工的要求是不是和我们对班长的要求一样

13.6.2 "自我介绍"活动解读

1. 活动背景与目标

"自我介绍"活动是在第二单元进行的。在"成长的翅膀"课程专题中学生做过自我介绍训练，和这里的自我介绍应该区分开来。"成长的翅膀"中的自我介绍，主要是针对个人信息的介绍，而这里的自我介绍，应该是针对特定岗位的自我优势、对接度的介绍。

本活动的目的：让学生学会如何在面试中进行自我介绍，理解求职面试中的自我介绍与平时自我介绍的区别，掌握求职面试中自我介绍的关键点。

2. 活动内容与操作步骤

【活动名称】自我介绍。

【活动目的】通过活动让学生掌握如何在面试中进行自我介绍，并意识到自己平时的积累将影响自我介绍的质量。

【活动时间】30 分钟。

【活动道具】彩笔若干，A4 白纸若干。

【活动规则】

（1）根据竞聘岗位，每组推举一人上台进行自我介绍，其他人协助其完善自我介绍的内容。

（2）上台自我介绍（限时 1 分钟）。

【活动步骤】

步骤一：教师介绍活动规则。

步骤二：组内推举代表并讨论发言内容。

步骤三：各组代表上台进行第一轮自我介绍。

步骤四：教师针对第一轮表现进行小结，并提出要求。

步骤五：各组代表上台进行第二轮自我介绍。

步骤六：教师小结。

3. 活动的重点步骤引导说明

活动开始，教师要提醒学生注意自我介绍的内容：最基本的信息，如姓名、专业、来自哪里，为什么来到这里；我的特点（性格、爱好）是什么；对于这个职位，我的优势是什么。

在活动的步骤二中，可能出现个别组迟迟选不出代表的现象。这时教师应该关注该组并推动他们选出代表，避免在这个步骤消耗太多时间。

在活动的步骤三中，学生第一次自我介绍的质量可能不是太高，这时教师应该以鼓励为主，让学生尽量多说一点，必要时可以给一些提示。

在活动的步骤五中，第二次自我介绍已经有了教师的小结作为指导，应该提高对学生的内容要求。如果学生表现不好，应该要求学生重做。

4. 活动中的学生表现与教师引导

"自我介绍"活动重点步骤中的学生表现与教师引导关键词如表 13-2 所示。

表 13-2 "自我介绍"活动重点步骤中的学生表现与教师引导关键词

活动步骤	活动要求	学生表现	教师引导关键词
步骤一	教师介绍规则	有些学生在此环节会说原来练习过自我介绍("成长的翅膀"课程中练习过)。教师可问:"你觉得在企业应聘时的自我介绍和在公共场合的自我介绍会有什么不同?"学生这时会进行思考,并给出诸如对接企业岗位能力等答案	活动规则;自我介绍的要点有哪些,这个岗位的要求是什么
步骤二	组内推举代表	大部分小组这时都会积极响应,推举代表;但有些小组成员会出现比较扭捏的状态,这时教师应以鼓励为主,并建议这些小组后发言,先听听其他小组怎么发言,充分准备。反应慢的小组这时都会同意,他们觉得后发言的压力会小些	教师观察各组情况,如果个别组迟迟选不出代表,教师应该介入,加快进度
步骤三	各组代表第一次上台进行自我介绍	各组代表在台上发言,其余学生在座位上倾听。第一次发言时,可能个别学生的自我介绍非常短,而且内容还停留在介绍个人信息上,没有将岗位要求融入自我介绍中	教师倾听每个学生代表的自我介绍,记下其中的关键点,在小结环节进行概要分析,同时管理好台下的学生,让他们认真倾听。遇到内容简单且未对接企业要求的情况时,教师须对下一个发言者进行提示
步骤四	教师针对各组代表的自我介绍进行小结	在这个环节,学生通常会很期待对自己小组发言的评价,容易将关注重点转移到自己小组胜出的期盼上。此时教师需要提示:"企业其实最怕只顾自己赢、不顾全局的人,这是企业特别忌讳的地方。"随后引导学生重新关注应聘时自我介绍应该包含哪些实质内容,这时学生会相对专注起来	教师肯定学生做得好的方面,敢于上台也是优点。如果有特别突出的,可以重点讲解。主要对学生自我介绍的内容是否符合企业要求进行分析,让学生了解企业希望通过面试者的自我介绍获取什么信息
步骤五	学生代表进行第二次自我介绍	学生根据教师的小结进行自我调整,然后进行第二次自我介绍。在这个环节,有些学生会表现出不耐烦,这时教师需要提示两点:一是让学生重新调整后两两对练(这可以增加活动的趣味性),两两互评,提出改进意见;二是让学生了解企业中重复做的事情有很多。耐心,是企业考察一个员工是否值得培养的重要指标之一	教师仔细倾听,辨析学生两次自我介绍的区别,重点关注是否有进步
步骤六	教师小结	在这个环节,学生通常很愿意听到的是某个学生前后两次自我介绍内容变化的例子。教师如果详细分析其中的关键变化,学生会听得比较认真。学生有时还会问,如果自己没有这个能力,总不能骗企业说自己有这个能力吧。教师这时就需要引导学生:企业面试人员的经验是非常丰富的,学生也不可能骗得了企业。况且骗得了一时骗不了一世,入职后不到一周就会暴露。所以教师建议学生应该坦诚地告知企业自己还需要提升,并且自己是愿意努力提升的,希望企业可以给予机会。这样提示,学生更容易接受	教师根据两次自我介绍的情况进行小结,主要让学生对两次自我介绍进行对比,让学生意识到面试时应该如何进行自我介绍。同时引导学生思考——自我介绍中的经验、专业技术能力、素养能力等是从哪里来的。随后指出这些都是自己平时的积累,如果平时没有注意积累,那么自我介绍时自然就没有内容可讲

13.6.3 "模拟面试"活动解读

1. 活动背景与目标

"模拟面试"活动是在学生了解了整个面试流程之后进行的。这个活动中,可以在班上挑选合适的学生担任面试官,这样能让更多的学生充分体验面试环节。

活动的目的:让学生将面试流程模拟出来并进行体验,同时提升学生对学习内容的认可度、参与度。让合适的学生担任面试官,可以让学生从不同的角度思考面试的关键点及面试官视角。

2. 活动内容与操作步骤

【活动名称】 模拟面试。
【活动目的】 通过活动让学生模拟面试流程并进行实际体验。
【活动时间】 45 分钟。
【活动道具】 笔、纸若干,面试桌数张。
【活动规则】
(1)挑选合适的学生担任面试官,其他学生依次进行面试。
(2)面试官根据面试情况挑选一名最适合这个岗位的面试者,并说明原因。
【活动步骤】
步骤一:教师介绍活动规则。
步骤二:根据班级人数挑选合适的面试官。
步骤三:进行模拟面试。
步骤四:模拟面试结束,面试官宣布录用人选并说明原因。
步骤五:教师小结。

3. 活动重点步骤引导说明

活动开始前,教师应该提前准备好面试问题并提供给面试官,向他们介绍在面试过程中如何提问题,应该重点关注面试者的哪些表现。

在活动的步骤二中,选面试官的时候,教师一定要对所选择的学生有一定的了解,确保他们能够公平、公正地进行面试,确保他们可以理解面试官的责任和能力要求。如果没有合适的学生,教师应该自己担任面试官,确保学生能体验到接近现实的面试过程。

在活动的步骤三中,模拟面试过程中,可能会有个别学生不够重视,甚至会对面试过程进行扰乱,影响整个模拟面试活动的正常进行,所以整个面试过程教师要时刻关注面试的进程。如有类似现象应该及时进行引导,确保模拟面试顺利进行。

在活动的步骤四中,学生面试官进行小结前,教师应该与学生面试官进行沟通,询问他们的想法,如果他们的想法已经比较完善,就由他们自己进行小结。如果不是很完善,就应该协助他们进行小结。

4. 活动中学生的表现与教师引导

"模拟面试"活动重点步骤中的学生表现与教师引导关键词如表 13-3 所示。

表 13-3 "模拟面试"活动重点步骤中的学生表现与教师引导关键词

活动步骤	活动要求	学生表现	教师引导关键词
步骤一	教师介绍活动规则	在这个环节，学生通常会自我推荐与互相推举。表现得很积极、非常愿意参加活动	教师介绍规则，关键在于引导学生认真对待本次模拟面试，这样才能起到预期的效果。条件允许的话，可以准备礼品，奖励给被录用的学生
步骤二	挑选合适的学生担任面试官	面试官最好由教师扮演。大部分学生都愿意扮演此角色，一旦由学生扮演，通常刚开始会表现得很有权威、很成人化，有些高高在上的感觉。教师需要在此提示学生，企业面试官的表现恰恰是自然、轻松、和谐的。因为面试官希望面试者能放松地表现自己，不想要让对方感到紧张，毕竟未来是要共事的。这时扮演面试官的学生就会调整一下自己的行为，变得柔和些	如果挑选学生扮演面试官，教师应该提前对学生有一定的了解，这样才能挑选到合适的学生扮演面试官，才能让活动顺利进行。确定面试官后，教师应该对面试官进行简单的培训，主要是面试问题和选人的标准方面的培训
步骤三	模拟面试	学生按要求进行模拟面试。此阶段扮演面试官的学生通常会表现得很客气、很小心，貌似有礼貌，但有些"假"。同时，若面试官稍稍厉害一点，学生就会有委屈、不能接受的表现。这时教师需要提示面试官注意态度，同时也提醒面试者思考一下为什么面试官要这样做，提示面试者管理好自己即可。一般这种扮演越往后越逼真，台下的学生也会越来越认真地观察	教师走动并观察整个面试的过程是否正常，若看到有学生扰乱面试正常进行，要及时进行引导，尽量让学生真正体验面试
步骤四	面试官宣布录用人选并说明原因	学生面试官宣布录用人选并进行小结。在这个环节，学生面试官会谈及企业关心的许多话题。面试者也会对结果提出质疑。这时，教师需要对学生的每一个质疑进行解读，让学生心服口服。整个过程中，加强引导，避免学生有闹着玩的感觉	面试结束后，教师应该先和学生面试官交流，了解录用人选和选择理由，为后面的小结做好准备。如果学生面试官可以自己进行小结，则由学生自己完成。如果学生面试官表达不清楚，教师应该提供必要的协助
步骤五	教师小结	教师对整个环节中的内容、细节一一做出解读，并告知学生每一个细节都在"被"面试。学生听到这里会调整一下自己的坐姿，坐得更端正一些，欲将自己好的一面展现给大家。教师要鼓励学生，说明企业不怕招聘到能力低的员工，怕的是明知不合适还不去调整的员工	教师根据面试官的小结情况再进行更深层次的总结；结合前面学过的内容，给学生梳理面试时的注意事项和面试问题的内在深意。请学生思考：面试官希望从中得到什么信息？最后引导学生体会：面试无处不在，我们应该从现在就开始做准备

13.7 专题授课中的建议

在讲这个专题时，教师可能都会提到职场竞争的问题。职场中肯定是有竞争的，而且竞争激烈，企业也希望拥有进取心强的员工。但教师在讲授中不能夸大竞争。企业是希望达成目标的，更希望健康、周全、不破坏地达成目标，而不是不择手段，用诸如投机等方式去达成目标，这样会形成不好的风气。这种风气会造成员工更在意自己的得失，从而失去企业的大目标。所以，企业不喜欢投机的人，不敢给他更多的资源。另外，企业并不鼓励员工之间的竞争，而是鼓励员工之间的配合。成全个别员工，打击到一大片员工——这不是企业想要的，也不是企业需要的。恶性竞争会导致在公司中形成一种恶的风气，这是社会不想看到的。

13.8 思考题

（1）如何让学生理解实际面试情况？
（2）如何让学生明白当前的面试是平时积累的结果？

13.9 拓展学习资源推荐

1. 电影：《银河补习班》

推荐理由：这部电影讲述了父亲陪伴孩子成长的故事。每个人在成长过程中，都被自己与外界共同塑造着。每个人都可以是面试官，因为每个人都有自己对生活的思考。每个人也时时被世界面试，因为我们处于不同观察者的视角之下。决定事情成败的关键性因素，看似一瞬间，却往往是火山下蓄积能量的迸发。

2. 职场真人秀电视节目：《职来职往》

推荐理由：这是一档帮助求职者正确看待自己与职场，为职场精英提供就业机会的首档大型职场真人秀。《职来职往》所邀请的评委大多是曝光度不高的行业中的职场精英，他们是各自领域的职场达人，经历和经验十分丰富，是行业领军人物。节目中能看到不同类型求职者的现场表现，同时能听到专家对求职者表现的分析，对于学生来说有比较好的借鉴意义。

附 录

附录 A 东莞理工学校职业素养研究传播中心简介

东莞理工学校职业素养研究传播中心（以下简称"素养中心"）成立于 2012 年，是集教学、研究、交流和传播等多种职能于一体的教学部门。现有职业素养教师 43 名，其中专职教师 2 名，兼职教师 41 名。

东莞理工学校职业素养教学专区外景如图 A-1 所示。

图 A-1 东莞理工学校职业素养教学专区外景

职业素养教学专区有拥有专用教室 3 间、沙盘实训室 1 间。专业、规范的素养教学专区为开展学生职业素养教育提供了优质的环境与良好的氛围。东莞理工学校职业素养教室布局如图 A-2 所示。

图 A-2 东莞理工学校职业素养教室布局

素养中心积极推行职业化培养理念，构建职业化培养体系，强调校企协同培养、浸润式培养。

素养中心培养师生的立体成长意识、人生规划意识、职业角色意识，提升其职业素养综合水平；培养职业素养专业教师，成为校本师资培养基地；搭建校企融通桥梁，构建校校交流平台。东莞理工学校职业素养研究传播中心建设的目标与使命：实施项目管理，推动产教融合，推进企业深度参与协同育人；开展职业化成长意识分层培养，引导职业人践行"愉快工作、幸福生活"的成长理念。

学校职业素养教师共有 43 人，来自各专业、教研科组及行政部门。在学校领导的鼓励下，在首批骨干成员的带动下，乐意学习新方法的青年教师、关注专业师资培养的专业管理者持续投身职业化成长领域，陆续加入素养中心这一职业化成长平台，共同开展职业素养教学实践，带动职业素养教育理念新一轮的传播。东莞理工学校部分职业素养教师合影如图 A-3 所示。这里有职业素养沙盘课程专业教师，有职业素养课程企业顾问，有新教师岗前培训特聘教师，有省市示范团校导师，有青春期教育辅导教师……随着职业素养教育理念的普及与推广，职业素养教师团队不仅在本校生根发芽，还为其他职校成功复制了职业素养教师团队。

图 A-3　东莞理工学校部分职业素养教师合影

A.1　素养研究

开发了 12 个职业素养专题课程。 融合企业内训课程，结合教育规律和逻辑，开发了 12 个职业素养专题课程，形成了职业素养通识培养课程体系。校企协同，界定职业素养教育内涵，以自主管理意识培养为主线，从"人、事、物、务"四个维度开展职业素养能力培养，突破了职业素养教育显性度不足的教学困境。

东莞理工学校学生参加职业素养拓展训练如图 A-4 所示。

图 A-4　东莞理工学校学生参加职业素养拓展训练

A.2　建设职业素养沙盘实训平台

东莞理工学校学生进行沙盘演练如图 A-5 所示。

(a)　　　　　　　　　　　　(b)

图 A-5　东莞理工学校学生进行沙盘演练

以企业管理软件 ERP 为核心，将职业素养关键指标融入其中，构建职业素养能力训练平台，让学生在模拟公司经营中，检测、提升职业素养能力。职业素养沙盘实训模式的创新之处在于：个体与团队的职业素养综合水平在电商运营模拟互动中自然呈现，同时辅以数据分析，解决职业素养隐性特征显性化的教学难题。

A.3　制作《走近企业》教学视频

东莞理工学校制作的《走近企业》教学视频示例如图 A-6 所示，可扫描封底二维码进行在线学习。

图 A-6　东莞理工学校制作的《走近企业》教学视频示例

A.4　《走近企业》教学视频课线上学习

将新员工成长规律"33666"（新员工成长为合格员工的两年中，第 3、6、12、18、24 个月的行为背后皆有意识规律与管理规律）巧妙地融入教学，通过五个典型案例揭示新员工从"职场新人"到"合格员工"的意识变化规律，逐层剖析职业化成长的意识瓶颈、误区及关键成长点。将意识与行为之间的内在联系呈现给学员，帮助学员感性、直观地感受职业化成长中的意识雷区，从意识层面、认知层面为职校学生了解企业、融入企业提供了新的方法与路径。

A.5　制作《服务关键时刻》教学视频

东莞理工学校制作的《服务关键时刻》教学视频示例如图 A-7 所示，可扫描封底二维码进行在线学习。

图 A-7　东莞理工学校制作的《服务关键时刻》教学视频示例

A.6 《服务关键时刻》视频课线上学习

该视频通过服务领域的经典案例生动再现服务者"服务意识"与"服务质量"之间的深度联结与动态变化，从员工职业化成长、服务专业度升级、服务者意识变化等角度，剖析服务认知瓶颈点、服务视角突破点、服务产业升级所需的人力资源储备策略，帮助学生深度认知服务行为的职业内涵，为未来在不同行业、岗位中优化工作质量、提升意识质量奠定职业素养基础。

A.7 职业素养教育理念传播

东莞理工学校学生干部职业素养培训如图 A-8 所示。

图 A-8　东莞理工学校学生干部职业素养培训

东莞理工学校职业素养教师校外的职业素养示范课照片如图 A-9 所示。

（a）　　　　　　　　　　　　（b）

图 A-9　东莞理工学校职业素养教师校外的职业素养示范课照片

开展校内素养传播：对全体学生进行轮训，并对社团骨干、竞赛选手进行职业素养系列专题培训，让每名学生都接受职业素养理念的熏陶和洗涤，培养学生的时间管理能力、沟通能力、形象设计能力、团队合作能力、自我销售能力、职业生涯规划能力等职业素养能力，让他们更好地实现职业化，融入未来的职场。

开展校外素养传播与交流：外出培训达 50 场，覆盖近 3000 人。校外培训辐射全国，服务于省内职教同行。从私企到国企，从心态类课程到技能类课程，职业素养中心教师的足迹遍布不同省市、不同层级的职业院校和中小学校。广泛接纳来自北京、沈阳、武汉、深圳、广西、甘肃、陕西等地的教科研单位和中高职院校教师到我校交流职业素养教育专题内容。2017 年，素养中心应邀为东莞市信息技术学校培养职业素养教师 19 名，成功移植职业素养课程体系。2018~2019 年，素养中心为东莞市新教师规范化岗前培训项目输出"走近企业"与"教学能力提升"专题培训服务项目。2019 年，素养中心在莞昭对口帮扶项目中，为云南省昭通市培养职业素养教师近 30 人。

附录 B　职业素养教师教育教学感悟

B.1　刘海燕："成长的翅膀"专题授课教师

近十年的职业素养教育实践，让我慢慢地消化、吸收职业素养课程理念，不断深化对课程内涵的理解。最初到各地开讲座，分享职业素养项目的意义，侧重介绍项目发展历程、师资培养机制；当见证素养项目点燃了许多教师成长内驱力的事实与规律后，聚焦点转移到"内在精微变化"的觉察、体悟中。

刚开始讲授职业素养课，首先捕捉到的理念是"对接社会、企业需求的成长"。讲了几年后，对"自我管理"有了新的体悟。如今，发现"成长"指向的是每个人对生命走向、质量的自主把握与管理。

人的"外在成长"由外界把控；人的"内在成长"由自己主宰。真正的成长，需要在生命自主的能力上下功夫。

职业素养教育实践中，教师反复讲授课程。"铁打的营盘流水的兵"，教师就是"营盘"，学生、学员就是"水流"。只要我们学会了拥抱"水流"，就能见证璞玉被流水冲刷后的流光溢彩。如果我们做到敬畏"水流"，我们就能顺应流向，助学生职业化成长一臂之力。

面对学生，我们是"育"者，守护的是"静等花开"的"静心"与"知止"；面对自己，学生是我们的同行者，感恩与成长是我们给予同行者最好的回馈。职业素养教育实践，让"沉静"成为生命的力量！

B.2　莫海菁——"个性场合与魅力"专题授课教师

1. 身教重于言教

职业素养课程与思想政治课程的一个不同点在于，职业素养课程更多地通过团队组建、游戏、实践体验来促进学生体验、生发感悟。引导学生通过体验自行领悟，并通过小组讨论、发言来总结课程的精粹，从而提升自我的职业素养能力。然而，如何组织学生积极参与到团队组建、游戏、实践活动中来，对于素养教师而言是教学能力上的挑战。

如何面对这一挑战，我个人的素养教学心得是——身教重于言教。要让学生投入到团队组建、游戏、实践中来，教师自己首先要全身心投入。多年前，上数控班的素养课，感觉这个班级的学生和我一直有距离感。上课时，让学生做游戏、搞活动往往很难，学生都不愿意参与。有一次我邀请了黄文标教师来给他们拍一段上课的视频，黄教师和学生们玩"破冰"游戏。我惊奇地发现黄教师和他们做游戏的时候，学生一改往日作风，热情高涨，很投入。黄教师邀请我上台和学生一起做一个扭屁股的游戏，学生热情更加高涨。开始我很尴尬，咬咬牙，最终我还是克服了心理障碍，加入了游戏。在一片哄笑声中，我惊奇地发现，我和这个班级的学生瞬间融合了。后来上课，无论我让学生参与游戏，都遵循一个原则：自己先动，示范才有说服力。身教重于言教！

2. 建立和谐互信的师生关系是教育的基础

职业素养课程挑战程度极高，这是我们许多教师的心声。挑战究竟在哪里？素养课程的内容可浅尝、可深挖，千人千面。面对不同的学生，同一门课程都有不同的讲授方法、讲解深度、讲解力度、精准度。教师如何引领学生深入理解素养课程精粹，并在学生心底埋下素养种子，提升素养意识，从而改变个人行为方式，这确实很考验教师的功力。

在 8 年的素养课程教学磨炼中，男性荷尔蒙极强的数控专业学生、理性冷静的计算机专业学生、活泼好动的财经专业学生、单纯质朴的电子专业学生，我都接触过。无论哪类学生，如果想真正推进课堂教学，首要的是建立和谐共信的师生关系。这个学期我上课的班级中，刚开始学生上课迟到、不积极发言和讨论、同学之间不相互鼓励、怎么催都不上交反馈表。课堂上我用尽了各种方法，仍然无明显改观。直至我采用了一对一的素养教育方法后，整个课堂气氛完全不一样了。一学期下来，绝大多数同学都自觉上交素养实践电子作业，期末愿意上台进行自我介绍，配合考核现场的拍摄工作。

所谓的一对一素养教育方法，是我在这个班级里采用的终极"破冰"方法。在以往的教学中，我都很注意课堂"破冰"。在上课之前的 2~3 周，采用游戏、聊天、组建团队、共建课堂纪律等方式共建和谐、互信的师生关系，为课程的快速、高效推进奠定基础。而这个班级，使用常规方法 6 周都不见效，未能建立师生关系。痛定思痛后，我采用了一对一素养教育方法，耐心地和进行学生一对一交流，了解学生各种行为表现背后的心理感受和需求。师生之间的互敬、互信逐步建立，之后获得了与以往不一样的课堂教学体验。因此，我更加确定：教育面临的是千人千面，万变不离其宗的是互信、和谐师生关系的建立。

天下之至柔，驰骋天下之至坚。

B.3 刘猛——"时间管理"专题授课教师

职业素养对学生真的很重要。专业知识和技能可能会过时，但高级的思维方式、正确的"三观"将影响终身。职业素养课程中应用的教学方法，其实完全可以用到专业教学上，对专业的教学也会有很好的促进作用。

通过"教"来促进教师个人的"学"，促进教师个人的思考和实践。例如"时间管理"这个主题，由刚开始按照 PPT 宣讲、泛泛而谈，到后来讲透、讲深，这个过程中自己接触了很多这方面的书籍，拓展了知识面，又将时间管理中的很多方法用到自己的日常工作中，促进了自己的成长。

B.4 罗霞荣——"沟通的艺术"专题授课教师

职业素养课程对一个人的成长引领有非常重要的作用，至少对我个人来说影响是非常大的。本人性格相对内向，但又喜欢交真心朋友，对于别人所说的事情容易当真。总体来说，我是主见不强、比较实诚的一个人。这样的自己就很容易选择困难，对一些人和事没有坚定的主见或看法，容易被外界牵着跑，找不回真正的自己，很多时候会感到茫然。通过学习职业素养课程，对照自己，不断实践和总结，慢慢确定了自己的成长方向，也慢慢成了自己所希望的样子。在教研中，我越来越清晰地认识到：多尝试把"职业素养"课程授课的方法运用到专业课程教学中，让素养与技能融合，对培养学生技能和素养来说是一个非常好的渠道。

目前职业素养课程相对单一，还需要加强课后实践。当我们有越来越多的教师、学生接纳了职业化成长理念之后，就会慢慢地形成一个整体氛围，让更多的学生浸润其中。当然，实现这个目标，还需要我们继续前行。

授课经验让我对学生的了解更加深入和细腻。比如现在学生特别喜欢看视频，在课堂上喜欢互动。但职业素养教学中互动提问质量和活动要求较高，要能让学生关注并感兴趣，打开心扉，走进课堂。如果只问一些表面的问题，没有深挖内涵，学生就不会喜欢，会觉得教师总把他们当幼儿园学生来对待。针对学生的反馈，若要上好职业素养课，一方面要让学生多动、多说、多看；另一方面教师要多鼓励、多解惑、多引导。

B.5　苏伟斌——"团队合作"专题授课教师

在电影《肖申克的救赎》中，安迪在监狱中努力了20年才获得自由；在小说《西游记》里，唐僧师徒经历了九九八十一难才取得真经，所以说，美好的事情总是来得很慢，成功的背后更是少不了汗水、辛劳和坚持。

长久以来，我们对中职学生的教育都是"重技能、轻素养"，如今社会的发展要求劳动者必须技能高、素养好，所以我们必须改变，中职教育要提倡"技能与素养并重"。技能易得，素养难悟，学生通过课堂学习、模仿和重复练习就能学到技术，但职业素养的学习并不是模仿就可以的，更需要师生间思想的连接，是"悟"。我想，我校职业素养课程的设计和上课模式的创新，都是基于让学生更容易悟到素养的核心道理而展开的。

可能有些教师觉得授课很难，怎么说学生都不明白。此刻不要着急，只要我们不断完善我们的课程，继续创新上课模式，提升沟通能力，优化课堂组织能力，也许某天学生就"悟"了。就像前面举的两个例子，只要我们走在正确的方向上，美好的事情总会来临的。

B.6　梁晓波——"服务意识"专题授课教师

讲授职业素养课程以来，基本接触到了学校所有专业的学生，越是深入地去讲授，就越觉得职业素养课程的授课就像唐僧西天取经。唐僧师徒一路上克服了种种艰难险阻，降妖伏魔，历经八十一难，取回真经，终修正果。在职业素养课堂中，教师通过游戏破冰、情景模拟、案例讨论、视频分析等技能吸引学生关注，打败学生心中无数蠢蠢欲动的消极"怪兽"，教师的"法力"水平高低决定了"取经"路上"打怪"的难易。每个课题的完结，都是一个"劫难"的化解，是学生离"取经"目标更进一步的见证。至于能否修成正果，则"由生不由师"。

一个团队，若没有目标、没有向心力，就无法走得更远、发展得更强大。在素养中心，我感受到教师对教育事业的热爱，对教书育人本质的追随，没有太多心理认知上的局限，没有太多得失上的计较，没有太多名利上的追逐，大家目标一致，致力于打造与培养学生成长路上的素养能力。这个团队中，队友们分工明确，沟通快捷，乐于付出。这是一个向上的团队。

B.7 李斌红——"如何销售自己"专题授课教师

我从 2010 年接触职业素养课程，职业素养课程伴随我从一名普通财经专业教师成长为财经专业科主任，让我时刻保持职业敏感度和觉察力。给学生上课的过程，也是观念转变、心性提升、自我完善的过程。"成长的翅膀"给了我成长的原动力；"沟通的艺术"让我的工作、生活更顺利，人际关系更和谐；"时间管理"是我在繁忙工作中保持气定神闲的法宝，"个性场合与魅力"教会我在各个场合完美切换。

其中感悟最深的是"如何销售自己"，它让我明白了：做人、做事要学会观察他人、学校、社会的需求，让自己的形象、行为真正符合需求。一名优秀的教师应该能根据需求的变化提供合适的服务，这种长期的、稳定的、被社会接纳的状态是我追求的目标！

B.8 吴丽丽——"问题伴我成长"专题授课教师

学习了职业素养课程之后，我才认识到人的成长有 3 个维度：概念—能力—状态，理解知行合一是实现成长的关键点。知道了但做不到也不是真知道。没有"做到"，"知道"就只是停留于概念层面的理解和知识累积，还未形成真实能力或进入恒定的状态。要坚定成长圆心，并持续、稳定、有序地把半径往前延伸，在实际工作中找准定位，从二元的问题式管理转为指向未来的建设式管理。遇事不抱怨、不纠结，否则又添一层执念。唯有做一个清醒的岗位工作者，才能不断突破自己。明白问题是"表"，解困是"里"。应该坚持在职业化的道路上积累、践行、输出，成就自己和他人。

B.9 林景灼——"企业生存记"专题授课教师

对中职学生而言，面对社会、职场的学习，不仅包含课堂中对知识的学习，也包含观察与思考、做人与做事等方面的学习。职业素养课程以中职学生未来适应社会发展为导向，帮助他们确定多维度的学习方法。通过多年来职业素养课程的授课，本人对职业素养教育的理解逐步加深，致力于将职业素养培养融入课堂、融入教学，为学生搭建一个"一半校园，一半职场"的动态成长环境，最终让学生以符合社会需求的职业化习惯动态成长，最大化地对接社会，满足企业对人才真实能力的需求。授课的过程也是我职业素养状态逐步养成的过程，如待人接物、团队合作、时间管理等方面都在不断改善，并逐步迁移至生活中。正所谓"一法通，万法皆通"。相信在职业素养课程讲授中不断探索和沉淀，未来我的收获会更大！

B.10 高兰青——"职业规划"专题授课教师

我加入素养团队的时间并不长,目前已完成两个学年的教学工作。记得在第一次上素养课的时候很茫然,除了听课就是琢磨课件内容,准备资料,自圆其说,仅限于上完课。直到第二学期,为了准备市公开课,在请教团队中各位资深素养教师的过程中,才发现自己对专题的核心理念理解得还不透彻。特别是撰写职业规划专题书稿的时候,更深切地感觉到自己对企业人力资源知识的贫乏,焦虑自己可能写不出"干货"。不了解企业人才需求、不明确学生成长定位,就无法深度理解职业素养课程理念。在企业顾问和团队教师的指导下,我尝试重新梳理各章节。结合团队开展的系列培训,渐渐地发现自己对职业素养课程的认知又进了一层。只有理解了核心理念,目标定位准确,因材施教,才能实现职业素养教育的引导目标。

素养是发自内心的、经过长期积累才能在生活、学习、工作中显现出来的。所以在职业素养教学中,作为素养教师,更要严格要求自己,做好细节,言传身教,在潜移默化中影响学生。

在近两年的时间里,我也在不停地平衡家庭与教学工作。成长最快之处是时间管理能力明显提升。养成了"轻重缓急"事件性质辨析的职业习惯,开始进入坦然面对、及时处理事情的状态。希望自己能够借助职业素养教育平台不断成长。

B.11 黄光树——职业素养团队青年教师

人的知识、技能可以在短时间内简单复制。唯有职业素养、成长意识需要长时间文化氛围的熏陶,这就是职业素养课程应运而生的缘起之一。职业素养教育对人的职业意识境地精雕细琢,润物细无声。所以职业素养教师对学生的培养目标不仅是使他们成为养家糊口的汽修工人、会计和装修工人,更应该使他们成为具有工匠精神的技师、具有大局观的金融家和爱生活的设计师……根据这个培养目标,职业素养教师在课堂组织、教学设计上,更多地是以平等的、互动的形式来渗透职业素养内涵的。

职业素养教学过程建立在学生与教师互相接纳的基础上,包括形象的接纳、价值观与意识认知的接纳。 一旦这个基础夯实了,教师的一言一行都在引领学生,教育就无处不在了,教育教学引导也就浑然天成了。

附录 C　10 年后的素养校园是怎样的

亲爱的老师们：

你们好！今天是 2030 年 9 月 10 日教师节，祝你们节日快乐，天天快乐，永远快乐！

虽然入学才 10 天，但我感觉自己天天有惊喜，时时有快乐！真是太喜欢这里啦！

8 月初，我收到了学校的录取通知书，其实是一张《让我们抱团儿成长》的游戏介绍。按照介绍我进入了 VR 实景校园体验区，在一个月内我要和新同学一起完成 12 项任务：

第一项任务是找到匹配度最高的学校地图（甚至含车库、安全通道等）；

第二项任务是认识一位学校教师，了解与她有关的信息，包括她的爱好与习惯；

第三项任务是承包学校某几棵树的浇水工作或某区域的卫生工作等。

……

最后一项任务是找到自己的导师——可以选择教师，也可以选择学长、学姐，还可以选择环卫人员、安保人员、食堂厨师……也就是说身边的所有人都可以成为自己的导师。

在执行任务期间，我突然想起自己有 10 天没给所承包的树木浇水了，便马上打开那片树木的画面，很不好意思地对环卫人员说了声"抱歉"，而此时我的视频电话响了，一位环卫人员出现在视频中，她笑眯眯地说："你是金叶子吧，不用那么紧张，其实你承包的树木有 50 岁了，它们本身就有自我储备水分和养分的能力，浇水的周期长达 1 个月呢，况且 3 天前这里下了一场大雨。"我想起来了，前几天打开 VR 体验界面时看到在下大雨，当时我要去图书馆完成一项任务，系统还提示我带上雨具呢。

她接着说："如果你负责的是刚刚种下的树苗，那浇水的周期就不一样了。我会传给你一些关于不同树木浇水时间、用量及注意事项的资料，你先熟悉熟悉，等到了学校后，开始真正实际负责这片区域的树木养护时，也许用得着。我在这所学校已经工作了 30 多年，照顾这些树木已经成为我生活中很重要的部分了，它们就像我的亲人与朋友一样，当你坐在树荫下时，能感觉到它们在看着你……开学后，它们就是你的朋友了，希望你能守护好它们。另外，如果你愿意，我可以作为你在树木养护方面的导师……"这是我认识的第一位导师朋友，她很亲切，像自己的妈妈一样……

9 月 1 日，我以学生的身份走进校园时，看到这里绿树成荫、花团锦簇，人人都是笑眯眯的，突然听到有人叫我名字："你好！金叶子，很高兴你能准时到校，我是王山。"

我很惊讶地看着眼前这位高大帅气的大哥,从服装上看像是安保人员。"你好,王山,你怎么知道我叫金叶子啊!"他说:"暑期我也在 VR 学校体验空间里,我会熟悉每位新生的面貌特征、联系方式甚至习惯特征,以便更好地为大家提供帮助。"

"这么神奇,今年的新生有 3000 多人呢,你都能记住吗?那不就成侦探了吗?"他阳光般地笑着说:"不止这些,你想知道在哪里办理入学手续,在哪里找到你的宿舍、教室和班主任吗?都可以咨询我。甚至你想了解学校周边的环境也可以咨询我!如果你愿意在学校体验一下安保职业,我也可以安排你加入安保职业体验微信群,我可以当你这方面的导师,如果你愿意的话……"

"我当然愿意,当侦探可是我从小的愿望啊……"

"说到这儿,你喜欢这里吗?这里还有更让人喜欢的地方呢……"

开学那天实在太忙了,没吃午饭,直到下午我才带着学校发的"膳食平衡腕带"奔向食堂。腕带建议我:"如果没有用过午餐,晚餐就不要吃得太多、太饱,可以清淡点儿,这样可以保护肠胃。"

一走进食堂大门,我就被食堂里超级安静的环境给镇住了。除了一点儿放盘子的声音和零星的询问需要什么饭菜的说话声,几乎没有什么声音,太安静了。我不由自主地放慢了脚步,随后就看见食堂正门前方有几个醒目的大字"食不言,寝不语"。

整个食堂分为自助区、食堂服务体验区和特色 DIY 区。大多数人都在自助区选餐,在自助区不仅可以自己选餐,连用餐后的桌面清理、餐盘清洗都是由学生自主完成的。我选择了特色 DIY 区,这里可以选择"由厨师配菜,自己炒菜"的方式用餐,不过用完餐后同样需要将自己所用的锅碗瓢盆都清洗干净,整理归位……

9 月 2 日,所有的新生被带进了一栋特殊的教学楼。这栋教学楼与我们之前体验过的高科技、大数据 VR 空间完全不一样,反而是非常传统的教室,简陋得不能再简陋了。教室里只有 4 个很大的操作台,而且要用黑板,只是不再用粉笔了(为了不再产生粉末)。那天我们见到了班主任,她很慈祥,笑眯眯地迎接我们。走进教室后,我们有点儿拘谨,不知道该坐在哪里。班主任说:"哪里都可以,地上、操作台上、椅子上,只要找个地方坐下来就可以……"大家都坐了下来,把目光投向了班主任。

班主任走近某位同学说:"你是李萍吧,很喜欢画画。"又走到第二位同学身边说:"你是小悦吧,你最喜欢了解规则……"随后她转身面向大家说:"还是大家自己说说在暑期里都认识了谁……"这个早晨过得非常轻松、非常愉快,我们就像是很久未见的朋友一样聊了很多很多……

随后,我们得知将要在这个新生教学楼里相处两个月。两个月内我们需要自主或结伴完成 10 项任务。直到我们全面了解了自己所学专业与社会分工的关联与定位、在企业中的功能与价值、在社会中的意义与影响,以及相关岗位应该掌握的操作流程、原理和重点注意事项等内容,并交上一份班级署名的专业生态全景论述报告,才能正式进入学校的专业选课阶段,也就是说,那时的我们才算正式入学了。

其实还有很多想要和大家说的,比如我们的宿舍区是没有管理员的,公共区域和公共设备的维护全部由不同的宿舍承担。宿舍里只有三条规定是我们都不能违反的,即干净整齐、轻松舒适、不妨碍他人。另外,教室里打扫卫生用的工具都是由我们自己制造加工出来的……

  在第三天的学校表彰会上，我才得知这些体验活动竟然是由每位班主任教师、任课教师和即将毕业的学长、学姐共同设计出来的，这将来也会是我们的结业综合考试项目。对此，我惊讶不已。

  此刻，我也开始憧憬自己离校的那一刻，想要给以后的新生留下丰盛的开学大餐……同时，我也感受到自己内心洋溢着一种暖暖的开心与愉悦。因为身边有你们在，我最亲爱的老师们，感谢你们给了我这份开学之礼……

学生 金叶子

2030 年 9 月 10 日

参 考 文 献

[1] 习近平. 习近平谈治国理政. 第二卷[M]. 北京：外文出版社，2017.
[2] 中共中央宣传部. 习近平新时代中国特色社会主义思想三十讲[M]. 北京：学习出版社，2018.
[3] 中共中央国务院. 国家中长期教育改革和发展规划纲要（2010－2020 年）[M]. 北京：人民出版社，2010.
[4] 梁漱溟. 中国文化要义[M]. 上海：上海人民出版社，2011.
[5] 冯友兰. 中国哲学简史[M]. 涂又光，译. 北京：北京大学出版社，2013.
[6] 钱穆. 中国历史精神[M]. 北京：九州出版社，2012.
[7] 傅佩荣. 傅佩荣谈人生：哲学与人生[M]. 北京：东方出版社，2012.
[8] 约翰·杜威. 学校与社会：明日之学校[M]. 赵祥麟，任钟印，吴志宏，译. 北京：人民教育出版社，2005.
[9] 史怀哲. 生命的思索：史怀泽自传[M]. 赵燕飞，译. 武汉：长江文艺出版社，2013.
[10] 理查德·格里格，菲利普·津巴多. 心理学与生活[M]. 王垒，王甦，译. 北京：人民邮电出版社，2003.
[11] 史蒂芬·柯维. 第 3 种选择：解决所有难题的关键思维[M]. 李莉，石继志，译. 北京：中信出版社，2013.
[12] 马丁·赛利格曼. 持续的幸福[M]. 赵昱鲲，译. 苏德中，主编. 杭州：浙江人民出版社，2012.
[13] 张琼文. 职业素养内化资料. [DB/OL]. https://www.lhycedu.com/zysy1.html
[14] 佚名. 黄帝内经[M]. 北京：中国医药科技出版社，2016.
[15] 谭峭. 化书[M]. 北京：中华书局，1996.
[16] 杨伯峻. 论语译注[M]. 北京：中华书局，2012.
[17] 金克木. 书读完了[M]. 上海：上海文艺出版社，2017.
[18] 彼得·德鲁克. 21 世纪的管理挑战[M]. 朱雁斌，译. 北京：机械工业出版社，2006.
[19] 福柯. 规训与惩罚：监狱的诞生[M]. 刘北成，杨远婴，译. 北京：生活·读书·新知三联书店，2019.
[20] Ronald E. Koetzsch. 学习自由的国度：另类理念学校在美国的实践[M]. 薛晓华，译. 上海：华东师范大学出版社，2005.
[21] 张建华. 向解放军学习：最有效率组织的管理之道[M]. 北京：北京出版社，2004.
[22] 衍健. 世界一流学府看好的 10 项素质[M]. 北京：中国纺织出版社，2006.

[23] 胡弗曼，海普. 学习型学校的文化重构[M]. 贺凤美，等译，北京：中国轻工业出版社，2006.
[24] 林格. 教育是没有用的：回归教育的本质[M]. 北京：北京大学出版社，2009.
[25] 刘青. 李开复的人才观[M]. 北京：中国纺织出版社，2007.
[26] 汪永智. 中职德育教育调查与研究[M]. 北京：高等教育出版社，2013.
[27] 马庆发. 当代职业教育新论[M]. 上海：上海教育出版社，2002.